面向新工科的电工电子信息基础课程系列教材

教育部高等学校电工电子基础课程教学指导分委员会推荐教材

国家精品课程、国家精品资源共享课配套教材

国防科技大学"十四五"电子信息系列精品教材

信号与系统

仿真教程及实验指导

安成锦　王雪莹　吴　京　编著

清华大学出版社

北京

内 容 简 介

本书采用篇章式结构，分为仿真基础篇、仿真实现篇、基本实验篇和进阶实验篇四部分。仿真基础篇主要介绍 MATLAB 软件的编程原理和技巧，包括第 1～3 章。仿真实现篇主要介绍"信号与系统"课程重要知识点的仿真实现，包括第 4～8 章。基本实验篇主要介绍 11 个仿真实验和 4 个硬件实验，包括第 9～11 章。进阶实验篇主要介绍 10 个综合性及设计性实验，这些实验与理论课程紧密相关，具有明确的科研背景，贴近实际工程应用，对应第 12 章。第 13 章为扩展阅读。

本书可作为"MATLAB 编程与工程应用"课程的教材、"信号与系统"课程的配套实验教材，也可作为本科毕业设计和信号处理领域工程实践的参考书。

图书在版编目(CIP)数据

信号与系统仿真教程及实验指导/安成锦，王雪莹，吴京编著.—北京：清华大学出版社，2022.9
(2025.1重印)
面向新工科的电工电子信息基础课程系列教材
ISBN 978-7-302-61212-4

Ⅰ.①信…　Ⅱ.①安…②王…③吴…　Ⅲ.①信号系统－系统仿真－高等学校－教学参考资料
Ⅳ.①TN911.6②TP391.9

中国版本图书馆 CIP 数据核字(2022)第 110203 号

责任编辑：文　怡　李　晔
封面设计：王昭红
责任校对：韩天竹
责任印制：曹婉颖

出版发行：清华大学出版社
　　　　　网　　　址：https://www.tup.com.cn,https://www.wqxuetang.com
　　　　　地　　　址：北京清华大学学研大厦 A 座　　　邮　　编：100084
　　　　　社 总 机：010-83470000　　　　　　　　　邮　　购：010-62786544
　　　　　投稿与读者服务：010-62776969，c-service@tup.tsinghua.edu.cn
　　　　　质量反馈：010-62772015，zhiliang@tup.tsinghua.edu.cn
　　　　　课件下载：https://www.tup.com.cn,010-83470236
印 装 者：三河市铭诚印务有限公司
经　　　销：全国新华书店
开　　　本：185mm×260mm　　印　　张：20.25　　　　字　　数：471 千字
版　　　次：2022 年 9 月第 1 版　　　　　　　　　印　　次：2025 年 1 月第 5 次印刷
印　　　数：5501～7000
定　　　价：59.00 元

产品编号：095316-01

"信号与系统"是电子信息类、自动化类、计算机类等专业本科生必修的一门专业基础课程。学习者通过学习该课程,掌握确定性信号和线性时不变系统分析的时域、频域、复频域和 z 域分析方法,理解重要知识点的数学、物理以及工程含义,为后续专业课的学习打下坚实基础。由于该课程理论性、系统性强,因此需要配套相应的实验以加深学习者对知识的理解,搭建从理论到应用的桥梁,提升学习者利用所学知识分析问题和解决实际工程问题的能力,培养创新素质。

在构架上,本书采用篇章式结构,分为仿真基础篇、仿真实现篇、基本实验篇和进阶实验篇 4 部分,各篇章相对独立又不失统一,遵循了先易后难、循序渐进的原则。具体内容安排如下。

仿真基础篇主要介绍仿真实现和仿真实验用到的 MATLAB 软件的编程原理和技巧,包括第 1~3 章。第 1 章介绍 MATLAB 软件基本情况及基本的计算,第 2 章介绍 MATLAB 程序设计方法及常用的绘图命令,第 3 章介绍 MATLAB 的特色工具——Simulink 及 GUI。MATLAB 新手可以借助本篇快速实现仿真入门。

仿真实现篇主要介绍"信号与系统"课程重要知识点的仿真实现,包括第 4~8 章。第 4 章介绍时域分析方法的仿真实现,包括连续/离散信号的产生和运算,以及连续/离散系统响应的时域求解。第 5 章介绍连续频域分析方法的仿真实现,包括信号的傅里叶级数和傅里叶变换、系统的频率响应、无失真传输与滤波、抽样与恢复等。第 6 章介绍离散频域分析方法的仿真实现,包括序列的傅里叶级数和傅里叶变换、4 种信号频域分析方法的关系以及系统的频域分析。第 7 章介绍复频域分析方法的仿真实现,包括信号的拉普拉斯变换、系统的零极点分析和模拟以及连续系统响应的复频域求解。第 8 章介绍 z 域分析方法的仿真实现,包括序列的 z 变换,系统的零极点分析,以及离散系统响应的 z 域求解。

基本实验篇主要介绍验证性实验,包括第 9~11 章。第 9 章是仿真实验,包括信号产生、信号的基本运算、卷积积分和卷积和、连续/离散系统的时域分析等 11 个实验项目。第 10 章和第 11 章是硬件实验,第 10 章介绍硬件实验需要的实验箱和示波器,第 11 章介绍周期矩形脉冲信号的分解与合成、信号的无失真传输、信号的滤波以及信号抽样与恢复 4 个硬件实验。

进阶实验篇主要介绍综合及设计性实验,对应第 12 章,包含音乐合成、双音多频信号识别、雷达测速/测距等 10 个信号处理案例,所有案例均有明确的科研背景,在兼顾可操作性的原则下尽可能还原实际工程应用。

前言

第 13 章为扩展阅读,包括 MATLAB 的发展历程及替代方案、拉普拉斯变换的提出者另有其人、雷达发展简史、我国著名雷达专家等。本章内容一部分来源于网络,另一部分则源于作者学习和工作中与各位前辈专家的接触,仅供大家参考。

总体来说,本书具有以下特色:

(1) 比较完整、系统地介绍了仿真原理和技巧。仿真基础篇介绍工作学习中需要用到的编程知识,突出 Simulink、GUI 等特色内容;仿真实现篇和"信号与系统"教材紧密结合,展示所有重要知识点的实现过程。对于同一知识点,尽量提供不同角度的编程实现方法,并从运算时间、编程复杂度、精度等多方面进行比较。针对易错问题,给出错误表现、分析原因并提出解决方案。

(2) 兼顾理论、仿真和实验的平衡。本书不是 MATLAB 学习手册,因此只介绍仿真基础,力求简洁直观,配合教学视频,协助学习者在短时间内掌握编程知识;本书也不是"信号与系统"理论教材,因此很多知识点都是直接给出结论,借助仿真进行实现或验证;本书还给出了很多仿真和硬件实验,通过原理说明、实验视频及部分源代码,快速提高学习者在信号处理方面的创新实践能力。

(3) 软件仿真与硬件实现相结合。借助软件仿真快速理解概念、熟悉原理编程,再配套一定的硬件实验,通过对比分析,以点带面展示仿真与硬件实现的区别,将软件仿真的灵活性和可扩展性与硬件实现的实践性结合,做到优势互补。

(4) 基础实验和进阶实验相结合。在通过验证性实验提高学习兴趣、巩固基础的同时,配以 10 个拓展性实验。拓展性实验来源于科研实践,是多个知识点的综合应用,通过补充其中的关键代码、对实验结果进行比较分析等,提高学习深度和挑战性。

(5) 配套资源完善。提供了 MATLAB 教学视频、硬件实验演示视频、课件、源代码、动图、信号与系统交互式演示程序等特色资源。

本书可作为"MATLAB 编程与工程应用"课程的教材、"信号与系统"课程的配套实验教材,也可作为本科毕业设计和信号处理领域工程实践的参考书。

本书由安成锦副教授主编,负责全书的组织编排和文字撰写工作;王雪莹副教授负责部分实验内容设计,并完成了配套视频录制等工作;吴京教授对全书进行了重要指导。周剑雄教授、范崇祎副教授提供了丰富的科研素材,冯东、乔木、计一飞老师参与了资料搜集、程序验证等工作,万建伟教授、程永强教授、许可副教授、杨威副教授、户盼鹤老师提出了大量宝贵建议,本科生周钰行、万仲豪参与了文稿校对工作,国防科技大学电子科学学院有关领导和同事提供了工作上的帮助,清华大学出版社文怡编辑与作者进行了大量的沟通并提出了非常专业的建议,在此一并致以诚挚的感谢。

由于编者水平有限且时间比较仓促,书中难免有欠妥之处,恳请广大同行和读者批评指正。

作　者

于长沙国防科技大学

2022 年 8 月

大纲＋课件＋GUI＋源代码＋实验

目录

仿真基础篇

目录

目录

目录

目录

基本实验篇

目录

目录

仿真基础篇

第1章

MATLAB入门及计算

1.1 简介

教学视频

  MATLAB 是美国 MathWorks 公司于 1967 年出品的商业数学软件,取名源于 Matrix Laboratory(矩阵实验室),设计者的初衷是实现线性代数中的矩阵运算,随着该 软件的逐步发展,其凭借强大的数值计算及绘图功能已逐渐渗透到各个工程领域。

  MATLAB R2018a 启动后的界面如图 1.1.1 所示。界面默认包括命令窗口、历史命 令窗口、编辑/调试窗口、工作空间、当前路径窗口等。

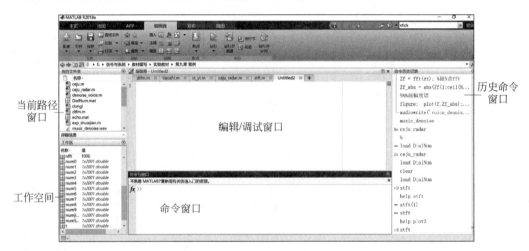

图 1.1.1   MATLAB R2018a 用户界面

  命令(Command)窗口:进行各种 MATLAB 操作的最基本窗口。正常情况下提示 符为">>",表示 MATLAB 可以执行命令。在该窗口内,可键入指令、函数调用等命令。

  历史命令(Command History)窗口:记录已经运行过的命令,允许用户对它们进行 选择复制、重新运行及创建脚本等。

  编辑/调试(Editor)窗口:简单命令可以在命令窗口直接执行。若代码较长,最好在 文件中编辑,编辑/调试窗口就提供了这样一个环境。该环境除了编辑功能外,还提供了 调试功能,例如单步运行、设置断点等。

  工作空间(Workspace):显示内存中现有变量的名称、值、数据类型等。

  当前路径(Current Directory)窗口:显示当前工作路径内的所有文件。

  除上述窗口外,常规的 MATLAB 界面还包括帮助窗口等,本书后续章节将对它们 进行介绍。

1.2 帮助系统

教学视频

  MATLAB 软件具有强大的帮助系统,可以通过以下方式获得帮助。

1. 帮助浏览器

单击 MATLAB 菜单栏右边的 ⓦ 按钮,或在命令窗口输入 doc 命令,可得到帮助浏览器,如图 1.2.1 所示。主要包括:

- 左侧的目录栏。单击相应栏目,即可展开相关内容的细节。
- 右侧的分类检索标题栏。
- 右上角的搜索栏。对于不熟悉的函数,可以在搜索栏中输入函数名。例如输入 sin,可得到 sin 函数的帮助信息,如图 1.2.2 所示。此方法得到的帮助信息系统、详尽,且界面十分友好,推荐使用该方式。

图 1.2.1　MATLAB 帮助浏览器

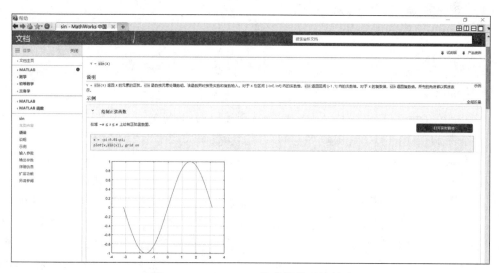

图 1.2.2　MATLAB 搜索栏得到的帮助

2. 命令窗口帮助

- 若已知函数名却不了解该函数如何使用,可在命令窗口中输入 help 命令来获得不同范围的帮助。如输入 help sin,可得到 sin 函数的帮助信息,如图 1.2.3 所示。
- 若想解决某具体问题,但不知有哪些函数命令可以使用,推荐使用 lookfor 命令。

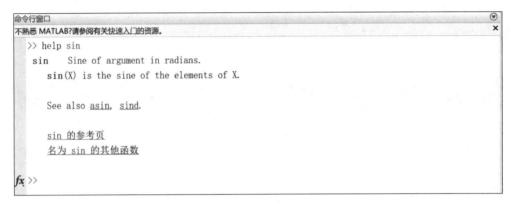

图 1.2.3　MATLAB 帮助命令

3. Demo 演示

MATLAB 的主库和各个工具库都有很好的演示程序。在命令窗口输入 demo 命令即可进入演示程序,演示程序由交互式界面引导,用户可以通过演示进行直观的感受和学习。

1.3　变量、数据类型和显示

与 C 语言中变量必须预先定义不同,MATLAB 中的变量不需要预先定义,但变量名不能包含空格或标点符号,变量名必须以一个字母开始,其后可以是任意字母、数字或者下画线,变量名最多能包含 63 个字符且区分字母大小写。

当然,除了上述规则之外,还有一些特殊规定。例如,MATLAB 中的关键字(又称保留字)不能用作 MATLAB 变量名。MATLAB 主要关键字包括但不限于 for、end、if、while、function、return、elseif、case、otherwise、switch、continue、else、try、catch、global、persistent、break。

另外,MATLAB 还定义了一些专用变量,详见表 1.3.1。假如用户对表中任意一个专用变量赋值,则该变量的默认值会被用户新赋的值临时覆盖。若用 clear 命令清除内存中的该变量,或重新启动 MATLAB,那么专用变量将被重置为默认值。

MATLAB 有多种数据类型,详见表 1.3.2。MATLAB 同时提供函数以完成不同数据类型之间的转换,如 str2num 函数将数据类型从字符转变为数值。

表 1.3.1 专用变量

变量名	描　　述	变量名	描　　述
ans	没有赋予变量的结果	pi	圆周率
eps	浮点相对精度 2^{-52}	Inf/inf	无穷大,如 $1/0$
NaN 或 nan	不定数,即结果不能确定,如 $0/0$	i 或 j	纯虚数,$i=j=\sqrt{-1}$
realmin	最小可用正实数	realmax	最大可用正实数

表 1.3.2 数据类型

指　　令	数据类型	指　　令	数据类型
a＝1	数值	a＝(1==1)	逻辑
a＝'1'	字符	a＝sym('1')	符号
a＝[{[1]},{[2,3]}]	元胞数组		

在绝大多数情况下,MATLAB 中的数值都是用双精度数来表示的,但如果在命令窗口输入 pi 再按回车键,那么一般情况下会显示 3.1416,这是由数据显示造成的。MATLAB 可以显示数据的不同格式,详见表 1.3.3。

表 1.3.3 数据显示格式

指　　令	作　　用	圆周率显示结果
format short（默认）	取小数点后 4 位有效数字	3.1416
format short e	5 位科学记数表示	3.1416e＋00
format short g	从 format short 和 format short e 中自动选择最佳记数方式	3.1416
format long	15 位数字表示	3.141592653589793
format long e	15 位科学记数表示	3.141592653589793e＋00
format long g	从 format long 和 format long e 中自动选择最佳记数方式	3.14159265358979
format hex	十六进制表示	400921fb54442d18

在 MATLAB 中,字符采用分色表示,详见表 1.3.4。

表 1.3.4 字符显示颜色

字 符 类 型	颜　　色	字 符 类 型	颜　　色
关键字	蓝色	合法的字符串	紫色
不合语法规则的字符	红色	非控制命令	黑色

1.4　标点符号和常用控制命令

标点在 MATLAB 中非常重要,常用标点的作用详见表 1.4.1。

表 1.4.1　常用标点的作用

名　　称	标　点	作　　用
空格		分隔符,如分隔数组元素
逗号	,	分隔符,如分隔数组元素、分隔要显示计算结果的命令、分隔输入变量
点号	.	小数点;在运算符号前,构成数组运算符
冒号	:	生成一维数组;单下标时,表示全部元素构成的长列; 多下标时,表示某一维的全部元素
分号	;	用于命令结尾,抑制命令窗口显示计算结果; 用作数组的行间分隔符
注释号	%	用于注释的前面,在它后面的命令不被执行
单引号	' '	字符串记述符
圆括号	( )	引用数组元素;用于函数输入列表;改变算数运算先后次序
方括号	[ ]	构成数组或矩阵;用于函数输出列表
花括号	{ }	元胞数组记述符
续行号	…	将后面行和当前行构成一个较长的命令

MATLAB 中的命令与函数非常类似,只有两个地方稍有差别:

(1) MATLAB 命令没有输出参数;

(2) MATLAB 命令的输入参数没有包含在括号内,而是直接跟在命令名后面。

另外,MATLAB 中所有命令都能以函数形式调用,比如命令 load a.mat 写成函数的形式为 load('a.mat'),后面如无特别说明,将不再对二者进行区分。常用控制命令及作用详见表 1.4.2。

表 1.4.2　常用控制命令

命　　令	作　　用	命　　令	作　　用
clc	清除命令窗口显示内容	pwd	显示当前工作路径
clear	清除工作空间中保存的变量	load	载入 mat 文件中的数据
close	关闭图形窗	save	保存数据到 mat 文件中

1.5　数组创建和编址寻访

为了提高运算效率,MATLAB 摒弃了传统编程的"每次调用命令只对单个标量作用",而采用新的数据组织形式。MATLAB 允许构成具有任意多维度的数组,较为常见的是一维数组和二维数组。需要强调的是,标量被认作只含一个元素的特殊数组。

1.5.1　数组的创建

数组通常可以按表 1.5.1 的方式创建。

表 1.5.1　数组的创建

命　令	作　用
a:d:b	生成等差数组,第一个元素是 a,等差为 d。若 b−a 是 d 的整数倍,则数组最后一个元素是 b
linspace(a,b,n)	生成等差数组,第一个元素是 a,最后一个元素是 b,数组有 n 个元素
logspace(a,b,n)	生成等比数组,第一个元素是 10^a,最后一个元素是 10^b,数组有 n 个元素
[0.1*pi,0,1,sin(3)]	生成输入元素组成的数组
ones(m,n)	生成 m 行、n 列的全 1 数组
zeros(m,n)	生成 m 行、n 列的全 0 数组
eye(m,n)	生成 m 行、n 列的单位数组
magic(m)	生成 m 行、m 列的魔方数组
diag	生成对角数组或取出数组的对角元素
[]	生成空数组

MATLAB 提供了完成数组修改、复制等操作的函数,详见表 1.5.2。

表 1.5.2　数组操作函数

函　数	作　用
repmat(A)	按指定形式复制数组,repmat(A,2,3)按 2×3 形式复制数组 A
flipud(A)	以数组水平中线为轴,上下翻转数组 A
fliplr(A)	以数组垂直中线为轴,左右翻转数组 A
flipdim(A)	多维数组的翻转,flipdim(A,1)相当于 flipud(A)
reshape(A,m,n)	在元素按列排列顺序不变前提下,改变数组 A 的行数和列数
permute(A)	重组数组的维度次序
rot90(A,k)	逆时针旋转数组 k×90°
tril(A)	提取数组的左下三角部分
triu(A)	提取数组的右上三角部分
cat(dim,A,B)	沿 dim 指定的维数将数组 A、B 连接起来

1.5.2　数组元素编址

考虑到 MATLAB 中二维数组使用较多,本节主要以二维数组为例介绍数组的编址。

二维数组中元素的位置有两种表示形式:全下标和单下标。所谓全下标,就是给出元素的行、列号,如 A(1,2)表示数组 A 中的第 1 行第 2 列元素。单下标就是用单个序号表示元素在数组中的位置。需要注意的是,MATLAB 以列为顺序进行编址,数组 $A_{M×N}$ 的第 1 列所有元素的全下标从上往下依次为 1,2,…,M,第 N 列的所有元素的全下标依次为(N−1)×M+1,(N−1)×M+2,…,(N−1)×M+M。

可以通过以下命令完成两种编址方式的转换:

[r,c]＝ind2sub(ArraySize,ind)将元素的单下标 ind 转换为全下标[r,c],ArraySize

是数组规模。

ind＝sub2ind(ArraySize,r,c)将元素的全下标[r,c]转换为单下标 ind。

MATLAB 提供了不同函数来获取数组的结构参数,详见表 1.5.3。

表 1.5.3　数组结构参数的获取

函　　数	作　　用
ndims(A)	获取数组 A 的维数
size(A)	获取数组 A 的规模
size(A,ndim)	获取数组 A 第 ndim 维的规模,如 size(A,1)获取 A 的行数
length(A)	获取数组 A 的长度,对于二维数组来说是行和列的最大值
numel(A)	获取数组 A 所含元素个数

1.5.3　数组元素寻访

数组元素可以按址寻访,也可以按条件寻访。所谓按址寻访,就是按地址访问。既可以根据全下标访问,也可以根据单下标访问。

常用的按址寻访命令如表 1.5.4 所示。

表 1.5.4　数组的按址寻访

命　　令	作　　用
A(3)	访问数组 A 的第 3 个元素
A([1 2 5])	访问数组 A 的第 1、2、5 个元素
A(3:−1:1)	访问数组 A 的第 3、2、1 个元素
A(:)	按从上往下、从左往右的顺序访问数组 A 的所有元素
A(2,3)	访问数组 A 第 2 行第 3 列的元素
A(1,:)	访问数组 A 第一行的所有元素
A(:,end)	访问数组 A 最后一列的所有元素
A([2:4],[3:5])	访问数组 A 第 2~4 行,第 3~5 列的所有元素

在有些应用场合,并不知道被寻访元素的地址,但知道被寻访元素必须满足的条件,这种情况下可采用按条件寻访。

例 1.5.1　生成五阶魔方矩阵并找出其中大于 20 的元素。

解:源代码如下

```
A = magic(5);              % 生成矩阵
idx = find(A(:)> 20);      % 找到满足条件的元素地址
A(idx')                    % 以行的形式显示满足条件的元素
```

命令窗口运行结果为

```
ans =
  23 24 25 21 22
ans =
```

1.6 数组和矩阵运算

1.6.1 运算符

从数据组织方式来看,数组和矩阵并无区别。但从算术运算的角度来看,二者截然不同,例如,数组的平方是对其中每个元素做平方,而矩阵的平方是矩阵本身相乘。因此为了和矩阵运算区分,数组运算符前面会带一个"."。数组和矩阵算术运算符见表 1.6.1。

表 1.6.1　数组和矩阵算术运算符

数 组 运 算		矩 阵 运 算	
命　　令	作　　用	命　　令	作　　用
A+B	相应元素相加	A+B	与数组运算相同
A−B	相应元素相减	A−B	与数组运算相同
A * c	数组中的每个元素乘标量 c	A * c	与数组运算相同
A. * B	数组对应元素相乘	A * B	内维相同的矩阵相乘
c. / A	标量 c 被 A 中的元素除	c/A	报错,只能右除
A. /B	A 中的元素被 B 中的相应元素除	A/B	A 乘以 B 的逆,相当于 A * inv(B)
A. \B	B 中的元素被 A 中的相应元素除	A\B	A 的逆乘以 B,相当于 inv(A) * B
A. ^n	A 中的每个元素自乘 n 次	A^n	方阵 A 自乘 n 次
A. '	非共轭转置,相当于 conj(A')	A'	共轭转置

除算术运算外,数组还可以进行关系运算和逻辑运算,相应运算符见表 1.6.2。熟练运用关系和逻辑运算可以灵活得到程序设计需要的变量。

表 1.6.2　关系和逻辑运算符

关 系 运 算		逻 辑 运 算	
名　　称	作　　用	名　　称	作　　用
>	大于	&.	与
<	小于	|	或
>=	大于或等于	∼	非
<=	小于或等于	xor	异或
==	等于	any(A)	a 中有元素非 0 则为真
∼=	不等于	all(A)	a 中所有元素非 0 才为真

1.6.2 函数

MATLAB 提供了一系列函数来支持基本的数学运算,其中大多数函数和我们平时使用的数学表达式用法一样,详见表 1.6.3。

表 1.6.3　基本函数

函数名	作　用	函数名	作　用
sin	正弦,输入参数的单位是弧度	abs	绝对值或复数模
sind	正弦,输入参数的单位是度	real	复数实部
cos	余弦,输入参数的单位是弧度	imag	复数虚部
cosd	余弦,输入参数的单位是度	conj	复数共轭
tan	正切,输入参数的单位是弧度	angle	复数幅角
tand	正切,输入参数的单位是度	sqrt	平方根
asin	反正弦函数,返回结果的单位是弧度	mod	求余数
asind	反正弦函数,返回结果的单位是度	round	四舍五入到整数
acos	反余弦函数,返回结果的单位是弧度	fix	向最接近 0 取整
acosd	反余弦函数,返回结果的单位是度	floor	向下无穷取整
atan	反正切函数,返回结果的单位是弧度	ceil	向上无穷取整
atand	反正切函数,返回结果的单位是度	exp	自然指数
atan2	4 个象限内反正切	log	自然对数
^	乘方	log10	以 10 为底的对数

MATLAB 还提供了非常多的矩阵函数用于求解线性代数问题,详见表 1.6.4。

表 1.6.4　常用的矩阵函数

函　数	作　用	函　数	作　用
rank	求矩阵的秩	det	求方阵的行列式
trace	求方阵的迹	eig	求方阵的特征值和特征向量
poly	求方阵的特征多项式	inv	求方阵的逆
diag	生成矩阵的对角矩阵	lu	对矩阵进行 LU 分解
qr	对矩阵进行 QR 分解	svd	对矩阵进行奇异值分解
norm(A,p)	求矩阵的 p 范数,p=1,2,∞		

1.7　随机数产生和统计分析

MATLAB 中可以产生离散或连续型随机变量,详见表 1.7.1。

表 1.7.1　随机数的产生

函　数	作　用
binornd(N,P,m,n)	产生服从 B(N,P)二项分布的 m 行 n 列随机数
normrnd(mu,sigma,m,n)	产生服从 $N(mu,sigma^2)$ 正态分布的 m 行 n 列随机数
randn(m,n)	产生服从 N(0,1)正态分布的 m 行 n 列随机数
rand(m,n)	产生(0,1)区间均匀分布的 m 行 n 列随机数
randi([imin,imax],m,n)	产生[imin,imax]区间内均匀分布的 m 行 n 列随机整数

概率统计在科学研究和工程中有着非常重要的作用。MATLAB 软件包含常用的概率统计函数,使得一些过去难以体现的算法现在可以通过仿真表达或体现。在默认情况下,统计函数都是对矩阵中每列数据进行运算的,要想使它们沿着其他的方向进行运算,需要在函数调用时增加输入参数来指定函数运算的方向。常用的统计函数见表 1.7.2。

表 1.7.2　统计函数

函　　数	作　　用
min	求矩阵各列的最小值
max	求矩阵各列的最大值
mean	求矩阵各列的平均值
median	求矩阵各列的中值
std	求矩阵各列的标准差
var	求矩阵各列的方差,也就是标准差的平方
cov	求矩阵各列的协方差矩阵
corrcoef	求矩阵各列的相关系数
prod	求矩阵各列中元素的积
sum	求矩阵各列中元素的和
cumprod	求矩阵各列的元素累计积
cumsum	求矩阵各列的元素累计和
cumtrapz	求矩阵各列的累计梯形积分
diff(A)	求矩阵各列的相邻元素间差值
sort(A)	对 A 的每列按升序或降序排序
sortrows(A)	对 A 的每行按升序或降序排序

1.8　多项式计算

1.8.1　多项式的表示和求值

在 MATLAB 中,多项式是用其系数行向量表示的,向量中系数按照自变量幂次的降序进行排列。若中间缺少某幂次项,则该幂次项的系数在向量对应位置为 0。例如 $x^4 - 12x^3 + 25x + 116$ 用行向量 $\boldsymbol{p} = [1 \quad -12 \quad 0 \quad 25 \quad 116]$ 表示。

可以通过调用函数 polyval(p,s) 计算多项式 $p(x)$ 在 $x = s$ 处的值。

多项式的微分和积分执行起来也非常简单,只要简单调用函数 polyder 和 polyint 即可。

1.8.2　多项式求根

当利用系数行向量 p 表示多项式后,就可以调用 roots(p) 命令求多项式的根。由于在 MATLAB 中,多项式和多项式的根都是用向量表示的,所以为了对它们加以区分,通常将多项式系数表示为行向量,将多项式的根表示为列向量。

如果知道多项式所有根组成的列向量 r,可以用 poly(r)命令得到多项式的系数向量。由于 MATLAB 在进行数据处理时存在截断误差,因此,poly 函数的返回结果中有可能在该出现 0 的位置出现了一个非常接近 0 的数。可以对 poly 函数的返回结果进行一定的处理,例如,若系数小于一定门限则置 0。

1.8.3 多项式的乘除

多项式相乘实际上就是多项式系数向量之间的卷积运算,可以用卷积函数 conv 来实现多项式的乘法;反过来,多项式除法可以用解卷积函数 deconv 实现。

例 1.8.1 求两个多项式 $a(x)=x^3+2x^2+3x+4$ 和 $b(x)=x^3+4x^2+9x+16$ 的乘积。

解:源代码如下

```
a = [1 2 3 4]; b = [1 4 9 16];
conv(a,b)
```

命令窗口运行结果为

```
ans =
1 6 20 50 75 84 64
```

因此两个多项式的乘积为 $x^6+6x^5+20x^4+50x^3+75x^2+84x+64$。

例 1.8.2 已知多项式 $a(x)=3x^3+8x^2+7x+1$,$b(x)=x^2+3x+2$,求 $\dfrac{a(x)}{b(x)}$ 的商和余数。

解:源代码如下

```
a = [3 8 7 1]; b = [1 3 2];
[q,r] = deconv(a,b)
```

命令窗口运行结果为

```
q =
   3  -1
r =
   0  0  4  3
```

因此商为 $3x-1$,余数为 $4x+3$。由于约定余数与除数或被除数中较长的那个向量等长,因此返回的 r 前面补充了 2 个 0。

1.8.4 多项式拟合

多项式拟合的目的是根据一系列已知离散点得到多项式系数,得到的多项式应当尽可能逼近原离散点。MATLAB 中提供了 polyfit(x,y,n)函数实现多项式拟合,其中 x、y

是拟合数据的横、纵坐标，n 是预先指定的多项式次数。需要注意的是，并不是 n 越大拟合越精确，需要依据具体应用指定合适的 n。

1.9 符号计算

在 MATLAB 中，符号计算是相对于数值计算而言的，符号计算得到的是解析解。

1.9.1 符号变量和符号表达式的创建

可以采用 sym 或 syms 函数创建符号变量和符号表达式。

例 1.9.1 创建函数表达式 $f(x)=ax^2+bx+c$。

解：源代码如下

```
syms a b c x f
f = a * x^2 + b * x + c
```

命令窗口运行结果为

```
f =
a * x^2 + b * x + c
```

1.9.2 符号表达式的计算

符号表达式的四则运算和其他表达式的运算相同，只是其运算结果依然是一个符号表达式。MATLAB 提供了一些函数实现符号表达式的计算，详见表 1.9.1。

表 1.9.1 符号表达式的计算

函　　数	作　　　　用
numden	提取分子和分母
simplify/simple	简化符号表达式
limit(f,x,a)	$x \rightarrow a$ 时 $f(x)$ 的极限
diff(f,x,n)	求 f 对变量 x 的 n 阶导数
int(f,x)	求 f 对变量 x 的不定积分
int(f,x,a,b)	求 f 对变量 x 在 $[a,b]$ 上的定积分
solve(f,x)	指定求解变量为 x 的代数方程
subs(f,x,y)	关于 x 的符号表达式到关于 y 的数值表达式的转换
fplot	符号表达式的绘图

例 1.9.2 求解 $f(x)=ax^2+bx+c=0$ 的根。

解：源代码如下

```
syms a b c x f
```

```
f = a * x^2 + b * x + c;
solve(f, x)
```

命令窗口运行结果为

```
ans =
 - (b + (b^2 - 4 * a * c)^(1/2))/(2 * a)
 - (b - (b^2 - 4 * a * c)^(1/2))/(2 * a)
```

第 2 章

MATLAB程序设计及绘图

2.1　M 文件

在命令窗口可以逐行输入命令并执行,这种程序执行方式称为命令执行。虽然这种方式简单直观,但不能存储调试,不适用于较大的工程项目。推荐采用程序执行的方式,即将命令写在文件(M 文件)中。M 文件分为两种类型:脚本文件和函数文件。

2.1.1　脚本文件

1. 创建

单击 MATLAB 主页菜单栏中的 ▨(新建脚本)按钮,就会弹出一个文本编辑窗口,单击编辑器菜单栏的 ▤(保存)按钮,输入要保存的文件名(默认是 Untitled. m)即可完成 M 文件的创建。文件名的命名规则与变量名相同,即必须以一个字母开头,后面可以是任意字母、数字和下画线的组合,空格、标点符号或中文不能在文件名中出现。

2. 编辑

脚本文件可以理解为简单命令的集合,它的运行相当于在命令窗口逐行输入运行。脚本文件中使用的变量都是全局变量,脚本运行后它们会出现在工作空间中,同时脚本也可以访问工作空间中已有的变量。很多脚本文件都以如下代码行开始

```
clc; clear all; close all;
```

它们所代表的含义分别为清空命令窗口,清空工作空间中已有变量防止误访问,关闭所有图形窗。

3. 运行

单击编辑器菜单栏的 ▷ 按钮即可运行脚本文件。若程序有误,则在命令窗口会显示错误提示。

2.1.2　函数文件

函数文件的标志是其第一行为以 function 关键字开头的声明语句,称为函数声明行。调用格式为

function [输出变量列表] = 函数名(输入变量列表)

与脚本文件不同,函数文件如同一个黑箱,从外部只能看到输入、输出变量。其特点如下。
- 函数名必须与该函数文件的文件名一致。实际上,当用户调用一个函数时,MATLAB 寻找的是以这个函数的名字命名的. m 文件,而不是 function 声明语句中的函数名。

- 输入、输出变量的数目可以改变。用户在调用 M 函数时可以提供少于函数定义中规定个数的输入、输出参数,但不能提供多于函数定义中规定个数的输入、输出参数。用户可以通过调用函数 nargin 和 nargout 来确定用到了几个输入、输出参数。
- 所有中间变量都是局部变量,函数调用完成后,局部变量立即被清除,不会出现在工作空间。如果需要局部变量出现在工作空间中,可以在函数文件中将其声明为 global,该变量就可以被其他函数、MATLAB 工作空间以及函数本身反复调用。要访问函数或 MATLAB 工作区中定义的全局变量,必须在每个工作区中都将该变量声明为 global,声明格式为 global variable_name。
- 介于函数声明行和第一行命令之间的若干行注释是函数的帮助文档,当使用 help 命令时,将显示这些内容。

2.2 程序控制

与其他计算机编程语言一样,除顺序结构外,MATLAB 还提供了循环结构、选择结构。

2.2.1 循环结构

1. for 循环

for 循环结构根据用户设定的条件,对结构中的命令反复执行固定次数的操作。for 循环的一般格式如下(其中步长的默认值为 1)

```
for 循环变量 = 变量初值:步长:变量终值
    循环结构体
end
```

需要注意的是,for 循环结构并不高效。若能用数组方法就可以解决的问题,应尽量避免使用 for 循环语句,因为数组方法的执行效率通常要比 for 循环高很多。由于 for 循环通常是基于标量进行的,因此又称为标量化解决方案;而数组解决方法通常都是基于向量进行的,因此又称为向量化解决方案。下面举例说明向量化解决方案的高效性。

例 2.2.1 计算 $\sum\limits_{n=0}^{1000000} 2^n$。

解:分别采用 for 循环和数组方法进行计算,源代码如下

```
clc;clear all; close all;
total = 0;
tic             % 开始计时
for n = 0:1000000
  total = total + 2^n;
end
disp('for 循环运行')
toc             % 终止计时,并输出耗时秒数
```

```
tic              % 开始计时
n = 0:1000000;
total = sum(2.^n);
disp('数组方法运行')
toc              % 终止计时,并输出耗时秒数
```

命令窗口运行结果为

for 循环运行
时间已过 0.096851 秒。
数组方法运行
时间已过 0.029115 秒。

2. while 循环

有时需要执行无穷次的循环运算,这时可以使用 while 循环。while 循环的一般格式如下

```
while 表达式
    循环结构体
end
```

一般情况下,表达式的计算结果为一个标量,但也可以是一个数组表达式。当表达式的结果为一个标量,且该标量为"真"时,循环结构体就会被一直执行下去;当表达式的结果为一个数组时,只有数组中的所有元素均为"真",循环结构体才会被一直执行下去。

2.2.2 选择结构

1. if

在很多情况下,我们需要根据某一条件来执行相应的命令。MATLAB 提供了几种 if 结构来完成这一操作,详见表 2.2.1。

表 2.2.1 if 结构的格式

单 分 支	双 分 支	多 分 支

if 表达式
    commands
end
	if 表达式
	    commands1
	else
	    commands2
	end
		if 表达式 1
		    commands1
		elseif 表达式 2
		    commands2
		    …
		else
		    commandsn
		end

表达式为"真"时,commands 才被执行	表达式为"真"时,执行 commands1;否则,执行 commands2	先满足"真"的表达式对应的命令组被执行,否则执行 commandsn

2. switch

在使用 if 语句处理多分支问题时,会使程序变得十分冗长,这时可以采用 switch 命令。其一般格式为

```
switch 表达式
case 条件 1
    commands1
case 条件 2
    commands2
…
otherwise
    commandsn
end
```

case 后面的条件不仅可以是一个标量,还可以是一个元胞数组。MATLAB 将表达式的值与元胞数组中的所有元素进行比较。如果有一个元素与表达式的值相等,则认为此次结果为 True。

3. try

try-catch 模块使得用户能够捕获程序执行过程中 MATLAB 发现的错误,以便决定如何对错误进行响应。一般格式为

```
try
    commands1
catch
    commands2
end
```

这里,commands1 中的所有命令都被执行。如果没有 MATLAB 错误出现,那么程序控制直接跳到 end 语句。如果出现了错误,那么程序控制立即转移到 catch 语句,执行commands2。在 commands2 中,通常会利用 lasterr 和 lasterror 函数获取错误信息,然后执行一定的操作。

2.2.3 其他命令

在 MATLAB 脚本文件中,有一些函数对于控制程序执行十分有用,详见表 2.2.2。

表 2.2.2 控制程序执行的命令

函 数	作 用
beep	让计算机发出"嘟嘟"声
disp('s')	在命令窗口显示字符串 s
x = input('s')	用户根据字符串提示通过键盘输入数据,赋值给 x

函　　数	作　　用
keyboard	临时停止 M 文件的执行,让键盘获得控制权。按回车键后再次将控制权交还给正在执行的 M 文件
pause	暂停,直到用户按下任何一个键盘按键为止
pause(n)	暂停 n 秒后继续执行
break	强制程序跳出一个循环体
continue	中断本次循环体的运行,将程序跳至判断循环条件的语句
return	程序跳出,将控制权转至主函数或命令窗口

教学视频

2.3　常见错误类型

在 MATLAB 中,通常存在 3 种类型的错误:语法错误、运行错误和数据计算错误。

语法错误一般是由于用户的错误操作造成的,例如变量或函数名拼写错误、缺少引号或括号、用了中文符号等,MATLAB 进行编译时将发现这些错误。MATLAB 发现错误后,便立即标识出这些错误,并向用户提供错误的类型以及错误在 M 文件中的位置(行号)。利用这些信息,用户可以很方便地对错误进行定位并纠正。

运行错误能被 MATLAB 发现并标记出来,但用户很难发现这些错误到底发生在何处。当 MATLAB 发现运行错误后,便立刻返回到命令窗口和 MATLAB 工作区。这时,用户无法访问错误发生时的函数工作区内的值,也就不能通过查询函数工作区的方法筛查错误来源。因此,检查运行错误的一个最好的办法是利用断点进行调试。

数据计算错误。对于这类错误 MATLAB 不会报错,因此出现这类错误更为致命。这时需要用户对程序运行结果有大致的判断,如果不能确定最终结果是否正确,则可以通过增加断点、利用 keyboard 命令、去掉分号等手段观察过程变量的值是否符合预期。

2.4　良好的编程习惯

- 做好备份和版本控制。程序丢失不是小概率事件,如笔记本电脑丢失、硬盘损坏、误删除等。因此做好备份是非常重要的事情,尽量让程序脚本等数据多地备份存储(含云存储等),并做好版本控制,以防编程时需要使用以前的版本。
- 添加可读性好的注释。大型项目一般都是团队合作,所以代码一定要做好注释,尤其是核心功能要注释清晰,为合作编程提供基础。图 2.4.1 给出了一个好的程序注释的例子。
- 满足版本兼容性。编程软件一般是向下兼容,若高版本编写的程序需要在低版本软件运行时,可以尝试将其另存为低版本对应的文件。例如 MATLAB 2020b 的.m 文件,在 MATLAB R2018a 上打开时,中文注释是乱码,这时可以将其保存为 GBK 编码格式的.m 文件,一般可以解决中文注释乱码的问题。

```
function I = cplxcomp(p1,p2)
%《数字信号处理教程——MATLAB释义与实现》子程序
% 向量重新排序后的序号计算
% 电子工业出版社出版    陈怀琛编著  2004年9月
%
%   I = cplxcomp(p1,p2)
% ─────────────────────────────────────────
% 计算复数极点p1变为p2后留数的新序号
% 本程序必须用在CPLXPAIR 程序之后以便重新频率极点向量
% 及其相应的留数向量:
%       p2 = cplxpair(p1)
%
I=[];                                   % 设一个空的矩阵
for j=1:1:length(p2)                    % 逐项检查改变排序后的向量p2
    for i=1:1:length(p1)                % 把该项与p1中各项比较
        if (abs(p1(i)-p2(j)) < 0.0001)  % 看与哪一项相等
            I=[I,i];                    % 把此项在p1中的序号放入I
        end
    end
end
I=I';                                   % 最后的I表示了p2中各元素在p1中的位置
```

图 2.4.1   可读性好的注释

- 遵从函数和变量命名规范。命名没有规定的模式,可以按照"匈牙利命名法"或
  "骆驼命名法"进行命名,总之应做到易读、易懂、易区分。通过函数名就知道其功
  能,通过变量名就能知道其代表什么。

除此之外,一个好的程序还应做到嵌套适度、缩进正确、代码简洁等。

2.5   二维绘图

数据可视化是 MATLAB 的重要功能之一,这里先介绍二维绘图,再介绍三维绘图,
最后介绍图形窗的编辑。

教学视频

2.5.1   绘图函数

二维绘图中最常用的是 plot 函数,其基本调用格式为 plot(x,y,'s')。其中 x、y 分别
为数据点的横、纵坐标,x 的默认值是由 y 的行序号构成的数组;字符串 s 是表示点型、
颜色和线型的字符的组合,默认情况下绘制"细实线"。s 只能取表 2.5.1、表 2.5.2 所列
的 MATLAB 预定义设置符。

表 2.5.1   点型预定义设置符

符　号	含　义	符　号	含　义	符　号	含　义
.	实心点	s	方块符	∨	向下三角符
o	空心圆圈	d	菱形符	∧	向上三角符
×	叉字符	p	五角星符	<	向左三角符
+	十字符	h	六角星符	>	向右三角符
*	米字符				

表 2.5.2　颜色和线型预定义设置符

颜　色			线　型		
符　号	含　义	符　号	含　义	符　号	含　义
b	蓝色	m	紫红	-	细实线
g	绿色	y	黄色	:	点线
r	红色	k	黑色	-.	点画线
c	青色	w	白色	--	虚线

除 plot 函数外,MATLAB 还提供了一些其他的二维绘图函数,详见表 2.5.3。

表 2.5.3　其他的二维绘图函数

函　数	含　义	函　数	含　义
stem	杆图	fill	填充图
hist	直方图	polar	极坐标图形
bar	条形图	pie	饼图
stairs	阶梯图	scatter	散点图

2.5.2　轴系形态和标识

1. 坐标轴的控制

坐标轴控制命令(axis)的形式及功能如表 2.5.4 所示。

表 2.5.4　常用的坐标轴控制命令

指　令	含　义
axis on	显示坐标轴
axis off	取消坐标轴
axis auto	使用默认设置
axis xy	直角坐标系,原点在左下方
axis ij	矩阵式坐标系,原点在左上方
axis normal	矩形坐标系(默认)
axis square	正方形坐标系
axis equal	横、纵坐标轴等长刻度
axis([xmin xmax ymin ymax])	设定横、纵坐标范围

如只需指定单个坐标轴范围,可以用 xlim、ylim 命令。下面举例说明坐标轴的控制。

例 2.5.1　画单位圆。

解：源代码如下，程序运行结果如图 2.5.1 所示。可以看到，画出的图形不像单位圆，这是因为 MATLAB 默认画图时采用矩形坐标系。在程序末尾增加 axis equal，结果如图 2.5.2 所示。

```
theta = [0:0.01:2 * pi];        % 幅角
x = cos(theta);                 % 横坐标
y = sin(theta);                 % 纵坐标
plot(x,y)
```

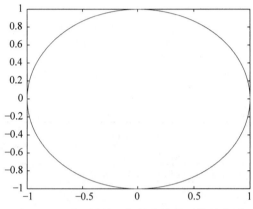

图 2.5.1 采用默认坐标轴参数得到的单位圆　　　图 2.5.2 进行坐标轴控制后得到的单位圆

2. 网格线、轴线分度及标识

网格线、轴线分度及标识控制命令如表 2.5.5 所示。

表 2.5.5 网格线、轴线分度及标识控制命令

命　　令	含　　义
grid on	显示坐标分度网格线
grid off	隐藏坐标分度网格线
xticks(X)	X 为数值数组，用于指定 x 轴坐标分度位置
yticks(Y)	Y 为数值数组，用于指定 y 轴坐标分度位置
xticklabels(XS)	XS 为字符串元胞数组，用于 x 轴分度的标识
xticklabels(YS)	YS 为字符串元胞数组，用于 y 轴分度的标识

为便于说明轴线分度的效果，对绘图程序增加以下代码

```
xticks([100,200,400,600,1000]);
yticks([ - 25, - 20, - 2,0]);
```

结果如图 2.5.3 所示。

3. 图形标识命令

常用的图形标识命令如表 2.5.6 所示。

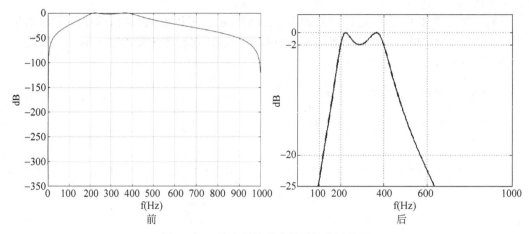

图 2.5.3　指定轴线分度前后的绘图结果

表 2.5.6　图形标识命令

命　　令	含　　义	命　　令	含　　义
title	在当前图形窗的顶部加图名	xlabel	横坐标轴名
ylabel	纵坐标轴名	text(x,y,'s')	在(x,y)处写字符注释
legend	生成图例		

2.5.3　多次叠绘和多子图

1. 多次叠绘

如需在同一幅图中绘制多条曲线,可以调用 plot(x1,y1,x2,y2,…),MATLAB 自动以不同颜色绘制不同曲线,不同曲线的维数可以不同;也可以利用 hold 命令,通过多次调用 plot 函数,将多条曲线叠绘在同一幅图中。hold 命令格式为

hold on 为开启"保持模式",当前轴及图形保持而不被覆盖。

hold off 为关闭"保持模式",若有新的画图,当前轴及图形将被覆盖。

2. 多子图

MATLAB 允许在同一个图形窗里铺放多个子图,这时需要调用 subplot(m,n,k) 函数,其中,m 和 n 分别是子图的行数和列数,k 是子图的编号。子图的编号规则是左上角为 1,从左向右、从上向下依次编号。

2.6　三维绘图

2.6.1　曲线图

与二维曲线绘制函数 plot 相对应,MATLAB 提供了 plot3 函数用于三维曲线绘制。

plot3 函数和 plot 函数的用法一样，只是在绘图时需要用户每组提供 3 个数据参数。plot3 函数的常见调用格式为

```
plot3(x1,y1,z1,S1,x2,y2,z2,S2, … )
```

其中，xn、yn、zn 为一组向量或矩阵，sn 是可默认用来声明点型、颜色和线型的字符串。plot3 通常用于绘制一个单一变量的三维函数。

2.6.2　曲面图

曲面绘图比曲线绘图稍显复杂，曲面绘图不仅需要两个自变量，而且自变量的抽样间隔大小要合适。抽样间隔太大，所绘制曲面有可能反映不了真实情况；抽样间隔太小，则运算量太大。

MATLAB 提供 mesh 函数绘制三维网格图，surf 函数绘制三维表面图，可根据需要进行选择。

例 2.6.1　绘制 $z = \dfrac{\sin(x^2+y^2)}{x^2+y^2}$ 所表示的三维曲面，要求 x、y 的取值范围为 $[-10,10]$。

解：源代码如下，程序运行结果如图 2.6.1 所示。其中 meshgrid 函数将两个一维数组生成两个二维数组，以产生网格点。

```
clc;clear all;close all;
x = - 10:0.1:10;                                    % 横坐标
y = x;                                              % 纵坐标
[X,Y] = meshgrid(x,y);                              % 生成二维变量
Z = sin(X.^2 + Y.^2)./(X.^2 + Y.^2);                % 计算
surf(X,Y,Z);                                        % 画三维图
```

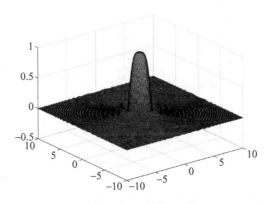

图 2.6.1　三维曲面图

2.7 图形窗编辑

在 MATLAB 中,可以对绘图得到的图形窗进行属性编辑。单击图形窗的编辑绘图按钮 ![cursor]，再双击图形对象,便可进入编辑状态,如图 2.7.1 所示。在此状态下,用户可以进行插入图名、修改轴线分度、修改颜色和线型等一系列操作。

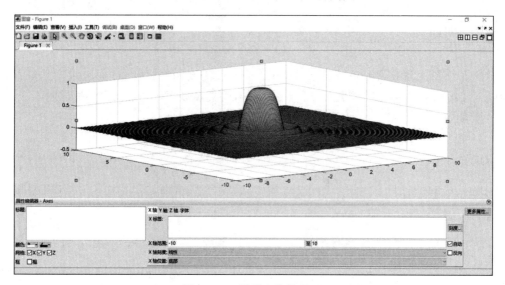

图 2.7.1　图形窗编辑界面

第3章

Simulink及GUI

3.1 Simulink 简介和启动

Simulink 是 MATLAB 的一种可视化仿真工具,它提供了系统建模、仿真和综合分析的集成环境。在该环境中,无须编写大量程序,只需通过简单直观的鼠标操作,选择适当的模块并进行连线,就可以构造出复杂的仿真模型。

Simulink 具有以下特点:

- 适应面广,可用于各种系统建模。
- 结构和流程清晰,以块图形式呈现。
- 仿真精细。
- 可访问 MATLAB,且便于移植。

在 MATLAB 命令窗口输入 Simulink,或者在 MATLAB 主页菜单栏单击 Simulink 按钮,即可出现如图 3.1.1 所示的 Simulink 启动界面。单击其中的 Blank Model 图标即可新建一个如图 3.1.2 所示的空白模型窗。

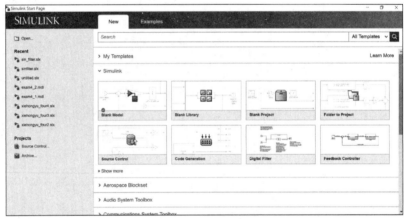

图 3.1.1 Simulink 启动界面

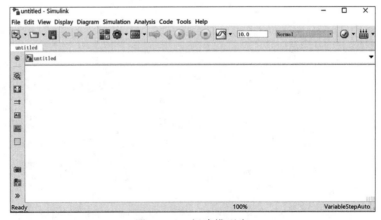

图 3.1.2 新建模型窗

　　单击空白模型窗工具条上的 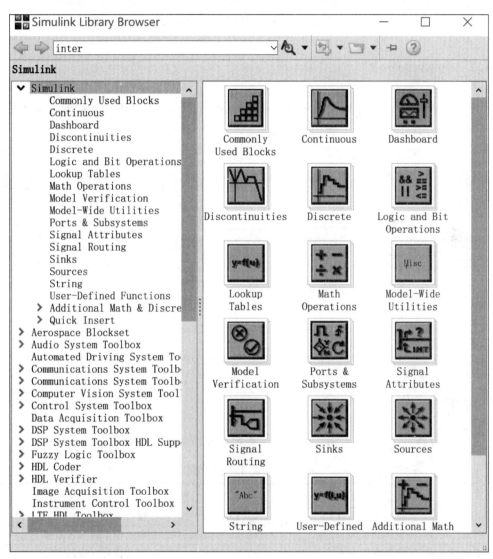 Library Browser(模块库浏览器)按钮,即可打开模块库,如图 3.1.3 所示。左侧的树状图显示本机安装的 Simulink 模块库;右侧显示当前库中的所有模块,可以用左键拖曳或将它们复制到空白模型窗;最上方的编辑框用于搜索模块,在这里输入模块名后再按回车键,即可找到该模块。

图 3.1.3　Simulink 模块库浏览器

3.2　Simulink 基本模块

　　图 3.2.1 展示了 Simulink 模型的一般性结构,其通常包含 3 部分:信源(Source)、系统(System)以及信宿(Sink)。信源可以是正弦信号、门信号等信号源;系统是指

Simulink 模块搭建的框图；信宿可以是示波器、存储器等。信源、系统、信宿都可以从 Simulink 库中直接得到，或利用库中的模块搭建得到。

图 3.2.1　Simulink 模型的一般性结构

3.2.1　Sources 库

Sources(输入源)库主要提供输入信号，详见图 3.2.2。每个模块下面的英文名称简要说明了其功能，比如 Clock 输出每个仿真点的时刻，Constant 输出常数，Sine Wave 输出正弦波等。

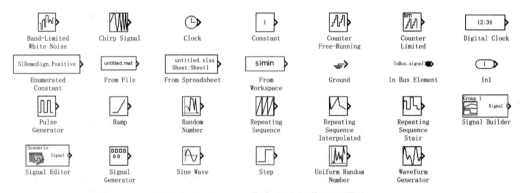

图 3.2.2　Sources 库中包含的信号源模块

3.2.2　Sinks 库

Sinks(接收)库用来输出和显示信号。常用的接收模块作用详见表 3.2.1。

表 3.2.1　常用的接收模块

名　　称	作　　用	名　　称	作　　用
Display	数值显示	Terminator	接收终端
Floating Scope	游离示波器	To Workspace	向工作空间写入数据
Out1	输出端口	To File	向文件写入数据
Scope	示波器	XY Graph	显示两路输入信号的 x-y 图形
Stop Simulation	输入不为 0 时停止仿真		

除 Sources 库、Sinks 库外，Simulink 还提供了 Continuous(连续系统)库、Discrete(离散系统)库、Math Operations(数学运算)库、Ports & Subsystems(端口和子系统)库、Discontinuities(非线性)库，用户可以利用这些库中的模块搭建需要的系统。

3.3 Simulink 实例

下面举例说明如何利用 Simulink 进行仿真。

例 3.3.1 假定两个输入信号分别是 $x_1(t)=2\cos(200\pi t)$、$x_2(t)=\sin(1000\pi t)$，用 Simulink 计算 $y(t)=x_1(t)\times x_2(t)$，将结果存入工作空间变量 sinprod 中并显示波形。仿真频率 10000Hz，仿真时间 1s。

第一步，选择模块。

在 Sources 库中选择两个 Sine Wave 模块，在 Math 库中选择 Product 模块，在 Sinks 库中选择 Scope 和 To Workspace 模块。选中模块后用左键将其拖曳到空白模型窗中，并按照输入在左、输出在右的顺序放置好这些模块。每个模块的图标大小、名称都可以修改，只要用鼠标拖曳边框或双击模块下方的文字即可。

第二步，连接模块。

（1）将光标指向源模块的输出端口，此时光标变成"+"。

（2）单击并拖动，这时会出现一端连接源模块输出端口的红色虚线；按住左键不放，将光标拖动到目标模块的输入端口，在足够接近时，红色虚线会变成黑色实线，松开左键，连接完成。

在部分高版本的 Simulink 中，也可以单击源模块，保持 Ctrl 键处于按下状态，再单击目标模块，完成连接。

有些情况下，源模块的输出同时要作为多个模块的输入，这时可以交换连线的起点和终点。将前面选择的模块按要求进行连接，结果如图 3.3.1 所示。

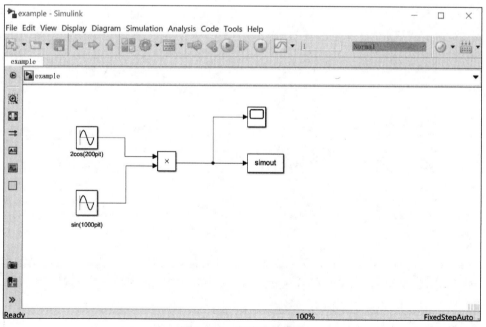

图 3.3.1 连接后的模块

第三步,设置模块参数。

以 $x_1(t)=2\cos(200\pi t)$ 为例介绍输入信号的设置。双击 Sine Wave 模块,即可得到参数设置窗口,如图 3.3.2 所示。Amplitude 为 sine 信号的振幅;Bias 为直流偏置;Frequency 虽然汉语意思是频率,但通过单位 rad/s 或 $o(t)=Amp*\sin(Freq*t+Phase)+Bias$ 可知,其表示的是角频率;Phase 为初始相位,Sample time 是抽样间隔。将 Amplitude 修改为 2,Frequency 修改为 200 * pi,Phase 修改为 pi/2,即可得到 $x_1(t)=2\cos(200\pi t)$。

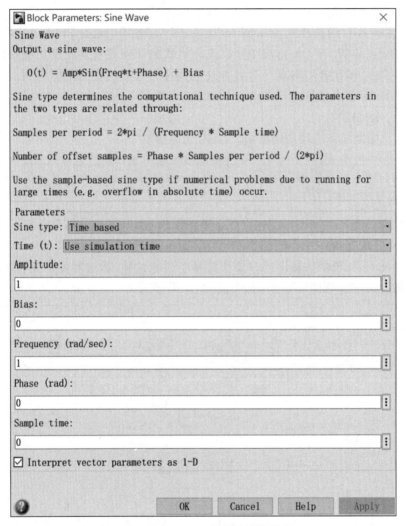

图 3.3.2　Sine Wave 模块参数设置窗口

由于在观察输出信号的同时要将其与两路输入信号进行比较,选中 Scope 模块后右击,将弹出菜单中的 Signals & Ports→Number of Input Ports 改为 3。完成连线,使其分别观察两个输入信号和一个输出信号。

双击 To Workspace 模块,将 Variable Name 改为 sinpord。

第四步,运行仿真。

为了对系统进行正确的仿真与分析,必须设置系统仿真参数。单击 Simulation 菜单栏下的 Configuration Parameters 按钮,得到参数设置窗口。将参数按照要求进行修改,如图 3.3.3 所示。

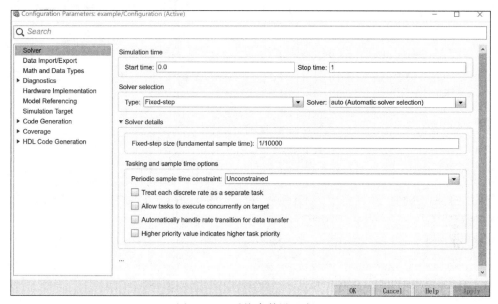

图 3.3.3　系统参数设置窗口

单击工具条上的"开始"按钮进行仿真。仿真结束后,双击 Scope 模块观察仿真结果,可以观察到 3 个不同颜色的信号波形,但不知道每个波形对应哪个信号。这时可以单击 View→Layout 命令,选择三行一列;单击 View→Legend 命令,显示图例,即可得到系统仿真结果,如图 3.3.4 所示。

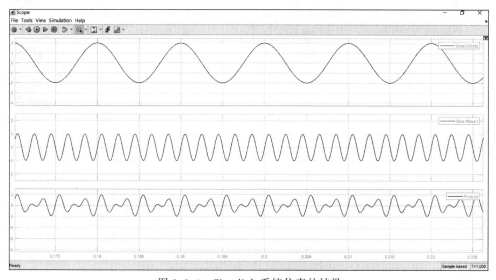

图 3.3.4　Simulink 系统仿真的结果

3.4 GUI 简介

图形用户界面(Graphical User Interface,GUI)是由窗口、图标、按钮、菜单、文本等控件构成的应用程序界面。选中或者激活这些对象通常会导致某个动作或变化的发生。GUI 可以方便地进行某种技术、方法的演示。MATLAB 本身提供的很多服务就是由 GUI 实现的,比如帮助系统的 demo,滤波器设计和分析工具 filterDesigner 等。

教学视频

3.5 GUI 启动

在 MATLAB 命令窗口输入 guide 命令,就会出现"GUIDE 快速入门"对话框。该对话框有两个选项卡:"新建 GUI"和"打开现有 GUI"。在"新建 GUI"选项卡中,选择"Blank GUI(Default)",单击"确定"按钮后会弹出页面编辑器,如图 3.5.1 所示,主要由工具栏、控件和布局设计区组成。控件面板包含了所有的 GUI 控件,用户可以将其拖曳到右侧设计区。常用控件的作用见表 3.5.1。

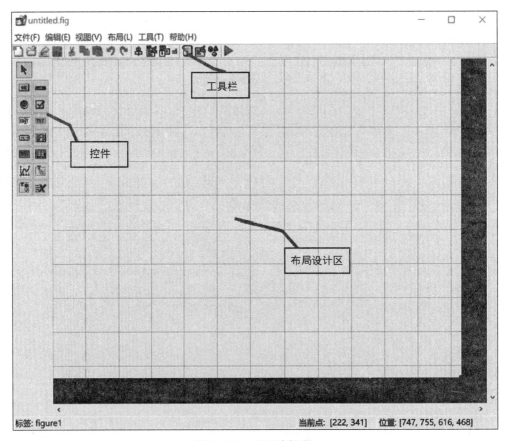

图 3.5.1　页面编辑器

表 3.5.1　常用控件的作用

类　　型	作　　用
按钮	按钮是最常见的控件,通常用于执行某一个操作。用户通过单击按钮,使 MATLAB 执行定义在该按钮上的回调函数。按钮被按下去后,会立即恢复到弹起状态
单选按钮	单选按钮是由标签和一个很小的圆圈组成的控件。当被选中时,圆圈会呈现填充的状态,取消选中时,又会恢复到无填充状态
编辑框/可编辑文本	用户可以修改编辑框中的内容。在多行输入时,如果输入的文本超出文本框的范围,该文本框会自动生成一个纵向的滚动条。用户按回车键即可执行该控件的回调函数
弹出式菜单	该菜单向用户提供了多个选项,但用户只能从中选择一项。当没被激活时,它是一个包含当前用户选择项的矩形或按钮;当单击其向下的箭头时,就会弹出其他各个选项。只需单击希望的选项,就可以完成新的选择并执行该控件的回调函数
切换按钮	切换按钮与普通按钮的不同点是,当单击一次切换按钮时,会交替呈现两种不同的状态(弹起和按下),而普通的按钮会在单击后立即弹起。相同点是,每单击一次就执行一次相应的回调函数
坐标区	为画图提供图形窗口
按钮组/面板	提供可视化的分割
滑动条	通常由 3 部分构成:滑杆、指示器以及位于滑杆两端的箭头。滑动条通常用于在数据范围内选择一个数据值,方法有 3 种:①按住左键并使光标在滑动条内移动,当移动到希望的数据位置时,松开鼠标。②当鼠标指针位于滑杆内时单击。③将鼠标指针放在滑杆两端的其中一个箭头上并单击
复选框	复选框通常包含多个复选项,每个复选项由一个方形的选择框和一个紧随其后的标签组成。当一个复选项被激活后,该项将会在选中和清除之间切换
静态文本	通常用于显示标题、标签、用户信息或当前值。用户无法对其进行编辑或选择
列表框	列表框看起来与多行文本框类似。其中的文本只能用于选择,不能进行编辑

3.6　GUI 设计步骤

下面以绘制正弦波为例介绍 GUI 的设计步骤。

3.6.1　分析需求

首先确定希望通过 GUI 完成何种功能、需要进行何种操作,这是最重要也是最难的一步。很多情况下,在用户创建 GUI 的过程中还可能出现一些新的想法或发现一些新的问题,这时需要重新回到这一步进行思考。

为了实现绘制正弦波的目的,需要通过人机交互确定正弦信号的角频率、振幅、初相以及时间长度。

3.6.2　完成布局

分析需求后,将需要的控件拖到布局设计区中,修改控件属性,完成布局。

(1) 根据 3.6.1 节的分析,计划用到的控件包括:4 个编辑框用来输入角频率、振幅、初相和时间长度,5 个静态文本说明编辑框的作用以及整个 GUI 的作用,1 个图形窗用来画图,1 个按钮发出绘图命令。

（2）逐一选择所需控件,将其摆放到合适的位置并调整大小。可利用工具栏的 ❖ 对齐对象按钮辅助完成界面布局。界面布局建议遵循简单性、一致性、习常性(尽量使用人们熟悉的标志和符号)等原则。

3.6.3　修改控件属性

双击布局设计区的空白处或任意控件,会弹出如图 3.6.1 所示属性编辑器。页面、不同控件的属性数量和类别各不相同,但有些属性是共有的。在众多属性中,最常用的如表 3.6.1 所示。如果需要批量将不同控件的属性设为同一值,则可全选后双击其中一个控件,此时会显示其共同属性,在相应属性位置进行修改即可,如图 3.6.2 所示。

图 3.6.1　属性编辑器

表 3.6.1　常用的控件属性及含义

名　称	含　义
FontSize	控件上文字的大小
FontUnits	文字单位,建议选择 normalized,这样控件放大或缩小时,文字会等比例放大或缩小
String	控件上显示的文字
Tag	控件的唯一标识,编程访问和控制该控件的唯一途径
Units	单位,建议选择 normalized,这样 GUI 页面放大或缩小时,控件会等比例放大或缩小

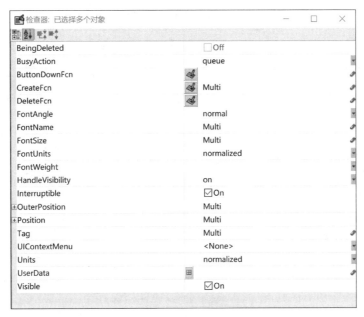

图 3.6.2　批量进行属性修改

属性修改后的最终布局如图 3.6.3 所示，主要控件标签和设计功能见表 3.6.2。

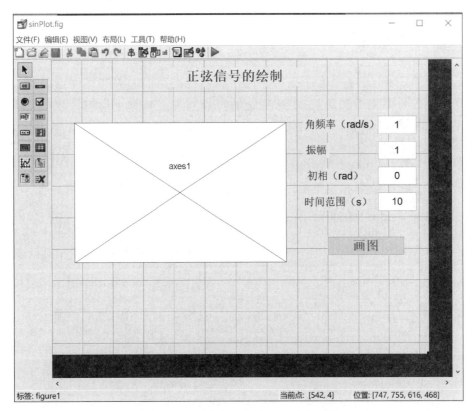

图 3.6.3　正弦波绘制界面的控件布局

表 3.6.2　主要控件的标签和设计功能

Tag	类　　型	设 计 功 能
omega		指定正弦信号角频率
amp		指定正弦信号振幅
fai	编辑框	指定正弦信号初相
tmax		指定画图时间长度
axes1	坐标区	为画图提供图形窗
SinPlot	按钮	发送画图命令

3.6.4　保存 GUI

完成控件布局、属性修改后,单击工具条上的保存按钮,输入要保存的文件名并单击"确定"按钮。由于要画正弦波,所以将上述 GUI 界面保存为 sinPlot.fig,同时会生成与之对应的 sinPlot.m 文件(∗.m 会自动生成并且与 ∗.fig 同名)。.fig 文件用于产生界面,M 文件用于保存运行该.fig 文件所需的程序代码,如回调函数。注意.fig 文件的文件名一般不要修改,因为所有控件的回调函数名都与最初的文件名有关。

3.7　回调函数编写

用户在 GUI 界面对控件进行某种操作后,需要相应的 M 文件配合执行一段代码以完成该控件希望的功能,这个功能是通过编写控件的回调函数实现的。选中该控件,右击选择"查看回调"命令,就会看到回调函数 Callback、CreatFcn、DeleteFcn、ButtonDownFcn 和 KeyPressFcn。选择其中一个后,会自动跳转到 M 文件中对应的函数上。

以绘制正弦波为例,只需要编写 SinPlot 按钮的回调函数,源代码如下。

```
function PlotSin_Callback(hObject, eventdata, handles)
% hObject    handle to PlotSin (see GCBO)
% eventdata   reserved − to be defined in a future version of MATLAB
% handles    structure with handles and user data (see GUIDATA)
amp = str2num(get(handles.amp,'string'));        % 读取振幅,amp 是振幅编辑框的标签
omega = str2num(get(handles.omega,'string'));    % 读取角频率,omega 是角频率编辑框的标签
theta = str2num(get(handles.fai,'string'));      % 读取初相,fai 是初相编辑框的标签
tend = str2num(get(handles.tmax,'string'));      % 读取 t 最大值,tmax 是时间长度编辑框的标签
Fs = omega/(2 ∗ pi) ∗ 30;                        % 自适应选择抽样频率
t = 0:1/Fs:tend;                                 % 自变量
xt = amp ∗ sin(omega ∗ t + theta);               % 产生正弦信号
axes(handles.axes1)                              % 选择图形窗
plot(t,xt); title('正弦信号'); xlabel('t')
```

3.8 GUI 运行

编写完所有控件的回调函数后,单击 .fig 文件工具条上的运行按钮,或直接运行 M 文件,会发现界面无法最大化。双击 .fig 布局设计区的空白处,会弹出属性界面,将 Resize 属性由 off 变成 on 后再次运行程序,这时界面可以最大化。单击画图按钮,得到最终的画图结果,如图 3.8.1 所示。可以根据需要修改参数,再次单击画图按钮,即可实现参数修改后的正弦波绘制。

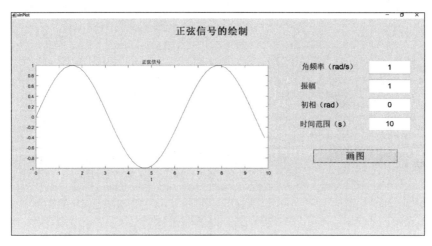

图 3.8.1 正弦波绘制的 GUI 界面

仿真实现篇

第4章

信号与系统的时域分析

本章主要介绍信号在 MATLAB 中的产生和运算,系统分类以及线性时不变系统的响应求解。信号产生主要包括连续时间信号的产生和离散时间信号的产生,信号运算主要包括信号的相加/相乘、微分/积分、翻转展缩平移以及信号的奇偶分解。系统分类主要包括线性以及时不变的判断。系统响应求解主要包括两类方法:输入、输出法和状态方程法,后者将在第 7 章详细讨论。本章主要介绍前者,即通过零输入响应加上零状态响应求解全响应。鉴于冲激响应/样值响应以及卷积运算在线性时不变系统分析中的重要性,本章将专门介绍这两种响应以及卷积积分、卷积和的求解方法。

4.1　连续时间基本信号产生

连续时间信号是指在连续时间范围内有定义的信号(即在时间 t 的连续值上给出的信号)。严格意义上讲,计算机不能产生连续时间信号,只能以等间隔离散抽样点表示自变量 t,再配以数值作为自变量对应的取值。当自变量抽样间隔足够小、信号足够密时,计算机产生的信号可近似看成是连续时间信号。

4.1.1　复指数信号

复指数信号的表达式为

$$x(t) = e^{st}, \quad -\infty < t < \infty \tag{4.1}$$

式中复频率 $s = \sigma + j\omega$,因此

$$x(t) = e^{(\sigma + j\omega)t} = e^{\sigma t} e^{j\omega t} = e^{\sigma t}\cos(\omega t) + je^{\sigma t}\sin(\omega t) \tag{4.2}$$

该信号的实部为 $e^{\sigma t}\cos(\omega t)$,虚部为 $e^{\sigma t}\sin(\omega t)$;模为 $e^{\sigma t}$,幅角为 ωt。一个复指数信号可分解为实、虚两部分,它们均是增长/衰减/等幅振荡的正弦信号,s 的实部 σ 表征正弦信号的振幅随时间变化的情况,s 的虚部 ω 表征正弦信号的角频率。

例 4.1.1　绘制连续时间复指数信号的波形,参数为 $\omega = 0, \sigma = -1, 0, 1$。

解:MATLAB 源代码如下,程序运行结果如图 4.1.1 所示。可以看出,当 $\omega = 0$ 时,复指数信号就成为实指数信号。若 $\sigma < 0$,则信号随时间衰减;若 $\sigma = 0$,则信号为直流信号;若 $\sigma > 0$,则信号随时间增长。

```
clc; clear all; close all;
t = -4:0.001:4;                          % 时域自变量
omega = 0;                               % 信号参数
sigma = [-1,0,1];
s = sigma + j * omega;                   % 合成复常数 s
[s_matrix,t_matrix] = meshgrid(t,s);     % 将变量设为矩阵形式,提高运算速度
xt = exp(s_matrix. * t_matrix);          % 生成连续时间复指数信号
subplot(1,3,1);  plot(t,xt(1,:));
xlabel('t'); title('复指数信号(\sigma = -1,\omega = 0)')
subplot(1,3,2);  plot(t,xt(2,:));
xlabel('t'); title('复指数信号(\sigma = 0,\omega = 0)')
subplot(1,3,3); plot(t,xt(3,:));
xlabel('t'); title('复指数信号(\sigma = 1,\omega = 0)')
```

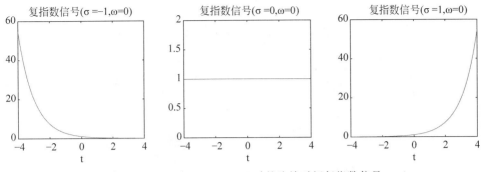

图 4.1.1　$\omega = 0, \sigma = -1, 0, 1$ 时的连续时间复指数信号

例 4.1.2　绘制连续时间复指数信号的波形，参数为 $\sigma = 0, \omega = 3$。

解：MATLAB 源代码如下

```
clc; clear all; close all;
t = -4:0.001:4;                          % 时域自变量
omega = 3;                               % 信号参数
sigma = 0;
xt = exp((sigma + j * omega) * t);       % 生成连续时间复指数信号
figure;
plot3(t,imag(xt),real(xt))
xlabel('t');ylabel('信号实部');zlabel('信号虚部')
title('复指数信号')
figure;
subplot(2,1,1);plot3(t,imag(xt),real(xt))
xlabel('t');ylabel('信号实部');zlabel('信号虚部')
view([0 90]);title('只看复指数信号的实部')
subplot(2,1,2);plot3(t,imag(xt),real(xt))
xlabel('t');ylabel('信号实部');zlabel('信号虚部')
view([0 0]);title('只看复指数信号的虚部')
```

程序运行结果如图 4.1.2 和图 4.1.3 所示。需要指出的是，这里调用 plot3 函数展示复指数信号的实部、虚部随时间的变化。比较图 4.1.3 中复指数信号的实部、虚部可以发现，二者只有初相不同，变化规律是一样的，因此在绘制复指数信号波形时，可只画

复指数信号

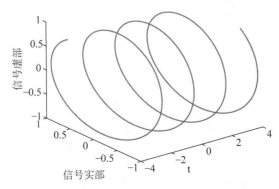

图 4.1.2　$\sigma = 0, \omega = 3$ 时的连续时间复指数信号

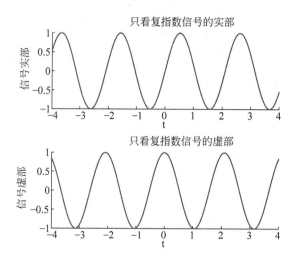

图 4.1.3　不同视角下的连续时间复指数信号

信号的实部或虚部。

例 4.1.3　绘制连续时间复指数信号,参数为 $\sigma=0,\omega=\pm5,\pm\pi,\pm1$。

解:例 4.1.2 分析过,对于复指数信号可只画出实部或虚部,为方便比较,这里仅绘制信号的虚部。程序运行结果如图 4.1.4 所示。观察发现:

(1)若 $\sigma=0$,则信号是等幅振荡。

(2)若 $|\omega|$ 相同,则信号振荡快慢相同,区别在于初相。

(3)$|\omega|$ 越大,振荡越快。

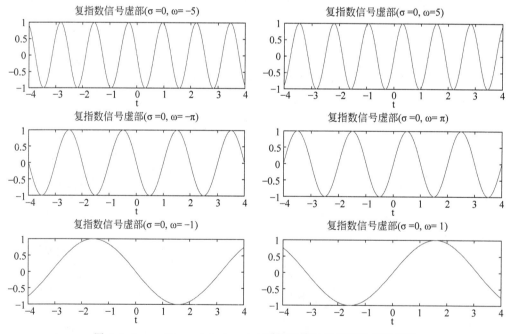

图 4.1.4　$\sigma=0,\omega=\pm5,\pm\pi,\pm1$ 时的连续时间复指数信号实部

MATLAB 源代码如下

```
clc; clear all; close all;
t = - 4:0.001:4;                              % 时域自变量
omega = [ - 5,5, - pi,pi, - 1,1];             % 信号参数
s = j * omega;                                % 合成复常数 s
[s_matrix,t_matrix] = meshgrid(t,s);          % 将变量设为矩阵形式,提高运算速度
xt = exp(s_matrix. * t_matrix);               % 生成连续时间复指数信号
subplot(3,2,1); plot(t,imag(xt(1,:)));
xlabel('t'); title('复指数信号虚部(\sigma = 0,\omega = - 5)')
subplot(3,2,2); plot(t,imag(xt(2,:)));
xlabel('t'); title('复指数信号虚部(\sigma = 0,\omega = 5)')
subplot(3,2,3); plot(t,imag(xt(3,:)));
xlabel('t'); title('复指数信号虚部(\sigma = 0,\omega = - \pi)')
subplot(3,2,4); plot(t,imag(xt(4,:)));
xlabel('t'); title('复指数信号虚部(\sigma = 0,\omega = \pi)')
subplot(3,2,5); plot(t,imag(xt(5,:)));
xlabel('t'); title('复指数信号虚部(\sigma = 0,\omega = - 1)')
subplot(3,2,6); plot(t,imag(xt(6,:)));
xlabel('t'); title('复指数信号虚部(\sigma = 0,\omega = 1)')
```

例 4.1.4 绘制连续时间复指数信号的波形,参数为

(1) $\omega = 3, \sigma = -0.5$;

(2) $\omega = 3, \sigma = 0$;

(3) $\omega = 3, \sigma = 0.5$;

(4) $\omega = 10, \sigma = -0.5$。

解:例 4.1.2 分析过,复指数信号可只画出实部或虚部,因此这里仅绘制信号的实部。程序运行结果如图 4.1.5 所示。观察发现:若 $\sigma > 0$,则信号是增幅振荡;若 $\sigma < 0$,则信号是减幅振荡;若 $\sigma = 0$,则信号是等幅振荡。MATLAB 源代码如下

```
clc; clear all; close all;
t = - 4:0.001:4;                              % 时域自变量
omega = [3 * ones(1,3),10];                   % 信号参数
sigma = [ - 0.5,0,0.5, - 0.5];
s = sigma + j * omega;                        % 合成复常数 s
[s_matrix,t_matrix] = meshgrid(t,s);          % 将变量设为矩阵形式,提高运算速度
xt = exp(s_matrix. * t_matrix);               % 生成连续时间复指数信号
subplot(2,2,1); plot(t,real(xt(1,:)));
xlabel('t'); title('复指数信号实部(\sigma = - 0.5,\omega = 3)')
subplot(2,2,2); plot(t,real(xt(2,:)));
xlabel('t'); title('复指数信号实部(\sigma = 0,\omega = 3)')
subplot(2,2,3); plot(t,real(xt(3,:)));
xlabel('t'); title('复指数信号实部(\sigma = 0.5,\omega = 3)')
subplot(2,2,4); plot(t,real(xt(4,:)));
xlabel('t'); title('复指数信号实部(\sigma = - 0.5,\omega = 10)')
```

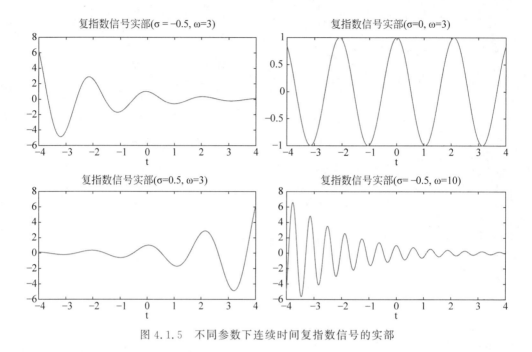

图 4.1.5   不同参数下连续时间复指数信号的实部

综合图 4.1.1～图 4.1.5 可知,由复指数信号可生成直流信号、实指数信号、等幅振荡信号、增幅振荡信号、减幅振荡信号等。

4.1.2 单位阶跃信号

单位阶跃信号常用来表示信号的作用区间,通常以符号 $u(t)$ 或 $\varepsilon(t)$ 表示,即

$$u(t)=\begin{cases}1, & t>0 \\ 0, & t<0\end{cases} \tag{4.3}$$

该信号在 $t=0$ 处发生跳变,该时刻的函数值没有定义,可以为 0、0.5 或 1。连续时间信号在有限个孤立时刻上的有限数值差别不会导致信号能量的差异。

单位阶跃信号在 MATLAB 中用 heaviside 函数来表示,调用格式为

```
xt = heaviside(t)
```

产生的是 t<0 时取值为 0,t>0 时取值为 1,t=0 时取值为 0.5 的信号。

跳变时刻不在 t=0 处的单位阶跃信号在 MATLAB 中可以通过改变自变量或用 stepfun 函数来表示,调用格式为

```
xt = stepfun (t,t0)
```

其中,t0 是信号发生跳变的时刻。

例 4.1.5   绘制连续时间单位阶跃信号 $u(t-3)$ 的波形。

解:MATLAB 源代码如下,程序运行结果如图 4.1.6 所示。

```
clc; clear all; close all;
t = - 4:0.001:4;                          % 时域自变量
xt1 = heaviside(t - 3);                   % 利用 heaviside 函数产生单位阶跃信号
xt2 = stepfun(t,3);                       % 利用 stepfun 函数产生单位阶跃信号
xt3 = t > = 3;                            % 判断自变量与跳变时刻的大小产生单位阶跃信号
subplot(1,3,1); plot(t,xt1); ylim([ - 0.1,1.1]);
xlabel('t'); title('利用 heaviside 函数产生单位阶跃信号')
subplot(1,3,2); plot(t,xt2); ylim([ - 0.1,1.1]);
xlabel('t'); title('利用 stepfun 函数产生单位阶跃信号')
subplot(1,3,3); plot(t,xt3); ylim([ - 0.1,1.1]);
xlabel('t'); title('对自变量判断产生单位阶跃信号')
idx = find(t = = 3);                      % 比较不同方法在跳变时刻的取值
disp(['不同方法得到的单位阶跃信号 t = 3 处的取值:', …    % 换行
num2str([xt1(idx),xt2(idx),xt3(idx)])])
```

命令窗口运行结果为

不同方法得到的单位阶跃信号 t = 3 处的取值: 0.5　　　　1　　　　1

可以看出,除跳变时刻外,不同方法产生的单位阶跃信号相同。

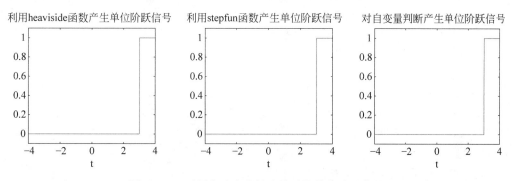

图 4.1.6　不同方法产生的连续时间单位阶跃信号

4.1.3　单位冲激信号

单位冲激信号的狄拉克(Dirac)定义为

$$
\begin{cases}
\delta(t) = 0, & t \neq 0 \\
\delta(t) = \infty, & t = 0 \\
\int_{-\infty}^{\infty} \delta(t)\,\mathrm{d}t = 1
\end{cases}
\tag{4.4}
$$

单位冲激信号 $\delta(t)$ 无法直接用 MATLAB 描述,可以近似把它看作宽度为 $\mathrm{d}t$(自变量抽样间隔)、幅度为 $\dfrac{1}{\mathrm{d}t}$ 的矩形脉冲。

例 4.1.6   绘制单位冲激信号 $\delta(t-3)$ 的波形。

解：MATLAB 源代码如下

```
clc; clear all; close all;
dt = 0.001;                              % 抽样间隔
t = -4:dt:4;                             % 时域自变量
xt = zeros(size(t));                     % 将信号取值全部初始化为 0
idx = round((3-(-4))/dt)+1;              % 找出冲激时刻对应的样本序号
xt(idx) = 1/dt;                          % 对冲激时刻赋值
stairs(t,xt);                            % 利用 stairs 函数画出冲激形式
title('单位冲激信号');  xlabel('t');
```

程序运行结果如图 4.1.7 所示。

4.1.4   斜坡信号

斜坡信号也称为斜波信号，通常以符号 $r(t)$ 表示，也可以将它表示成 $tu(t)$。

$$r(t) = \begin{cases} t, & t \geqslant 0 \\ 0, & t < 0 \end{cases} \tag{4.5}$$

例 4.1.7   绘制斜坡信号 $r(t-3)$ 的波形。

解：MATLAB 源代码如下

```
clc; clear all; close all;
t = 0:0.001:6;                           % 时域自变量
xt = (t-3).*heaviside(t-3);              % 生成斜坡信号
plot(t,xt);  title('r(t-3)');  xlabel('t');  % 画图
axis equal;                              % 横纵轴刻度等长
```

程序运行结果如图 4.1.8 所示。

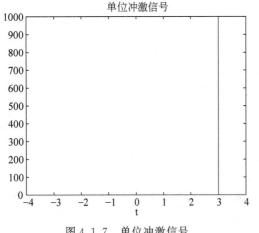

图 4.1.7   单位冲激信号

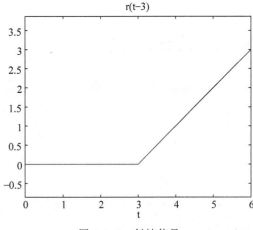

图 4.1.8   斜坡信号

4.1.5　门信号

门信号也称矩形脉冲信号,通常以符号 $G_\tau(t)$ 表示,即

$$G_\tau(t) = \begin{cases} 1, & |t| < \tau/2 \\ 0, & |t| > \tau/2 \end{cases} \tag{4.6}$$

门信号在 MATLAB 中用 rectpuls 函数来表示,调用格式为

```
xt = rectpuls(t,w)
```

用以产生幅度为 1,宽度为 w,关于 t=0 左右对称的门信号。w 的默认值为 1。

例 4.1.8　绘制门信号 $2G_2(t-1)$ 的波形。

解:MATLAB 源代码如下

```
clc; clear all; close all;
t = - 4:0.001:4;                    %时域自变量
xt = 2 * rectpuls(t - 1,2);         %生成门信号
plot(t,xt);   title('2G_2(t - 1)') ;  xlabel('t')  %画图
ylim([ - 0.1 2.1])                  %设置纵轴范围
```

程序运行结果如图 4.1.9 所示。

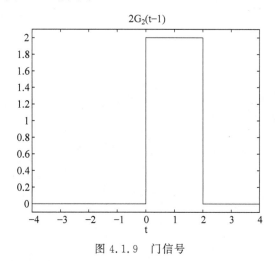

图 4.1.9　门信号

4.1.6　三角信号

三角信号也称三角脉冲信号,通常以符号 $\Lambda_\tau(t)$ 表示

$$\Lambda_\tau(t) = \begin{cases} 1 - \dfrac{2|t|}{\tau}, & |t| \leqslant \dfrac{\tau}{2} \\ 0, & |t| > \dfrac{\tau}{2} \end{cases} \tag{4.7}$$

三角信号在 MATLAB 中用 tripuls 函数来表示,调用格式为

```
xt = tripuls (t,w,s)
```

用以产生最大值为 1,宽度为 w,中心点在 t＝0,斜度为 s 的三角信号。w 的默认值为 1; s∈[−1,1],它表示最大值的横坐标出现在 t＝(w/2)＊s 处,s 的默认值为 0,即最大值出现在 0 处。

例 4.1.9 绘制三角信号 $\Lambda_2(t-1)$ 的波形。

解：MATLAB 源代码如下

```
clc; clear all; close all;
t = − 4:0.001:4;                                 %时域自变量
xt = tripuls(t−1,2);                             %生成三角信号
plot(t,xt);   title('\Lambda_2(t−1)') ;   xlabel('t')   %画图
ylim([− 0.1 1.1])                               %设置纵轴范围
```

程序运行结果如图 4.1.10 所示。

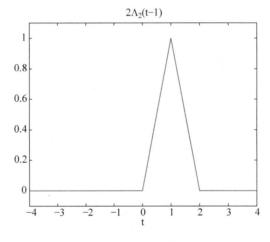

图 4.1.10 三角信号

4.1.7 抽样信号

抽样信号也称采样信号,通常以符号 Sa(t)表示

$$Sa(t) = \frac{\sin t}{t} \tag{4.8}$$

从式(4.8)可以看出,Sa(t)在 $t=0$ 处取最大值 1,且从 $t=0$ 向正、负两个方向逐渐衰减。

抽样信号在 MATLAB 中是通过 sinc 函数实现的,调用格式为

```
xt = sinc(t)
```

需要注意的是，$\mathrm{sinc(t)} = \dfrac{\sin(\pi t)}{\pi t}$。

例 4.1.10 绘制信号 $\mathrm{Sa}(t)$、$\mathrm{Sa}^2(t)$ 的波形。

解： MATLAB 源代码如下

```
clc; clear all; close all;
t = -10:0.001:10;                        % 时域自变量
xt = sinc(t/pi);                         % 生成抽样信号 Sa(t)
plot(t,xt,t,xt.^2,'--');                 % 画图
legend('Sa(t)','Sa^2(t)');               % 加图例
ylim([-0.5 1.1]);  xlabel('t')           % 设置纵轴范围
grid on;                                 % 显示网格线
```

程序运行结果如图 4.1.11 所示。可以看出，$\mathrm{Sa}^2(t)$ 的衰减速度要比 $\mathrm{Sa}(t)$ 快得多。

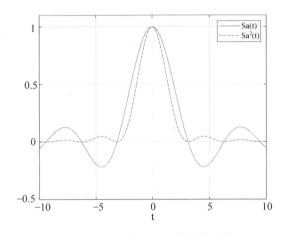

图 4.1.11　抽样信号及抽样信号的平方

4.1.8　周期矩形脉冲信号

周期矩形脉冲信号在 MATLAB 中用 square 函数来表示，调用格式为

```
xt = square(t,duty)
```

产生的是周期为 2π 的矩形脉冲信号，取值为 ± 1。duty 表示占空比，取值范围是 $0 \sim 100$，默认值为 50。占空比是指一个周期内信号为正的部分所占的比例。

例 4.1.11 绘制图 4.1.12 所示的周期矩形脉冲信号。

解： MATLAB 源代码如下

```
clc; clear all; close all;
t = -10:0.001:10;                        % 时域自变量
duty = 2/5 * 100;                        % 计算占空比
```

```
%生成满足要求的矩形,通过 t*(2*pi)/5 将周期调整为 5,(t+1)将主周期起点调整为 -1
xt = (square((t+1)*(2*pi)/5,duty) + 1)*2.5;
plot(t,xt);  xlabel('t') ;  title('周期矩形脉冲信号')
ylim([-0.1 5.1]) ;                                      %设置纵轴范围
```

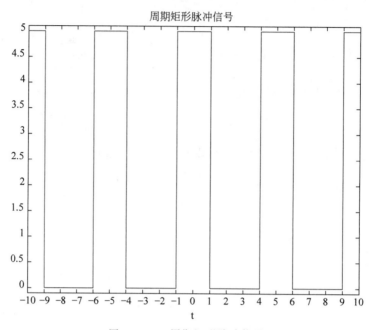

图 4.1.12　周期矩形脉冲信号

4.1.9　周期三角信号

周期三角信号在 MATLAB 中用 sawtooth 函数来表示,调用格式为

```
xt = sawtooth (t,xmax)
```

产生的是周期为 2π 的三角信号,最小值为 -1,最大值为 1。xmax 表示每个周期内最大值出现的位置,最小值为 0,最大值为 1,默认值为 1;在其中一个周期内,$t\in[0,$ xmax$*2\pi]$,函数值从 -1 到 1 线性递增,然后 $t\in[$xmax$*2\pi,2\pi]$,函数值从 1 到 -1 线性递减。

例 4.1.12　绘制图 4.1.13 所示的周期三角信号。

解:MATLAB 源代码如下

```
clc; clear all; close all;
t = -4:0.001:4;                                        %时域自变量
%生成满足要求的三角,通过 t*(2*pi)/4 将周期调整为 4
xt = (sawtooth (t*(2*pi)/2,1) + 1)/2;
plot(t,xt);  xlabel('t') ;  title('周期三角信号')
ylim([-0.1 1.1]);
```

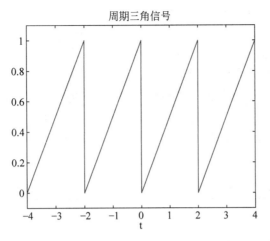

图 4.1.13　周期三角信号

4.2　离散时间基本信号产生

离散时间信号定义在一些离散时刻 $t_n(n=0,\pm1,\pm2,\cdots)$,在其余时间信号没有定义。一般来说,离散时刻是等间隔的,间隔记作 T_s,因此常常用 $x(nT_s)$ 表示离散时间信号,并将 $x(nT_s)$ 简记为 $x(n)$。MATLAB 中,一般用 stem 函数来绘制离散时间信号的波形。

4.2.1　复指数序列

与连续时间信号一样,一种重要的离散时间信号是复指数信号,也称复指数序列,表达式为

$$x(n)=z^n, \quad -\infty<n<\infty \tag{4.9}$$

其中,复常数 $z=re^{j\Omega}$,r 表示 z 的模,Ω 表示 z 的幅角。因此

$$x(n)=r^n\cos(\Omega n)+jr^n\sin(\Omega n) \tag{4.10}$$

例 4.2.1　绘制离散时间复指数序列的波形,参数为 $z=\pm1.2,\pm1,\pm0.5$。

解：MATLAB 源代码如下

```
clc;clear all;close all;
n = -10:10;                          %时域自变量
z = [-1.2,1.2,-1,1,-0.5,0.5];        %序列参数
[n_matrix,z_matrix] = meshgrid(n,z); %将变量设为矩阵形式,提高运算速度
xn = z_matrix.^n_matrix;             %生成离散时间复指数序列
subplot(3,2,1); stem(n,xn(1,:),'filled');
xlabel('n'); title('复指数序列(z = -1.2)')
subplot(3,2,2); stem(n,xn(2,:), 'filled');
xlabel('n'); title('复指数序列(z = 1.2)')
subplot(3,2,3); stem(n,xn(3,:), 'filled');
xlabel('n'); title('复指数序列(z = -1)')
subplot(3,2,4); stem(n,xn(4,:), 'filled');
```

```
xlabel('n'); title('复指数序列(z = 1)')
subplot(3,2,5); stem(n,xn(5,:), 'filled');
xlabel('n'); title('复指数序列(z = - 0.5)')
subplot(3,2,6); stem(n,xn(6,:), 'filled');
xlabel('n'); title('复指数序列(z = 0.5)')
```

程序运行结果如图 4.2.1 所示。可以看出,当 z 为实数时,复指数序列是实指数序列。与连续不同的是,若 $|z|<1$,序列收敛;若 $|z|>1$,序列发散。比较图 4.2.1 的第一列和第二列发现,当 z 取负实数,即 $\Omega=\pi$ 时,复指数序列会发生正负交替,但变化趋势与其取绝对值后的趋势相同。

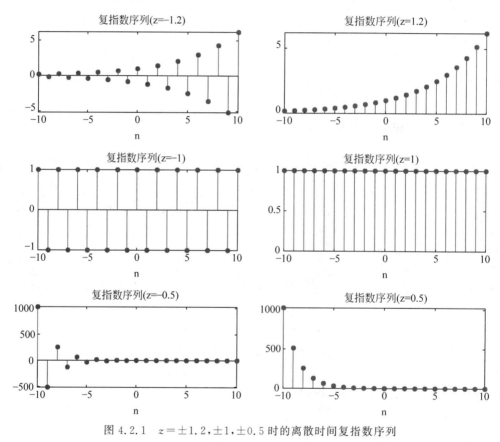

图 4.2.1 $z=\pm1.2,\pm1,\pm0.5$ 时的离散时间复指数序列

例 4.2.2 绘制离散时间复指数序列的虚部,参数为 $r=1,\Omega=\pm0.6,\pm\dfrac{\pi}{3},\pm\dfrac{2\pi}{3},\pm\dfrac{4\pi}{3}$。

解: MATLAB 源代码如下

```
clc;clear all;close all;
n = - 10:10;                              % 时域自变量
Omega = [- 0.6,0.6, - pi/3,pi/3, - 2 * pi/3,2 * pi/3, - 4 * pi/3,4 * pi/3];    r = 1;
                                          % 序列参数
z = r. * exp(j * Omega);                  % 产生复常数 z
[n_matrix,z_matrix] = meshgrid(n,z);      % 将变量设为矩阵形式,提高运算速度
```

```
xn = z_matrix.^n_matrix;                    % 生成离散时间复指数序列
subplot(4,2,1); stem(n,imag(xn(1,:)),'filled');
xlabel('n'); title('复指数序列虚部(r = 1,\Omega = - 0.6)')
subplot(4,2,2); stem(n,imag(xn(2,:)), 'filled');
xlabel('n'); title('复指数序列虚部(r = 1,\Omega = 0.6)')
subplot(4,2,3); stem(n,imag(xn(3,:)), 'filled');
xlabel('n'); title('复指数序列虚部(r = 1,\Omega = - \pi/3)')
subplot(4,2,4); stem(n,imag(xn(4,:)), 'filled');
xlabel('n'); title('复指数序列虚部(r = 1,\Omega = \pi/3)')
subplot(4,2,5); stem(n,imag(xn(5,:)), 'filled');
xlabel('n');title('复指数序列虚部(r = 1,\Omega = - 2 * \pi/3)')
subplot(4,2,6); stem(n,imag(xn(6,:)), 'filled');
xlabel('n');title('复指数序列虚部(r = 1,\Omega = 2 * \pi/3)')
subplot(4,2,7); stem(n,imag(xn(7,:)), 'filled');
xlabel('n');title('复指数序列虚部(r = 1,\Omega = - 4 * \pi/3)')
subplot(4,2,8); stem(n,imag(xn(8,:)), 'filled');
xlabel('n'); title('复指数序列虚部(r = 1,\Omega = 4 * \pi/3)')
```

程序运行结果如图 4.2.2 所示。观察发现：

（1）若 $r=1$，则序列是等幅振荡。

（2）当 $|\Omega|=0.6$ 时，虽然序列是正弦形式，但并没有重复出现，说明序列不是周期序列，这是因为 $\dfrac{2\pi}{\Omega}\notin Q$。

（3）$|\Omega|$ 相同，序列振荡快慢相同，区别在于初相不同。

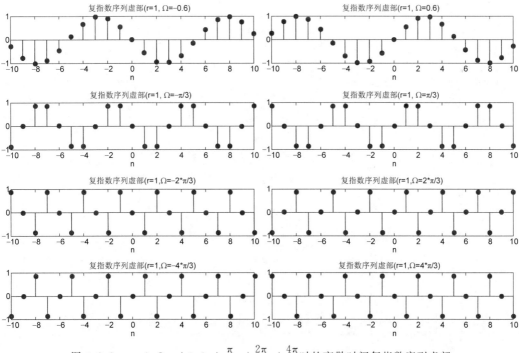

图 4.2.2 $r=1,\Omega=\pm 0.6,\pm\dfrac{\pi}{3},\pm\dfrac{2\pi}{3},\pm\dfrac{4\pi}{3}$ 时的离散时间复指数序列虚部

（4）比较第三、四行发现，不一定 $|\Omega|$ 越大，振荡越快。这是因为离散时间序列的自变量为整数，$\mathrm{Im}[e^{j\Omega n}]$ 关于 Ω 具有周期性。

由图 4.2.1 和图 4.2.2 可见，由复指数序列可生成实指数序列、直流序列、虚指数序列等。

4.2.2　单位阶跃序列

单位阶跃序列通常以符号 $u(n)$ 表示

$$u(n) = \begin{cases} 1, & n \geqslant 0 \\ 0, & n < 0 \end{cases} \tag{4.11}$$

$u(n)$ 类似于连续时间单位阶跃信号 $u(t)$，区别在于两个信号的自变量一个连续一个离散，且 $u(n)$ 在 $n=0$ 处取确定值 1。

可以将单位阶跃序列表示成全零矩阵函数 zeros 和全 1 矩阵函数 ones 的组合；也可以将单位阶跃序列表示成函数的形式，利用关系运算符"＞＝"来实现。需要指出的是，MATLAB 中的 heaviside 函数不能用于产生单位阶跃序列。因为虽然该函数的返回值在 $n<0$ 时为 0，$n>0$ 时为 1，但在 $n=0$ 时取值为 0.5，不符合单位阶跃序列的定义。

例 4.2.3　绘制单位阶跃序列 $u(n-3)$ 的波形。

解：MATLAB 源代码如下

```
clc; clear all; close all;
n = -5:5;                          % 离散时域自变量
xn1 = [zeros(1,8),ones(1,3)];      % 利用 zeros 函数和 ones 函数产生单位阶跃序列
xn2 = n>=3;                        % 利用关系运算产生单位阶跃序列
subplot(1,2,1); stem(n,xn1,'filled');
ylim([-0.1,1.1]); xlabel('n'); title('利用 ones 函数产生 u(n-3)')
subplot(1,2,2); stem(n,xn2,'filled');
ylim([-0.1,1.1]); xlabel('n'); title('利用关系运算产生 u(n-3)')
```

程序运行结果如图 4.2.3 所示。

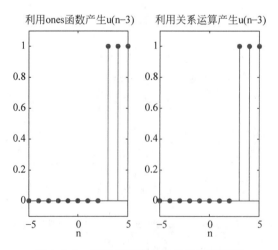

图 4.2.3　不同方法产生的单位阶跃序列

4.2.3　单位样值序列

单位样值序列也称为单位脉冲序列,其定义为

$$\delta(n) = \begin{cases} 1, & n=0 \\ 0, & n \neq 0 \end{cases} \tag{4.12}$$

它在离散时间信号与系统中的作用类似于单位冲激信号 $\delta(t)$ 在连续时间信号与系统中的作用。但是它在 $n=0$ 处取值为 1,并不是 ∞。

可以将单位样值序列表示成全零矩阵函数 zeros 和 1 的组合;也可以将其表示成函数的形式,利用关系运算符"=="来实现。

例 4.2.4　绘制单位样值序列 $\delta(n-3)$ 的波形。

解:MATLAB 源代码如下

```
clc; clear all; close all;
n = -5:5;                          % 离散时域自变量
xn1 = [zeros(1,8),1,zeros(1,2)];   % 利用 zeros 函数产生单位样值序列
xn2 = n == 3;                      % 利用关系运算产生单位样值序列
subplot(1,2,1); stem(n,xn1,'filled');
ylim([-0.1,1.1]); xlabel('n'); title('利用 zeros 函数产生\delta(n-3)')
subplot(1,2,2); stem(n,xn2,'filled');
ylim([-0.1,1.1]); xlabel('n'); title('利用关系运算产生\delta(n-3)')
```

程序运行结果如图 4.2.4 所示。

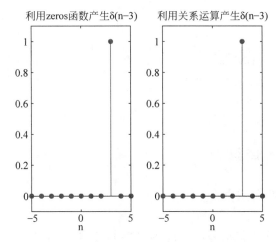

图 4.2.4　不同方法产生的单位样值序列

4.2.4　矩形序列

矩形序列用符号 $R_N(n)$ 表示,其定义为

$$R_N(n) = \begin{cases} 1, & 0 \leqslant n \leqslant N-1 \\ 0, & \text{其他} \end{cases} \tag{4.13}$$

可以将矩形序列表示成全零矩阵函数 zeros 和全 1 矩阵函数 ones 的组合；也可以将矩形序列表示成函数的形式，利用关系运算符">=""<"来实现。

例 4.2.5 绘制矩形序列 $R_4(n)$ 的波形。

解：MATLAB 源代码如下

```
clc; clear all; close all;
n = -5:5;                                    % 离散时域自变量
xn1 = [zeros(1,5),ones(1,4),zeros(1,2)];     % 利用 zeros、ones 函数产生矩形序列
xn2 = (n>=0) & (n<4);                        % 利用关系运算产生矩形序列
subplot(1,2,1); stem(n,xn1,'filled');
ylim([-0.1,1.1]); xlabel('n'); title('利用 ones 函数产生 R_4(n)')
subplot(1,2,2); stem(n,xn2,'filled');
ylim([-0.1,1.1]); xlabel('n'); title('利用关系运算产生 R_4(n)')
```

程序运行结果如图 4.2.5 所示。

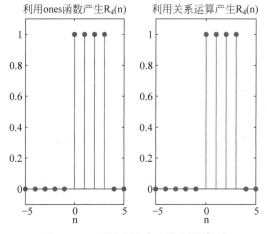

图 4.2.5 不同方法产生的矩形序列

4.3 信号的基本运算

4.3.1 信号的相加和相乘

信号的相加和相乘是指信号同一时刻对应的值相加、相乘。在 MATLAB 中，要求相加、相乘的信号，其自变量的起点、终点、抽样间隔相同。

例 4.3.1 已知信号 $x_1(t) = \mathrm{Sa}(100\pi t)$、$x_2(t) = \sin(1000\pi t)$，绘制信号 $x_1(t)$、$x_2(t)$、$x_1(t) + x_2(t)$、$x_1(t) \cdot x_2(t)$ 的波形，并分别画出相加相乘信号的包络。

解：MATLAB 源代码如下

```
clc; clear all; close all;
```

```
t = -1:1/8000:1;
x1t = sinc(100 * t);
x2t = sin(1000 * pi * t);
x3t = x1t + x2t;                                                    % 相加结果
x4t = x1t. * x2t;                                                   % 相乘结果
subplot(2,2,1); plot(t,x1t);
title('x_1(t)'); xlim([ - 0.02 0.02])
subplot(2,2,2) ; plot(t,x2t);
title('x_2(t)'); xlim([ - 0.02 0.02])
subplot(2,2,3) ; plot(t,x3t,'b',t,x1t + 1, 'g:',t,x1t - 1,'r:','LineWidth',1.5); % 线加粗
title('x_1(t) + x_2(t)'); xlim([ - 0.02 0.02])
subplot(2,2,4) ; plot(t,x4t,'b',t,x1t,'g:',t, - x1t,'r:','LineWidth',1.5);      % 线加粗
title('x_1(t) * x_2(t)'); xlim([ - 0.02 0.02])
```

程序运行结果如图 4.3.1 所示。观察发现，由于正弦信号最大值为 1，最小值为 -1，且变化相对 $Sa(100\pi t)$ 较快，因此慢变化的抽样信号 $Sa(100\pi t)$ 加上快变化的正弦信号 $\sin(1000\pi t)$ 后，包络是 $Sa(100\pi t)\pm 1$；同理，两信号相乘，包络是 $\pm Sa(100\pi t)$。

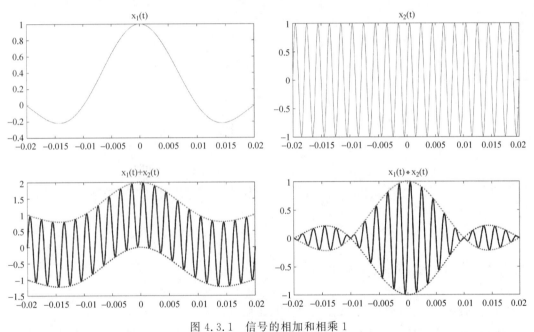

图 4.3.1　信号的相加和相乘 1

例 4.3.2　已知信号 $x_1(t) = \sum\limits_{k=-\infty}^{\infty} G_{0.01}(t - 0.02k)$、$x_2(t) = \sin(10\pi t)$，绘制信号 $x_1(t)$、$x_2(t)$、$x_1(t) + x_2(t)$、$x_1(t) \cdot x_2(t)$ 的波形，并分别画出相加相乘信号的包络。

解：MATLAB 源代码如下，程序运行结果如图 4.3.2 所示。观察发现，由于周期矩形脉冲信号最大值为 1，最小值为 0，且变化相对 $\sin(10\pi t)$ 较快，因此慢变化的抽样信号 $\sin(10\pi t)$ 加上快变化的周期矩形脉冲信号后，包络是 $\sin(10\pi t) + 1$ 和 $\sin(10\pi t)$；同理，两信号相乘，包络是 $\sin(10\pi t)$ 和 0。

```
clc; clear all; close all;
t = −1:1/8000:1;
x1t = (square((t + 0.005) * (2 * pi)/0.02,50) + 1)/2;          % 信号 1
x2t = sin(10 * pi * t);
x3t = x1t + x2t;                                               % 相加结果
x4t = x1t. * x2t;                                              % 相乘结果
subplot(2,2,1); plot(t,x1t);
title('x_1(t)'); xlim([ − 0.2 0.2]);ylim([ − 0.1 1.1])
subplot(2,2,2) ; plot(t,x2t);
title('x_2(t)'); xlim([ − 0.2 0.2])
subplot(2,2,3) ; plot(t,x3t,'b',t,x2t + 1,'g:',t,x2t,'r:','LineWidth',1.5);      % 线加粗
title('x_1(t) + x_2(t)'); xlim([ − 0.2 0.2])
subplot(2,2,4) ; plot(t,x4t,'b',t,x2t,'g:',t,zeros(size(t)),'r:','LineWidth',1.5);% 线加粗
title('x_1(t) * x_2(t)'); xlim([ − 0.2 0.2])
```

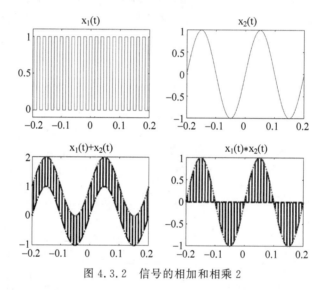

图 4.3.2　信号的相加和相乘 2

4.3.2　信号的翻转、展缩和平移

信号的翻转、展缩和平移，实际上是信号自变量的运算，而取值范围保持不变。

信号的翻转运算就是将信号 $x(t)$ 转换成 $x(-t)$，在 MATLAB 中可以直接在自变量前加上负号"−"。

信号的展缩运算（又称时间尺度变换）就是将信号 $x(t)$ 转换成 $x(at)$。若 $|a|>1$，则变量范围将压缩为原来的 $1/|a|$；若 $|a|<1$，则自变量范围将扩展为原来的 $1/|a|$ 倍。在 MATLAB 中，若直接由函数产生 $x(at)$，如 rectpuls 函数，可直接将函数中的变量 t 替换为 at；也可以在画图时将自变量除以 a，做一个逆运算，而取值保持不变，详见例 4.3.3。

信号的时移运算就是将信号 $x(t)$ 转换为 $x(t+t_0)$。当 $t_0>0$ 时，信号波形左移；当 $t_0<0$ 时，信号波形右移。与翻转、展缩类似，可以用变量替换的方法通过函数得到

$x(t+t_0)$；也可以通过将自变量做一个逆运算，而取值保持不变。

例 4.3.3 对图 4.1.10 所示的三角信号 $x(t)=\Lambda_2(t-1)$，试采用两种方法分别绘制 $x(-t)$、$x(2t)$。

解：MATLAB 源代码如下

```
clc; clear all; close all;
t = -4:0.001:4;                    % 时域自变量
xt = tripuls(t-1,2);               % 生成 x(t)
x_t = tripuls(-t-1,2);             % 变量替换生成 x(-t)
x2t = tripuls(2*t-1,2);            % 变量替换生成 x(2t)
t1 = -t;                           % 对自变量进行逆运算
t2 = t/2;                          % 对自变量进行逆运算
subplot(3,1,1); plot(t,xt);
title('x(t)');   ylim([-0.1 1.1])
subplot(3,2,3); plot(t,x_t);
title('变量替换得到 x(-t)');   ylim([-0.1 1.1])
subplot(3,2,4); plot(t,x2t);
title('变量替换得到 x(2t)');   ylim([-0.1 1.1])
subplot(3,2,5); plot(t1,xt);
title('自变量逆运算得到 x(-t)');   xlim([-4 4]); ylim([-0.1 1.1])
subplot(3,2,6); plot(t2,xt);
title('自变量逆运算得到 x(2t)');   xlim([-4 4]); ylim([-0.1 1.1])
```

程序运行结果如图 4.3.3 所示。

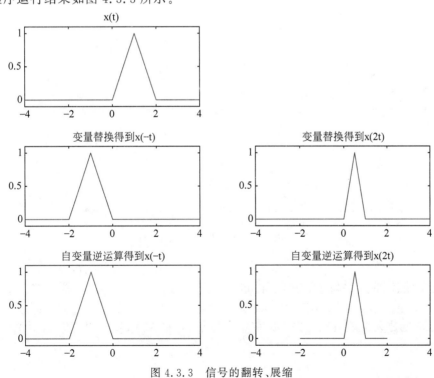

图 4.3.3 信号的翻转、展缩

根据前面的分析，对于翻转、展缩、平移同时存在的情况，可以采用两种不同的方法实现波形绘制，详见例 4.3.4。

例 4.3.4　对如图 4.1.10 所示的三角信号 $x(t)=\Lambda_2(t-1)$，试采用两种方法绘制 $x(-2t+4)$。

解：MATLAB 源代码如下

```
clc; clear all; close all;
t = -4:0.001:4;                          % 时域自变量
xt = tripuls(t-1,2);                     % 生成 x(t)
x1t = tripuls((-2*t+4)-1,2);             % 变量替换生成 x(-2t+4)
t1 = (t-4)/(-2);                         % 对自变量进行逆运算，以生成 x(-2t+4)
subplot(3,1,1); plot(t,xt);
title('x(t)');   ylim([-0.1 1.1])
subplot(3,1,2); plot(t,x1t);
title('变量替换得到x(-2t+4)');   ylim([-0.1 1.1])
subplot(3,1,3); plot(t1,xt);
title('自变量逆运算得到x(-2t+4)');   xlim([-4 4]); ylim([-0.1 1.1])
```

程序运行结果如图 4.3.4 所示。

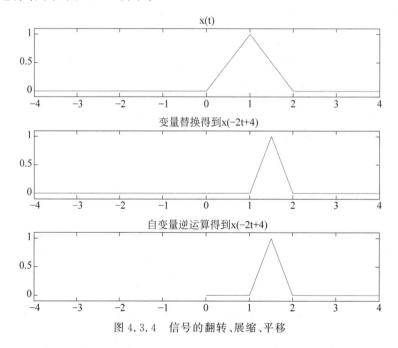

图 4.3.4　信号的翻转、展缩、平移

4.3.3　离散时间信号的差分与累加

离散时间序列的差分 $\nabla x(n)=x(n)-x(n-1)$，在 MATLAB 中用 diff 函数来实现。调用格式为

```
y = diff(x,n)
```

用以产生 x 的 n 阶差分,n 的默认值为 1。需要注意的是,若 x 为向量,y 的元素数比 x 少 n 个。

离散时间序列的累加 $\sum\limits_{k=-\infty}^{n} x(k)$ 与信号相加运算不同。累加是将信号从 $-\infty$ 到 n 的所有值加起来,在 MATLAB 用 cumsum 函数来实现。调用格式为

```
y = cumsum(x)
```

例 4.3.5 分别绘制单位阶跃序列 $u(n)$ 的差分以及累加结果。

解:MATLAB 源代码如下

```
clc; clear all; close all;
n = -10:10;                          % 离散自变量
un = n >= 0;                          % 产生 u(n)
n1 = n(2:end);                        % 后向差分结果对应的自变量
y1n = diff(un);                       % u(n)的后向差分
y2n = cumsum(un);                     % u(n)的变上限求和
subplot(1,2,1); stem(n1,y1n,'filled');  title('u(n)的后向差分')
subplot(1,2,2); stem(n,y2n,'filled');   title('u(n)的变上限求和')
```

程序运行结果如图 4.3.5 所示。可以看出,$u(n)$ 的后向差分为 $\delta(n)$。

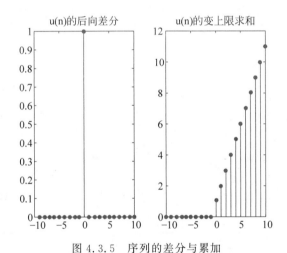

图 4.3.5 序列的差分与累加

4.3.4 连续时间信号的微分与积分

连续时间信号的微分,可近似认为是抽样后的离散时间信号差分后除以抽样间隔,在 MATLAB 中用 diff 函数来近似实现。

在 MATLAB 中求解连续时间信号的定积分,基本思想是将整个积分区间分成若干个子区间,将积分转化成求和来近似实现。表 4.3.1 列出了不同函数求解定积分的优缺点,其中 quad、quadl 要求提供被积函数。

表 4.3.1　不同函数求解定积分的优缺点

MATLAB 函数	求 解 思 路	优 缺 点
quad(fun,A,B)	Simpson 法	精度较高,较常用
quadl(fun,A,B)	Lobatto 法	精度高,最常用
trapz(Y)	梯形法求定积分	速度快,精度差
cumtrapz(Y)	梯形法求曲线积分	速度快,精度差
sum(Y)	等宽矩形法求定积分	速度快,精度很差
cumsum(Y)	等宽矩形法求曲线积分	速度快,精度很差

例 4.3.6　对图 4.1.10 所示的三角信号 $x(t)=\Lambda_2(t-1)$,试分别绘制 $x'(t)$ 和 $x^{(-1)}(t)$。

解：MATLAB 源代码如下

```
clc; clear all; close all;
dt = 1e-3;                          % 抽样间隔
t = -4:dt:4;                        % 时域自变量
xt = tripuls(t-1,2);                % 生成 x(t)
y1t = diff(xt)/dt;                  % 微分结果
y2t = cumtrapz(t,xt);               % 数值积分结果
subplot(3,1,1); plot(t,xt);
title('x(t)');   ylim([-0.1 1.1])
subplot(3,1,2); plot(t(2:end),y1t);
title('x(t)的微分');   ylim([-1.1 1.1])
subplot(3,1,3); plot(t,y2t);
title('x(t)的积分');   axis([-4 4 -0.1 1.1]);
```

程序运行结果如图 4.3.6 所示。

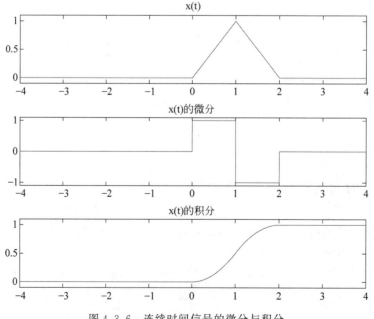

图 4.3.6　连续时间信号的微分与积分

4.3.5 信号的奇偶分解

信号 $x(t)$ 可以分解为偶分量 $x_e(t)$ 和奇分量 $x_o(t)$ 之和，即

$$x(t) = x_e(t) + x_o(t) \tag{4.14}$$

其中，

$$x_e(t) = \frac{1}{2}[x(t) + x(-t)] \tag{4.15}$$

$$x_o(t) = \frac{1}{2}[x(t) - x(-t)] \tag{4.16}$$

在 MATLAB 中可通过信号的翻转以及信号的相加、相减来实现奇偶分解。

例 4.3.7 对如图 4.1.10 所示的三角信号 $x(t) = \Lambda_2(t-1)$，试分别绘制其奇分量和偶分量。

解：MATLAB 源代码如下

```
clc; clear all; close all;
t = -4:0.001:4;                    % 时域自变量
xt = tripuls(t-1,2);               % 生成 x(t)
x_t = tripuls(-t-1,2);             % 生成 x(-t),或者用 fliplr 函数实现
xet = (xt+x_t)/2;                  % 生成偶分量
xot = (xt-x_t)/2;                  % 生成奇分量
subplot(3,1,1); plot(t,xt);
title('x(t)');   ylim([-0.1 1.1])
subplot(3,1,2); plot(t,xet);
title('x(t)的偶分量');   ylim([-0.1 0.6])
subplot(3,1,3); plot(t,xot);
title('x(t)的奇分量');   ylim([-0.6 0.6])
```

程序运行结果如图 4.3.7 所示。

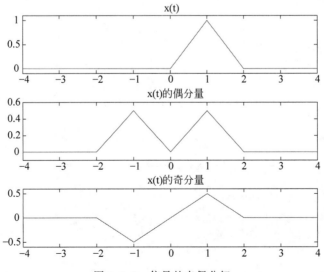

图 4.3.7 信号的奇偶分解

4.4　系统的分类

4.4.1　线性系统

满足以下 3 个条件的系统称为线性系统：

（1）全响应可以写成零输入响应＋零状态响应；

（2）零输入响应与初始状态之间满足线性运算；

（3）零状态响应与输入之间满足线性运算。线性运算指既满足齐次性又满足可加性。

例 4.4.1　已知连续时间系统的输入、输出关系如下，其中 $x(t)$、$y(t)$ 分别为输入和输出，$y(0)$ 为初始状态，判断这些系统是否为线性系统。

$$(1)\ y(t)=\frac{\mathrm{d}}{\mathrm{d}t}[x(t)] \qquad (2)\ y(t)=\sin t x(t) \qquad (3)\ y(t)=2x(t)+2$$

分析：因为系统初始状态为 0，因此只要零状态响应和输入满足线性运算，则系统为线性系统。记 $T[x_1(t)]=y_{zs1}(t)$、$T[x_2(t)]=y_{zs2}(t)$，若 $T[ax_1(t)]=ay_{zs1}(t)$、$T[x_1(t)+x_2(t)]=y_{zs1}(t)+y_{zs2}(t)$，则零状态响应和输入满足线性运算。

解：假设输入信号 $x_1(t)=tu(t)$，$x_2(t)=\cos t$，$a=2$，MATLAB 源代码如下，程序运行结果如图 4.4.1～图 4.4.3 所示。可以看出，系统 1、系统 2 满足线性系统的要求，系统 3 不满足，这与理论分析也是一致的。

```
% 输入信号
clc;close all;clear all;
dt = 1e-2;
t = -5:dt:5;                                    % 自变量
x1 = t. * (t > = 0);                            % 输入信号 1
x2 = cos(t);                                    % 输入信号 2
%%%%%%%%%%%%%%%%% 系统 1 %%%%%%%%%%%%
y1 = diff(x1)/dt;                               % 信号 1 的输出
y2 = diff(x2)/dt;                               % 信号 2 的输出
a = 2;
y3 = diff(a * x1)/dt;                           % a * 信号 1 的输出
y4 = diff(x1 + x2)/dt;                          % x1 + x2 的输出
figure;
subplot(3,2,1); plot(t,x1); title('输入信号 1')
subplot(3,2,2); plot(t,x2); title('输入信号 2')
subplot(3,2,3); plot(t(1:end-1),y1);ylim([-1 1.1])
title('信号 1 通过系统 1 的输出')
subplot(3,2,4); plot(t(1:end-1),y2);ylim([-1 1.1])
title('信号 2 通过系统 1 的输出')
subplot(3,2,5); plot(t(1:end-1),a * y1,'-.');
hold on; plot(t(1:end-1),y3);hold off;ylim([-2 2.1])
```

```
legend('信号 1 通过系统 1 输出的 2 倍','信号 1 的 2 倍通过系统 1 的输出')
subplot(3,2,6); plot(t(1:end-1),y1+y2,'-.');
hold on; plot(t(1:end-1),y4);hold off;ylim([-2 2])
legend('信号 1 通过系统 1 的输出 + 信号 2 通过系统 1 的输出','(信号 1 + 信号 2)通过系统 1 的
输出')

%%%%%%%%%%%%%%% 系统 2 %%%%%%%%%%
y1 = sin(t).*x1;                                    % 信号 1 的输出
y2 = sin(t).*x2;                                    % 信号 2 的输出
a = 2;
y3 = sin(t).*(a*x1);                                % a * 信号 1 的输出
y4 = sin(t).*(x1+x2);                               % x1 + x2 的输出
figure;
subplot(3,2,1); plot(t,x1); title('输入信号 1')
subplot(3,2,2); plot(t,x2); title('输入信号 2')
subplot(3,2,3); plot(t,y1);
title('信号 1 通过系统 2 的输出')
subplot(3,2,4); plot(t,y2);
title('信号 2 通过系统 2 的输出')
subplot(3,2,5); plot(t,a*y1,'-.');
hold on; plot(t,y3);hold off;
legend('信号 1 通过系统 2 输出的 2 倍','信号 1 的 2 倍通过系统 2 的输出')
subplot(3,2,6); plot(t,y1+y2,'-.');
hold on; plot(t,y4);hold off;
legend('信号 1 通过系统 2 的输出 + 信号 2 通过系统 2 的输出','(信号 1 + 信号 2)通过系统 2 的
输出')
%%%%%%%%%%%%%%% 系统 3 %%%%%%%%%%
y1 = 2*x1+2;                                        % 信号 1 的输出
y2 = 2*x2+2;                                        % 信号 2 的输出
a = 2;
y3 = 2*(a*x1)+2;                                    % a * 信号 1 的输出
y4 = 2*(x1+x2)+2;                                   % x1 + x2 的输出
figure;
subplot(3,2,1); plot(t,x1); title('输入信号 1')
subplot(3,2,2); plot(t,x2); title('输入信号 2')
subplot(3,2,3); plot(t,y1)
title('信号 1 通过系统 3 的输出')
subplot(3,2,4); plot(t,y2);
title('信号 2 通过系统 3 的输出')
subplot(3,2,5); plot(t,a*y1,'-.');
hold on; plot(t,y3);hold off;
legend('信号 1 通过系统 3 输出的 2 倍','信号 1 的 2 倍通过系统 3 的输出')
subplot(3,2,6); plot(t,y1+y2,'-.');
hold on; plot(t,y4);hold off;
legend('信号 1 通过系统 2 的输出 + 信号 2 通过系统 3 的输出','(信号 1 + 信号 2)通过系统 3 的
输出')
```

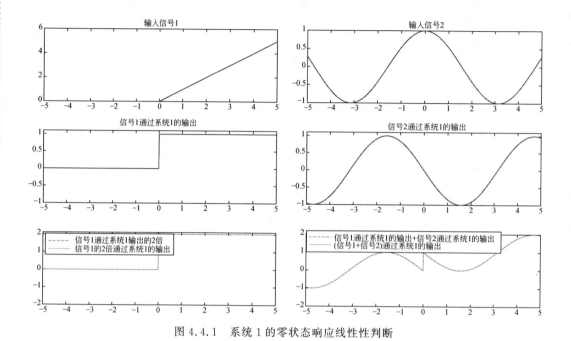

图 4.4.1　系统 1 的零状态响应线性性判断

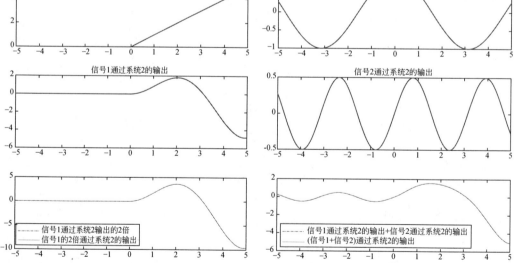

图 4.4.2　系统 2 的零状态响应线性性判断

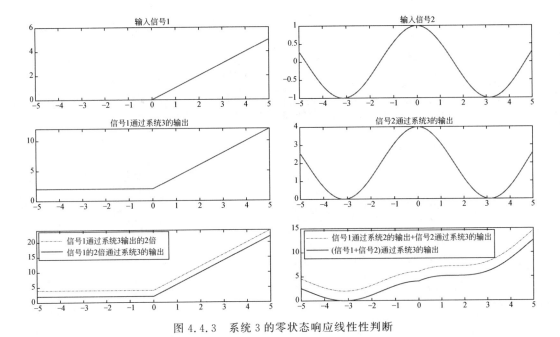

图 4.4.3　系统 3 的零状态响应线性性判断

4.4.2　时不变系统

若零状态响应与输入的关系不随输入作用于系统的时间起点而改变时,该系统为时不变系统。时不变特性可表示为

若 $T[x(t)]=y_{zs}(t)$,则 $T[x(t-t_0)]=y_{zs}(t-t_0)$

其中 t_0 为任意值。

例 4.4.2　已知连续时间系统的输入、输出关系如下,判断这些系统是否为时不变系统。

(1) $y(t)=\sin t x(t)$

(2) $y(t)=\displaystyle\int_{-\infty}^{t} x(\tau)\mathrm{d}\tau$

(3) $y(t)=\displaystyle\int_{-\infty}^{3t} x(\tau)\mathrm{d}\tau$

解:假设输入信号 x(t)＝tu(t),t_0＝2,MATLAB 源代码如下,程序运行结果如图 4.4.4～图 4.4.6 所示。可以看出,系统 2 满足时不变系统的要求,系统 1、系统 3 不满足,这与理论分析也是一致的。

```
clc;close all;clear all;
dt = 1e-2;
t = -5:dt:5;                              % 自变量
x = t.*(t>=0);                            % 输入信号
t0 = 2;                                   % 时移量
x_shift = (t-t0).*heaviside(t-t0);        % 输入信号的时移

%%%%%%%%%%%%%%%% 系统1 %%%%%%%%%%%
y1 = sin(t).*x;                           % 信号的输出
```

```
y2 = sin(t). * x_shift;                              % 信号时移后的输出
figure;
subplot(2,2,1); plot(t,x); title('输入信号')
subplot(2,2,2); plot(t,y1);title('信号通过系统 1 的输出')
subplot(2,2,3); plot(t,x_shift); title('输入信号的时移')
subplot(2,2,4); plot(t,y2,'-.',t + t0,y1);xlim([-5 5])
legend('时移信号通过系统 1 的输出','信号通过系统 1 输出的时移')

%%%%%%%%%%%%%%%% 系统 2 %%%%%%%%%%
y1 = cumtrapz(t,x);                                  % 信号的输出
y2 = cumtrapz(t,x_shift);                            % 信号时移后的输出
figure;
subplot(2,2,1); plot(t,x); title('输入信号')
subplot(2,2,2); plot(t,y1);title('信号通过系统 2 的输出')
subplot(2,2,3); plot(t,x_shift); title('输入信号的时移')
subplot(2,2,4); plot(t,y2,'-.',t + t0,y1)
legend('时移信号通过系统 2 的输出','信号通过系统 2 输出的时移')

%%%%%%%%%%%%%%%%%% 系统 3 %%%%%%%%%%
syms t;
x = t * heaviside(t);
y = int(x,[-inf,3 * t]);
figure;
subplot(2,2,1);fplot(x,[-5 5]);title('输入信号')
subplot(2,2,2); fplot(y,[-5 5]);title('信号通过系统 3 的输出')
x_shift = (t - t0) * heaviside(t - t0);
subplot(2,2,3);fplot(x_shift,[-5 5]);title('输入信号的时移')
y_shift = int(x,[-inf,3 * (t - t0)]);                % 输出的时移
y2 = int(x_shift,[-inf,3 * t]);                      % 时移后的输出
subplot(2,2,4); fplot(y2,[-5 5],'-.');
hold on; fplot(y_shift,[-5 5]);hold off;
legend('时移信号通过系统 3 的输出','信号通过系统 3 输出的时移')
```

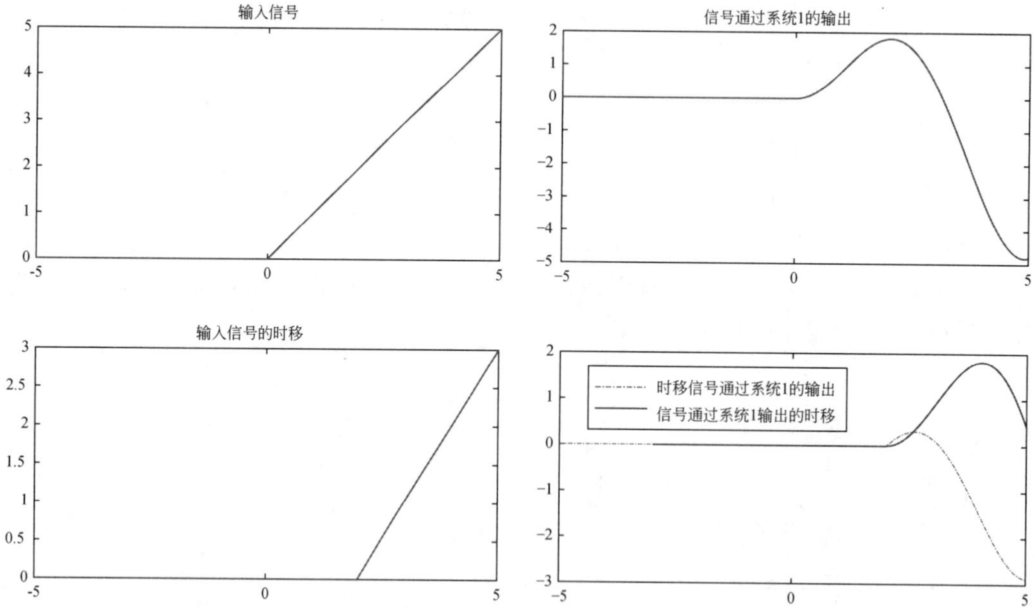

图 4.4.4 系统 1 的时不变性判断

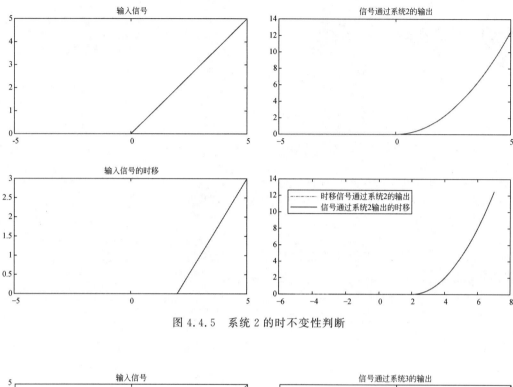

图 4.4.5　系统 2 的时不变性判断

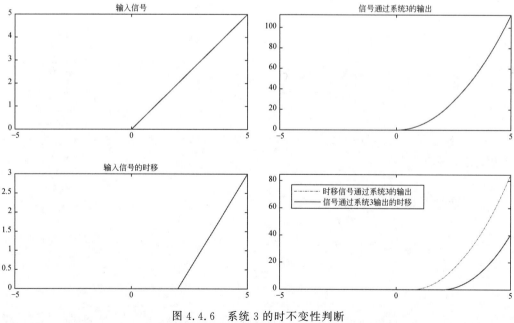

图 4.4.6　系统 3 的时不变性判断

4.5　连续时间系统的时域分析

4.5.1　系统的表示

大部分连续时间线性时不变系统可以用常系数线性微分方程表示：

$$\frac{d^n}{dt^n}y(t) + a_{n-1}\frac{d^{n-1}}{dt^{n-1}}y(t) + \cdots + a_0 y(t)$$

$$= b_m \frac{d^m}{dt^m}x(t) + b_{m-1}\frac{d^{m-1}}{dt^{m-1}}x(t) + \cdots + b_0 x(t) \tag{4.17}$$

其中，$x(t)$ 为输入信号，$y(t)$ 为输出信号。

上述系统在 MATLAB 中可以用 tf 函数建立，调用格式为

```
sys = tf(b,a)
```

其中 b、a 分别是输入、输出信号的系数向量，该向量是将各阶导数项按由高至低的顺序取出其系数，例如 $a=[1, a_{n-1}, \cdots, a_0]$，返回结果 sys 为系统的表示。

例 4.5.1　描述系统 $y''(t) + 3y'(t) + 2y(t) = x'(t)$。

解：MATLAB 源代码如下

```
a = [1 3 2];              %输出信号的系数向量,空缺项须补零
b = [1 0];                %输入信号的系数向量,常数项空缺,补 1 个 0
sys = tf(b,a)             %在命令窗口显示 sys
```

命令窗口运行结果为：

```
>> sys =
          s
    -------------
    s^2 + 3 s + 2
```

可见，MATLAB 以系统函数 H(s) 的形式描述连续时间线性时不变系统，s 也可以理解为微分算子。

4.5.2　连续时间系统的零状态响应

连续时间系统的数值求解在 MATLAB 中可利用控制系统工具箱中的 lsim 函数，调用格式为

```
lsim(sys,u,t,x0)
```

其中，sys 为 4.5.1 节得到的系统的表示，向量 u 和 t 分别表示输入信号和时间 t 的抽样值，向量 x0 表示系统的初始状态，默认值为 0，返回值为系统的输出。如果调用 lsim(sys,u,t)，那么得到的结果即为系统的零状态响应。

例 4.5.2　某因果系统的微分方程为 $y''(t) + 3y'(t) + 2y(t) = x'(t)$，若输入信号 $x(t) = 2e^{-3t}u(t)$，求该系统的零状态响应。

解：MATLAB 源代码如下

```
clc; clear all; close all;
a = [1 3 2];                %输出信号的系数向量,空缺项须补零
b = [1 0];                  %输入信号的系数向量,常数项空缺,补 1 个 0
sys = tf(b,a);              %建立系统
t = 0:0.001:10;             %时域自变量
x = 2 * exp( - 3 * t);      %输入信号
yzs = lsim(sys,x,t);        %零状态响应
subplot(1,2,1);plot(t,x);
xlabel('t'); title('输入信号')
subplot(1,2,2);plot(t,yzs);
xlabel('t'); title('零状态响应')
```

程序运行结果如图 4.5.1 所示。

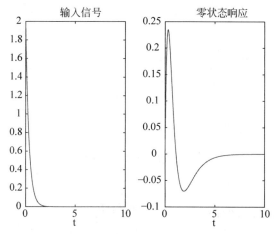

图 4.5.1　连续时间系统的零状态响应

4.5.3　连续时间系统的零输入响应

通常认为将 lsim 函数的输入信号置零,再将初始状态代入 x0,即可得到连续时间系统的零输入响应。但事实上 lsim 函数只能对状态方程描述的系统计算零输入响应,对 4.5.1 节得到的系统的表示失效。虽然在 MATLAB 中没有专门求连续时间系统零输入响应的数值解的函数,但可利用 dsolve 函数来得出解析解。调用格式为

```
S = dsolve(eqn,cond)
```

其中,eqn 为方程,cond 为初始条件。

例 4.5.3　某系统的微分方程为 $y''(t) + 3y'(t) + 2y(t) = x'(t)$,初始条件 $y(0^-) = 0$, $y'(0^-) = -5$,求该系统的零输入响应。

解：MATLAB 源代码如下

```
clc; clear all; close all;
yzi = dsolve('D2y + 3 * Dy + 2 * y','y(0) = 0','Dy(0) = − 5')    % 解析解
fplot(yzi,[0 10]);   title('零输入响应')                        % 画出 yzi 的波形
```

命令窗口运行结果为

```
yzi =
5 * exp( − 2 * t) − 5 * exp( − t)
```

程序运行结果如图 4.5.2 所示。

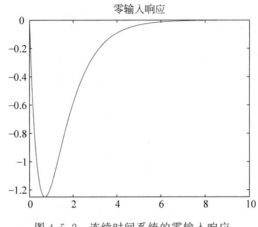

图 4.5.2　连续时间系统的零输入响应

4.5.4　连续时间系统的冲激响应与阶跃响应

系统的单位冲激响应仅取决于系统本身，与输入信号无关，对系统的时域分析具有非常重要的意义。在工程中，由于冲激信号无法产生，所以有时也用阶跃响应对系统进行时域分析。

分别用冲激信号和阶跃信号作为输入，lsim 函数可仿真出冲激响应和阶跃响应。由于这两种响应在系统的时域分析中非常重要，MATLAB 还专门提供了 impulse 和 step 函数直接计算系统的冲激响应和阶跃响应，调用格式如下。

impulse(sys)：计算并绘制冲激响应的波形，其中 sys 是系统的表示，将自动选取自变量 t。

impulse(sys,t)：可由用户指定 t 值。若 t 为实数，则绘制 0～t 的冲激响应波形；若 t 为向量，则绘制 t 对应的冲激响应的波形。

ht＝impulse(sys,t)：将结果存入 ht，不直接画图。

step 函数调用格式与 impulse 类似，此处不再赘述。

例 4.5.4 某系统的微分方程为 $y''(t)+3y'(t)+2y(t)=x'(t)$，求该系统的冲激响应和阶跃响应。

解：MATLAB 源代码如下

```
clc; clear all; close all;
a = [1 3 2];                     % 输出信号的系数向量,空缺项须补 0
b = [1 0];                       % 输入信号的系数向量,常数项空缺,补 1 个 0
sys = tf(b,a)                    % 在命令窗口显示 sys
t = 0:0.001:10;                  % 时域自变量
ht = impulse(sys,t);            % 冲激响应
st = step(sys,t);               % 阶跃响应
subplot(1,2,1); plot(t,ht);
xlabel('t'); title('冲激响应')
subplot(1,2,2); plot(t,st);
xlabel('t'); title('阶跃响应')
```

程序运行结果如图 4.5.3 所示。理论上,阶跃响应是冲激响应的积分,观察发现程序运行结果与理论分析一致。

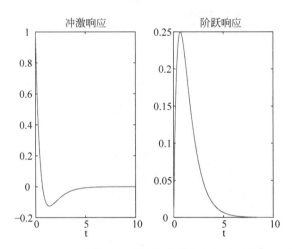

图 4.5.3 连续时间系统的冲激响应和阶跃响应

4.5.5 卷积积分

由于计算机内部处理的都是数字信号,所以在 MATLAB 中更容易求离散时间序列的卷积和,调用格式为

```
conv(u,v)
```

其中,u、v 为参与卷积的两个序列,返回值为卷积和。

可以通过 conv 函数近似求解卷积积分。首先对两个连续时间信号进行等间隔抽样

得到离散时间序列,卷积积分、卷积和的定义分别为

$$x(t) * h(t) = \int_{-\infty}^{\infty} x(\tau)h(t-\tau)d\tau \qquad (4.18)$$

$$x(n) * h(n) = \sum_{k=-\infty}^{\infty} x(k)h(n-k) \qquad (4.19)$$

比较式(4.18)和式(4.19)后发现,可以将抽样得到的离散时间序列的卷积和乘以抽样间隔,来近似得到卷积积分。

例 4.5.5 计算 $G_2(t) * G_4(t)$。

解:MATLAB 源代码如下

```
clc; clear all; close all;
dt = 0.001;
tx = -6:dt:6;   x = rectpuls(tx,2);              %生成 G2(t)
th = -6:dt:6;   h = rectpuls(th,4);              %生成 G4(t)
ty = [min(tx) + min(th)]:dt:[max(tx) + max(th)]; %生成卷积积分的自变量
y = conv(x,h) * dt;                              %计算卷积积分
subplot(3,1,1); plot(tx,x);
xlabel('t'); title('G_2(t)'); ylim([-0.1 1.1])
subplot(3,1,2); plot(th,h);
xlabel('t'); title('G_4(t)'); ylim([-0.1 1.1])
subplot(3,1,3); plot(ty,y);
xlabel('t'); title('G_2(t) * G_4(t)'); axis([-6 6 -0.1 2.1])
```

程序运行结果如图 4.5.4 所示。可以看出,不等长的门信号卷积结果为等腰梯形。

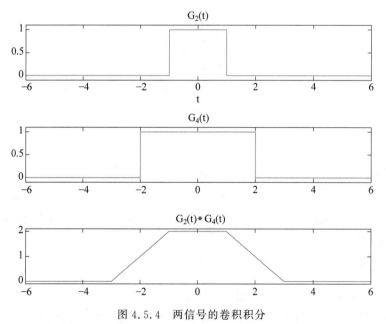

图 4.5.4　两信号的卷积积分

4.6 离散时间线性时不变系统的时域分析

4.6.1 离散时间系统的零状态响应

大部分离散时间线性时不变系统可以用常系数线性差分方程表示：

$$y(n)+a_1 y(n-1)+\cdots+a_k y(n-k)=b_0 x(n)+b_1 x(n-1)+\cdots+b_m x(n-m)$$

$$(4.20)$$

其中，$x(n)$ 为输入，$y(n)$ 为输出。

离散时间系统的数值求解在 MATLAB 中可利用信号处理工具箱中的 filter 函数，调用格式如下。

y=filter(b,a,x)：b、a 分别是输入、输出信号的系数向量，在式(4.20)中，a=[1, $a_1,\cdots,a_k$]，b=[$b_0,b_1,\cdots,b_m$]，x 为输入序列，y 为零状态响应。

y=filter(b,a,x,zi)：zi 为系统的初始状态，默认值为 0，y 为输出。

例 4.6.1 某系统的差分方程为 $y(n)-y(n-1)-2y(n-2)=x(n)$，若输入信号 $x(n)=u(n)$，求该系统的零状态响应。

解：MATLAB 源代码如下

```
clc; clear all; close all;
a = [1 - 1 - 2];                    % 输出信号的系数向量,空缺项须补零
b = [1];                            % 输入信号的系数向量
n = 0:20;                           % 时域自变量
x = n> = 0;                         % 输入信号
yzs = filter(b,a,x);
subplot(1,2,1); stem(n,x,'filled');title('输入序列')
subplot(1,2,2); stem(n,yzs,'filled');title('零状态响应')
```

程序运行结果如图 4.6.1 所示。可以发现，输入有界时，零状态响应发散，该系统为不稳定系统。

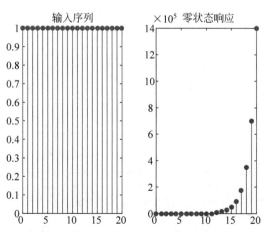

图 4.6.1 离散时间系统的零状态响应

4.6.2 离散时间系统的零输入响应

通常认为将 filter 函数的输入信号置零,再将初始状态代入 x0,即可得到离散时间系统的零输入响应。但事实上与连续时间系统的 lsim 函数类似,filter 函数只能对状态方程描述的系统计算零输入响应。在 MATLAB 中,有专门的函数将初始状态由传递函数描述的系统转换成状态方程描述的系统,调用格式为

```
z = filtic(b,a,y,x)
```

其中,b、a 还是输入、输出信号的系数向量,y 表示输出,x 表示输入,默认值为 0,z 表示状态方程的初始状态。得到 z 后,再将其代入 filter 函数,并令输入为零,即可得到系统的零输入响应。

例 4.6.2 某系统的差分方程为 $y(n)-y(n-1)-2y(n-2)=x(n)$,若初始条件 $y(-1)=0$,$y(-2)=1.5$,求该系统的零输入响应。

解:MATLAB 源代码如下

```
clc; clear all; close all;
a = [1 -1 -2];                        %输出信号的系数向量,空缺项须补零
b = [1];                              %输入信号的系数向量
n = 0:20;                             %时域自变量
y0 = [0 1.5];                         %初始状态 y(-1)、y(-2)
z0 = filtic(b,a,y0);                  %状态方程初始状态
yzi = filter(b,a,zeros(size(n)),z0);
stem(n,yzi,'filled'); title('零输入响应')
```

程序运行结果如图 4.6.2 所示。

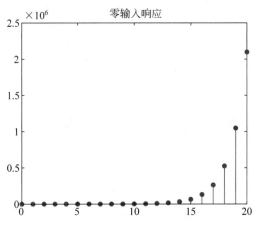

图 4.6.2　离散时间系统的零输入响应

4.6.3 离散时间系统的全响应

对于离散时间系统全响应求解,可以利用 filter 函数,代入输入序列和初始状态直接得出;也可以将差分方程进行一定的整理,将输出 $y(n)$ 单独放在等号一边,对于例 4.6.2,即为 $y(n)=x(n)+y(n-1)+2y(n-2)$,然后编程迭代得到。

例 4.6.3 某系统的差分方程为 $y(n)-y(n-1)-2y(n-2)=x(n)$,若输入信号 $x(n)=u(n)$,初始条件 $y(-1)=0,y(-2)=1.5$,计算该系统的全响应。

解:MATLAB 源代码如下

```
close all;clc;clear all;
a = [1 −1 −2];                          % 输出信号的系数向量,空缺项须补零
b = [1];                                % 输入信号的系数向量
n = 0:20;                               % 时域自变量
y0 = [0 1.5];                           % 初始状态 y(−1)、y(−2)
z0 = filtic(b,a,y0);                    % 状态方程初始状态
x = n >= 0;                             % 输入信号
y1 = filter(b,a,x,z0);                  % 求全响应
subplot(1,2,1); stem(n,y1,'filled'); title('filter 函数得到的全响应')
n1 = −2:20;                             % 从−2时刻开始对输出赋值
y(1) = 1.5;                             % y(−2)
y(2) = 0;                               % y(−1)
x = n1 >= 0;                            % 输入信号
for i = 3: 23
   y(i) = x(i) + y(i−1) + 2 * y(i−2);   % 迭代
end
y2 = y(3:end);                          % 取出输出的因果部分
subplot(1,2,2); stem(n,y2,'filled'); title('编程迭代得到的全响应')
```

程序运行结果如图 4.6.3 所示,比较利用 filter 函数和编程迭代两种方法得到的全响应,会发现结果相等。

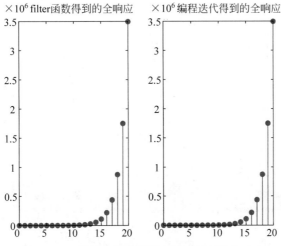

图 4.6.3 两种方法得到的离散时间系统全响应

4.6.4　离散时间系统的样值响应与阶跃响应

与利用 lsim 函数计算连续时间系统的冲激响应和阶跃响应类似,如果分别用样值序列和阶跃序列作为输入,则可以用 filter 函数得出离散时间系统的样值响应和阶跃响应。同样鉴于这两种响应的重要性,MATLAB 专门提供了函数 impz 和 stepz 直接计算系统的样值响应和阶跃响应,调用格式如下。

impz(b,a):计算并绘制样值响应的波形,b、a 为输入、输出信号的系数向量,将自动选取自变量 n。

impz(b,a,n):可由用户指定 n 值。若 n 为整数,则绘制 0～(n−1)的样值响应波形;若 n 为向量,则绘制 n 对应的样值响应的波形。

hn＝impz (b,a,n):将结果存入 hn,不直接画图。

stepz 函数调用格式与 impz 类似,此处不再赘述。

例 4.6.4　某系统的差分方程为 $y(n)-y(n-1)-2y(n-2)=x(n)$,求该系统的样值响应和阶跃响应。

解:MATLAB 源代码如下

```
clc; clear all; close all;
a = [1 -1 -2];                        % 输出信号的系数向量,空缺项须补零
b = [1];                              % 输入信号的系数向量
n = 0:20;                             % 时域自变量
hn = impz(b,a,n);                     % 样值响应
sn = stepz(b,a,n);                    % 阶跃响应
subplot(1,2,1); stem(n,hn,'filled'); title('样值响应')
subplot(1,2,2); stem(n,sn,'filled'); title('阶跃响应')
```

程序运行结果如图 4.6.4 所示。

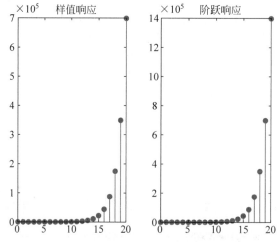

图 4.6.4　离散时间系统的样值响应和阶跃响应

4.6.5 卷积和与解卷积

4.5.5 节介绍了用 conv 函数计算卷积和,但该函数只返回卷积结果,不返回自变量。若两序列的非零值区间分别为 $[N_1, N_2]$、$[N_3, N_4]$,则卷积结果的非零值区间为 $[N_1 + N_3, N_2 + N_4]$。

例 4.6.5 已知某线性时不变系统的输入信号 $x(n) = \begin{cases} 1, & 0 \leqslant n \leqslant 3 \\ 0, & 其他 \end{cases}$,样值响应 $h(n) = u(n-2) - u(n-5)$,求该系统的零状态响应。

解:将输入信号与样值响应卷积得到零状态响应,MATLAB 源代码如下

```
clc; clear all; close all;
n = -10:10;
x = (n>=0) .* (n<=3);                    % 输入
h = (n>=2) - (n>=5);                     % 样值响应
yzs = conv(x,h);                         % 卷积和
subplot(3,1,1); stem(n,x,'filled'); title('输入序列')
subplot(3,1,2); stem(n,h,'filled'); title('样值响应')
subplot(3,1,3); stem(2 * min(n):2 * max(n),yzs,'filled');
title('零状态响应'); xlim([min(n) max(n)])
```

程序运行结果如图 4.6.5 所示。与卷积积分一样,不等长的矩形序列卷积结果为等

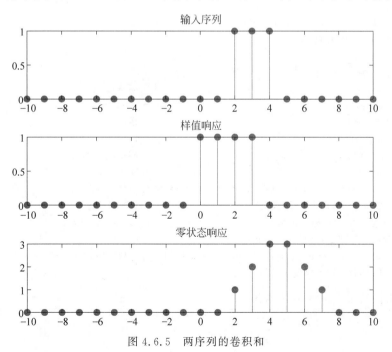

图 4.6.5 两序列的卷积和

腰梯形,区别在于卷积积分的长度是两信号长度之和,而卷积和的长度是两序列长度之和减 1。

conv 函数也可以用来计算两个多项式的积。例如,多项式 x^2+3x+2 和 $x+1$ 的乘积可通过以下 MATLAB 代码实现

```
a = [1,3,2];                              %第一个多项式系数
b = [1 1];                                %第二个多项式系数
c = conv(a,b)                             %乘积的多项式系数
```

命令窗口运行结果为

```
c =
    1    4    5    2
```

即 $(x^2+3x+2)(x+1)=x^3+4x^2+5x+2$。

在很多场合中,需要对卷积做逆运算,即已知样值响应 $h(n)$、零状态响应 $y_{zs}(n)$,求输入 $x(n)$;或已知输入 $x(n)$、零状态响应 $y_{zs}(n)$,求样值响应 $h(n)$。这两类运算统称为解卷积。在 MATLAB 中,有专门的解卷积函数 deconv,调用格式为

```
[q,r] = deconv(b,a)
```

其中,$b=conv(q,a)+r$。需要注意的是,向量 a 的第一个元素必须非零。

例 4.6.6 已知某线性时不变系统的输入、输出分别为 $x(n)=\begin{cases}1, & 0\leqslant n\leqslant 3\\0, & 其他\end{cases}$、$y_{zs}(n)=$ $\{1,2,3,3,2,1\}_2$,求该系统的样值响应 $h(n)$。

解:MATLAB 源代码如下

```
clc; clear all; close all;
x_start = 2;                              %输入起点
x = ones(1,4);                            %输入
y_start = 2;                              %输出起点
y = [1,2,3,3,2,1];                        %输出
h_start = y_start - x_start;              %样值响应起点
h = deconv(y,x);                          %样值响应
subplot(3,1,1); stem(x_start:x_start + length(x) - 1,x,'filled');
title('输入序列'); xlim([0 10])
subplot(3,1,2); stem(y_start:y_start + length(y) - 1,y,'filled');
title('零状态响应');xlim([0 10])
subplot(3,1,3); stem(h_start:h_start + length(h) - 1,h,'filled');
title('样值响应');xlim([0 10])
```

程序运行结果如图 4.6.6 所示。

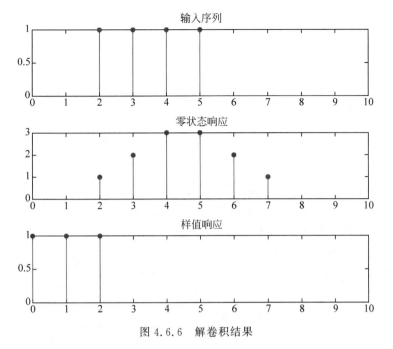

图 4.6.6 解卷积结果

第 5 章

连续时间信号与系统的频域分析

对于连续时间信号的频域分析,本章将首先介绍周期信号傅里叶级数的数值计算方法,再介绍非周期信号傅里叶变换的符号函数求解以及数值计算,最后验证部分傅里叶变换性质。

对连续时间系统进行频域分析的前提是该系统是线性时不变的,只有这样零状态响应 $y_{zs}(t)$ 才等于输入信号 $x(t)$ 卷积单位冲激响应 $h(t)$,从而零状态响应的傅里叶变换 $Y_{zs}(j\omega)$ 才等于输入信号的傅里叶变换 $X(j\omega)$ 乘以单位冲激响应的傅里叶变换 $H(j\omega)$,用 $H(j\omega)$ 对系统进行频域分析才有意义。与 $h(t)$ 一样,$H(j\omega)$ 仅取决于系统本身,与输入无关,是表征系统特性的一个重要物理量。

5.1 周期信号的傅里叶级数

5.1.1 傅里叶级数的计算

工程中主要采用指数形式的傅里叶级数对周期信号进行频域分析。周期为 T 的周期信号 $x(t)$,若满足狄利克雷条件,在任意 $[t_0, t_0 + T]$ 区间,可用虚指数信号集 $\left\{ e^{jk\omega_0 t}, \omega_0 = \dfrac{2\pi}{T}, k = 0, \pm 1, \pm 2, \cdots \right\}$ 精确分解为以下形式的傅里叶级数

$$x(t) = \sum_{k=-\infty}^{\infty} X_k e^{jk\omega_0 t} \tag{5.1}$$

其中,

$$X_k = \frac{1}{T} \int_{t_0}^{t_0+T} x(t) e^{-jk\omega_0 t} \, dt \tag{5.2}$$

在已知周期信号 $x(t)$ 的数学表达式且能计算出积分的条件下,可以用式(5.2)精确计算傅里叶系数。但当数学表达式非常复杂,无法得出积分结果,或者写不出周期信号的数学表达式时,可以先对周期信号在一个周期内进行抽样,再进行数值计算。

下面讨论利用数值计算得到连续时间周期信号傅里叶级数的方法。设一个周期内刚好抽样得到了 N 个点,则抽样间隔 $T_s = \dfrac{T}{N}$,抽样得到的序列可以记作 $x(t_0 + nT_s)$,式(5.2)可表示为

$$X_k \approx \frac{T_s}{T} \sum_{n=0}^{N-1} x(t_0 + nT_s) e^{-jk\omega_0(t_0 + nT_s)} \tag{5.3}$$

例 5.1.1 计算如图 5.1.1 所示的周期矩形脉冲信号第 $-10 \sim 10$ 项的指数形式傅里叶系数。

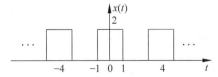

图 5.1.1 连续时间周期矩形脉冲信号

解：可通过 for 循环直接得到 Xk，MATLAB 源代码如下

```
close all; clc;clear all;
T = 4;                                    %周期
N = 400;                                  %一个周期抽样点数
dt = T/N;                                 %抽样间隔
t = - T/2:dt:T/2 - dt;                    %时域自变量
x = 2 * rectpuls(t,2);                    %x(t)的赋值
w0 = 2 * pi/T;                            %基频
k = - 10:10;                              %需要计算的 Xk 的项数
Xk = zeros(size(k));
for m = 1:length(k)
  for n = 1:N                             %MATLAB 中数组从第 1 项开始
    Xk(m) = Xk(m) + dt/T * x(n) * exp( - j * k(m) * w0 * t(n));    %按公式计算 Xk
  end
end
stem(k * w0,Xk,'filled'); xlabel('\omega'); title('Xk')
```

因为 Xk 为实数，所以在一幅图里画出了频谱，结果如图 5.1.2 所示。将该结果与 Xk 的理论值 $\mathrm{Sa}\left(\dfrac{k\pi}{2}\right)$ 进行对比，结果如果图 5.1.3 所示，增加抽样点数，数值解与理论值将会越来越相近。

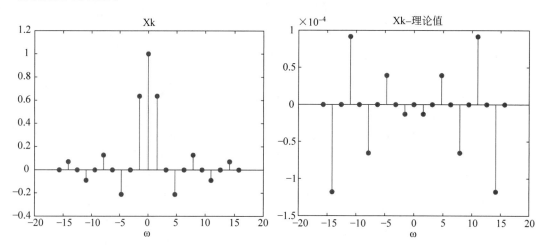

图 5.1.2　连续时间周期矩形脉冲信号的频谱　　　图 5.1.3　Xk 的数值解与理论值之差

因为 MATLAB 是基于矩阵的运算，前面用 for 循环计算 Xk 的方法虽然原理直观，编程简便，但耗时较多。可以将 for 循环改为矩阵-向量相乘，降低计算复杂度。先将式(5.3)中 X_k 表示成向量相乘

$$X_k \approx \frac{T_s}{T}\left[\mathrm{e}^{-\mathrm{j}k\omega_0 t_0} \quad \mathrm{e}^{-\mathrm{j}k\omega_0(t_0+T_s)} \quad \cdots \quad \mathrm{e}^{-\mathrm{j}k\omega_0(t_0+(N-1)T_s)}\right]\begin{bmatrix} x(t_0) \\ x(t_0+T_s) \\ \vdots \\ x(t_0+(N-1)T_s) \end{bmatrix}$$

$$(5.4)$$

进一步地,将 X_k 表示成向量形式,从而

$$
\begin{bmatrix} X_{k_1} \\ X_{k_1+1} \\ \vdots \\ X_{k_2} \end{bmatrix} \approx \frac{T_s}{T} \begin{bmatrix} \mathrm{e}^{-\mathrm{j}k_1\omega_0 t_0} & \mathrm{e}^{-\mathrm{j}k_1\omega_0(t_0+T_s)} & \cdots & \mathrm{e}^{-\mathrm{j}k_1\omega_0(t_0+(N-1)T_s)} \\ \mathrm{e}^{-\mathrm{j}(k_1+1)\omega_0 t_0} & \mathrm{e}^{-\mathrm{j}(k_1+1)\omega_0(t_0+T_s)} & \cdots & \mathrm{e}^{-\mathrm{j}(k_1+1)\omega_0(t_0+(N-1)T_s)} \\ \vdots & \vdots & \vdots & \vdots \\ \mathrm{e}^{-\mathrm{j}k_2\omega_0 t_0} & \mathrm{e}^{-\mathrm{j}k_2\omega_0(t_0+T_s)} & \cdots & \mathrm{e}^{-\mathrm{j}k_2\omega_0(t_0+(N-1)T_s)} \end{bmatrix} \begin{bmatrix} x(t_0) \\ x(t_0+T_s) \\ \vdots \\ x(t_0+(N-1)T_s) \end{bmatrix}
$$

$$(5.5)$$

矩阵-向量乘法实现例 5.1.1 数值解的 MATLAB 源代码如下

```
close all; clc;clear all;
T = 4;                              % 周期
N = 400;                            % 一个周期抽样点数
dt = T/N;                           % 抽样间隔
t = - T/2:dt:T/2 - dt;              % 时域自变量
x = 2 * rectpuls(t,2);              % x(t)的赋值
X = [];                             % 傅里叶级数
w0 = 2 * pi/T;                      % 基频
k = - 10:10;                        % 需要计算的 Xk 的项数
[W,tt] = meshgrid(k * w0,t);        % 将自变量转为矩阵形式
Xk = dt/T * x * exp( - j * tt. * W); % 利用矩阵-向量乘法计算 Xk
stem(k * w0,Xk,'filled'); title('Xk')
```

程序运行结果如图 5.1.4 所示。在参数相同的前提下,采用 for 循环结构计算 Xk 的程序运行时间为 0.010007s,而矩阵-向量相乘计算 Xk 的程序运行时间为 0.004057s。所以在 MATLAB 编程时需要尽量用矩阵形式实现算法。

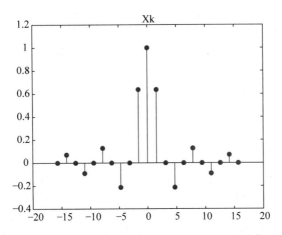

图 5.1.4 矩阵-向量乘法得到的连续时间周期矩形脉冲信号的频谱

观察图 5.1.4 可以发现,对于周期矩形脉冲信号的双边谱来说,幅度谱是偶函数,相位谱是奇函数。但不是所有周期信号的双边谱都有此特点,例如图 5.1.5 所示的虚指数信号 $\mathrm{e}^{\mathrm{j}\frac{\pi t}{2}}$ 的双边谱。可以证明,只有实信号,才具有幅度谱是偶函数、相位谱是奇函数的特点。

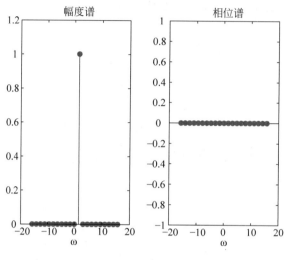

图 5.1.5　$e^{j\frac{\pi t}{2}}$ 的双边谱

MATLAB 提供了快速傅里叶变换(Fast Fourier Transform,FFT)函数 fft 来对离散时间信号进行频谱分析。可以先将连续时间信号抽样,再对得到的离散时间序列用 fft 函数计算傅里叶级数,近似得到连续时间信号的频谱,详见 6.1.2 节。

5.1.2　周期信号的频谱

图 5.1.2 以角频率为横轴,Xk 为纵轴画出了周期信号的双边谱,这是 Xk 为实数的情况。若 Xk 为复数,需要分别以 Xk 的模、初相为纵轴,得到的图形称为信号的幅度谱和相位谱,合称频谱图,借助频谱图可以实现对信号的频谱分析。

例 5.1.2　对如图 5.1.1 所示的周期矩形脉冲信号,分别改变信号的周期 T 和脉冲宽度 τ,讨论其对频谱的影响。

解:可以利用 5.1.1 节的方法,先得到连续时间周期信号在一个周期的抽样序列 $x(n)$,再通过数值计算得到 X_k。但由于周期矩形脉冲信号傅里叶级数 X_k 的理论值为

$$X_k = \frac{2\tau}{T}\mathrm{Sa}\left(\frac{k\omega_0\tau}{2}\right) \tag{5.6}$$

故本题中直接根据理论公式计算 X_k,然后对频谱进行分析。首先保持脉冲宽度不变,增加周期。MATLAB 源代码如下

```
clc; clear all; close all;
dt = 1e-2;                              % 抽样间隔
t = -20:dt:20;                          % 时域自变量,画出 3 个完整周期
% 保持脉冲宽度不变,改变周期
tao = 2;                                % 脉冲宽度
T = 4:2:10;                             % 周期
for i = 1:4
```

```
x = square((t + tao/2) * (2 * pi)/T(i),tao/T(i) * 100) + 1;    % 周期信号的赋值
w0 = 2 * pi/T(i);                                               % 基频
k = - round(10/w0):round(10/w0);                               % 画 - 10:10 范围内的频谱
Xk = 2 * tao/T(i) * sinc(k * w0 * tao/2/pi);                   % Xk 的理论值
subplot(4,2,2 * i - 1); plot(t,x);
xlabel('t'); title('x(t)'); axis([ - 20,20, - 0.1,2.1])
subplot(4,2,2 * i);stem(k * w0,Xk,'filled');
xlabel('\omega'); title('Xk'); axis([ - 10 10 - 0.2 1])
end
```

程序运行结果如图 5.1.6 所示,动态结果请扫描二维码。

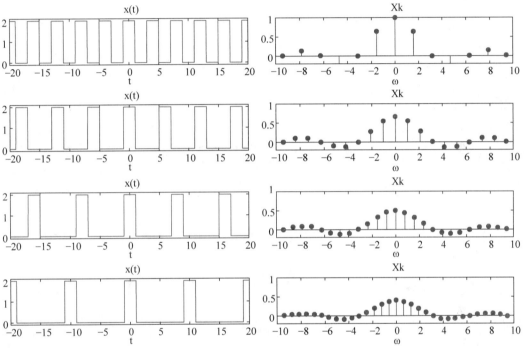

动图

图 5.1.6   周期对频谱的影响

接下来,保持周期不变,增加脉冲宽度。MATLAB 源代码如下

```
close all; clc;clear all;
dt = 1e - 2;              % 抽样间隔
t = - 20:dt:20;           % 时域自变量,画 3 个完整周期 % 保持周期不变,改变脉冲宽度
T = 15;                   % 周期
for i = 1:4
  tao = 2 * i - 1;         % 脉冲宽度
  x = square((t + tao/2) * (2 * pi)/T,tao/T * 100) + 1;    % 周期信号的赋值
  w0 = 2 * pi/T;                                           % 基频
  k = - round(10/w0):round(10/w0);                         % 画 - 10:10 范围内的频谱
  Xk = 2 * tao/T * sinc(k * w0 * tao/2/pi);                % Xk 的理论值
  subplot(4,2,2 * i - 1); plot(t,x);
```

```
xlabel('t'); title('x(t)'); axis([ - 20,20, - 0.1,2.1]);
subplot(4,2,2 * i); stem(k * w0,Xk,'filled');
xlabel('\omega'); title('Xk'); axis([ - 10,10, - 0.2,1])
hold on
plot([ - 2 * pi/tao,2 * pi/tao],[0,0],'r','linewidth',2)        % 画主瓣宽度
hold off
end
```

程序运行结果如图 5.1.7 所示,为便于观察频谱的主瓣宽度,图中用红色实线画出了频谱图中 $\left[-\dfrac{2\pi}{\tau},\dfrac{2\pi}{\tau}\right]$ 的范围。动态结果请扫描二维码。

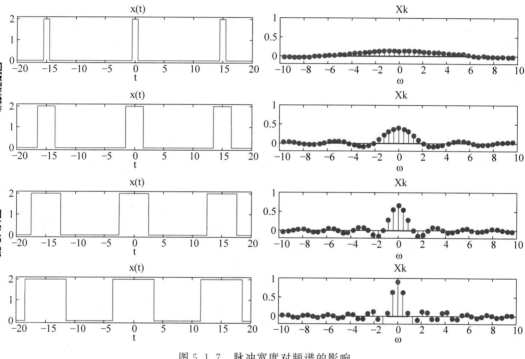

图 5.1.7　脉冲宽度对频谱的影响

观察发现:

(1) 脉冲宽度 τ 保持不变,若 T 增大,则频谱主瓣高度 $\dfrac{E\tau}{T}$ 减小,各条谱线高度也相应地减小,各谱线间隔 $\omega_0=\dfrac{2\pi}{T}$ 减小,谱线变密;若 T 减小,则情况相反。但不管 T 如何改变,频谱包络的第一个零点 $\pm\dfrac{2\pi}{\tau}$ 不变,频谱主瓣宽度不变。

(2) 周期 T 保持不变,若 τ 增大,则频谱主瓣高度 $\dfrac{E\tau}{T}$ 增大,各条谱线高度也相应地增大,谱包络的第一个零点 $\pm\dfrac{2\pi}{\tau}$ 减小,主瓣宽度变窄;若 τ 减小,则情况相反。但不管 τ 如

何改变,谱线间隔 $\omega_0 = \dfrac{2\pi}{T}$ 不变。

综上所述,谱线间隔只与周期有关,且与其成反比;频谱主瓣宽度仅与脉冲宽度有关,且与其成反比。而频谱高度与周期和脉冲宽度都有关,且与周期成反比,与脉冲宽度成正比。可以想象,当脉冲宽度保持不变,周期趋于无穷大时:时域上,周期信号变成了非周期信号;频域上,离散谱变成了连续谱,且高度为零,显然傅里叶级数不能用于非周期信号的频谱分析。

5.1.3 周期信号的分解

周期信号三角形式傅里叶级数如下

$$x(t) = c_0 + \sum_{k=1}^{\infty} c_k \cos(k\omega_0 t + \varphi_k) \tag{5.7}$$

其中, $c_k \cos(k\omega_0 t + \varphi_k)$ 称为周期信号的第 k 次谐波,与式(5.2)相比,

$$c_0 = X_0, \quad c_k = 2|X_k|, \quad \varphi_k = \angle X_k \tag{5.8}$$

由周期信号得到各次谐波的过程称为信号的分解;反过来,由各次谐波相加得到周期信号的过程称为信号的合成。如果需要直接观察真实存在的各次谐波,可以将周期信号通过滤波器组,详见 11.1 节周期矩形脉冲信号的分解与合成实验。但如果只是想观察各次谐波的特点,可以根据各次谐波理论上的振幅、初相,通过 $c_k \cos(k\omega_0 t + \varphi_k)$ 仿真产生第 k 次谐波。

例 5.1.3 对如图 5.1.1 所示的周期矩形脉冲信号,画出其 0～8 次谐波。

解:与例 5.1.2 类似,直接利用理论值计算得出 X_k,再根据式(5.8)计算 c_k 和 φ_k,从而得出第 k 次谐波。MATLAB 源代码如下

```
close all; clc;clear all;
tao = 2;                                % 脉冲宽度
T = 4;                                  % 周期
dt = 1e - 2;                            % 抽样间隔
t = - T/2:dt:T/2;                       % 时域自变量,取 1 个完整周期
w0 = 2 * pi/T;                          % 基频
k = 0:8;                                % 谐波次数
Xk = 2 * tao/T * sinc(k * w0 * tao/2/pi); % Xk 的理论值
Ck = [Xk(1),2 * abs(Xk(2:end))];        % 三角形式傅里叶级数振幅
faik = angle(Xk);
for i = 1:9
  yk = Ck(i) * cos(k(i) * w0 * t + faik(i));
  subplot(3,3,i); plot(t,yk);
    xlabel('t'); title(['第',num2str(k(i)),'次谐波']);
    axis([ - T/2,T/2, - 1.5,1.5])
end
```

程序运行结果如图 5.1.8 所示。

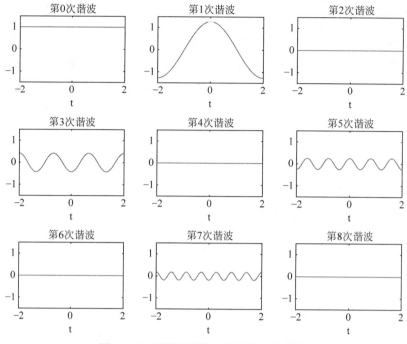

图 5.1.8　周期矩形脉冲信号的各次谐波

观察发现,偶次谐波均为 0,这是因为该周期矩形脉冲信号减去其直流后为方波信号,属于半波像对称信号,半波像对称信号的偶次谐波理论上均为 0;奇次谐波角频率依次增加,振幅依次递减,符合周期信号频谱收敛性的特点。

5.1.4　周期信号的合成

从式(5.7)可以看出,对于信号合成来说,需要无限次谐波相加才能逼近周期信号 $x(t)$,但实际中只能实现有限次谐波相加。为观察不同谐波对信号合成的影响,用 MATLAB 仿真结果做进一步的说明。

例 5.1.4　对例 5.1.3 得到的各次谐波,分析各次谐波对信号合成的影响。

解:依次增加参与合成的谐波次数,MATLAB 源代码如下

```
close all; clc;clear all;
tao = 2;                             % 脉冲宽度
T = 4;                               % 周期
dt = 1e - 2;                         % 抽样间隔
t = - T/2:dt:T/2;                    % 时域自变量,取 1 个完整周期
w0 = 2 * pi/T;                       % 基频
k = 0:8;                             % 谐波次数
Xk = 2 * tao/T * sinc(k * w0 * tao/2/pi);    % Xk 的理论值
Ck = [Xk(1),2 * abs(Xk(2:end))];    % 三角形式傅里叶级数振幅
faik = angle(Xk);
```

```
x = 2 * rectpuls(t,tao);
for i = 1:9
   yk(i,:) = Ck(i) * cos(k(i) * w0 * t + faik(i));
end
subplot(2,2,1); plot(t,x);
xlabel('t'); title('原信号'); ylim([ - 0.5,2.5]);
subplot(2,2,2); plot(t,sum(yk(1:4,:),1));
xlabel('t'); title('前 3 次谐波参与合成'); ylim([ - 0.5,2.5]);
subplot(2,2,3); plot(t,sum(yk(1:6,:),1));
xlabel('t'); title('前 5 次谐波参与合成'); ylim([ - 0.5,2.5]);
subplot(2,2,4); plot(t,sum(yk(1:8,:),1));
xlabel('t'); title('前 7 次谐波参与合成'); ylim([ - 0.5,2.5]);
```

程序运行结果如图 5.1.9 所示。观察发现,随着参与合成的谐波次数增加,合成波形越来越逼近周期信号,但间断点处总有一个过冲。可以证明,只要不是所有谐波参与合成,合成波形总会在间断点处有个过冲,且过冲值不变,这种现象即为 Gibbs 现象。

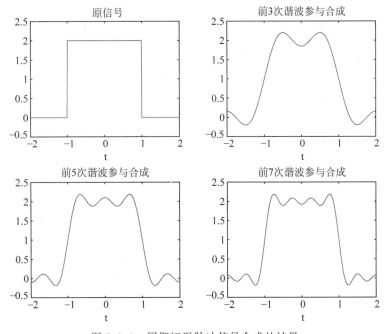

图 5.1.9   周期矩形脉冲信号合成的结果

为分析单次谐波对信号合成的影响,将前 7 次谐波的合成结果依次去除 1、3、5、7 次谐波,结果如图 5.1.10 所示。为便于比较,用点线画出了被分解的周期矩形脉冲信号。比较发现,低次谐波对信号合成的影响较大。这是因为低次谐波频率较小,反映了信号中缓慢变化的物理量;高次谐波频率较大,反映了信号中快速变化的物理量。一般来说,信号中缓慢变化的部分占主导地位。

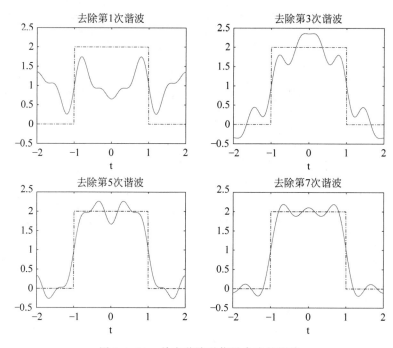

图 5.1.10　单次谐波对信号合成的影响

例 5.1.5　已知某周期三角波信号的周期为 4，其指数形式傅里叶系数为 $\mathrm{Sa}^2(0.5k\pi)$，画出其前 N 次谐波合成的信号。

解：不断增加参与合成的谐波次数，MATLAB 源代码如下

```
close all; clc;clear all;
tao = 2;                              % 脉冲宽度
T = 4;                                % 周期
dt = 1e - 2;                          % 抽样间隔
t = - T/2:dt:T/2;                     % 时域自变量,取 1 个完整周期
w0 = 2 * pi/T;                        % 基频
k = 0:11;                             % 谐波次数
Xk = sinc(k/2).^2;                    % Xk 的理论值
Ck = [Xk(1),2 * abs(Xk(2:end))];      % 三角形式傅里叶级数振幅
faik = angle(Xk);
for i = 1:12
  yk(i,:) = Ck(i) * cos(k(i) * w0 * t + faik(i));
end
subplot(2,2,1); plot(t,sum(yk(1:4,:),1));
xlabel('t');title('前 3 次谐波参与合成')
subplot(2,2,2); plot(t,sum(yk(1:6,:),1));
xlabel('t');title('前 5 次谐波参与合成')
subplot(2,2,3); plot(t,sum(yk(1:10,:),1));
xlabel('t');title('前 9 次谐波参与合成')
subplot(2,2,4); plot(t,sum(yk(1:12,:),1));
xlabel('t');title('前 11 次谐波参与合成')
```

程序运行结果如图 5.1.11 所示。

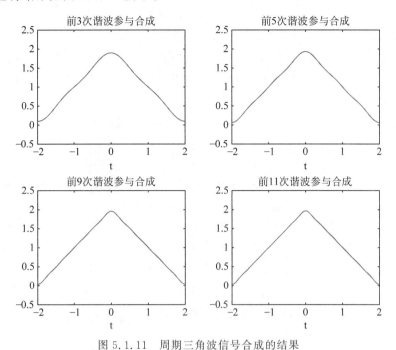

图 5.1.11 周期三角波信号合成的结果

比较图 5.1.9 和图 5.1.11 可以发现,同等条件下显然周期三角波信号合成效果较好。这是因为三角波信号的各次谐波的复振幅是 Sa^2 函数,而周期矩形脉冲信号的是 Sa 函数,而 Sa^2 函数比 Sa 函数衰减快得多。正因为周期三角波信号各次谐波衰减更快,所以高次谐波对信号合成的影响相对更小。

5.2 非周期信号的傅里叶变换

为有效分析非周期信号的频谱,引入了傅里叶变换。傅里叶变换定义为

$$X(\mathrm{j}\omega) = \int_{-\infty}^{\infty} x(t)\mathrm{e}^{-\mathrm{j}\omega t}\,\mathrm{d}t \tag{5.9}$$

傅里叶反变换定义为

$$x(t) = \frac{1}{2\pi}\int_{-\infty}^{\infty} X(\mathrm{j}\omega)\mathrm{e}^{\mathrm{j}\omega t}\,\mathrm{d}\omega \tag{5.10}$$

$x(t)$ 与 $X(\mathrm{j}\omega)$ 一一对应,构成傅里叶变换对,记作

$$x(t) \overset{\mathcal{F}}{\longleftrightarrow} X(\mathrm{j}\omega)$$

5.2.1 傅里叶变换的符号函数求解

MATLAB 符号工具箱提供了求解傅里叶变换的函数 fourier 和求解傅里叶反变换

的函数 ifourier,它们的调用格式如下。

　　fourier(x)：对默认变量为 t 的符号表达式求傅里叶变换,默认返回关于 w 的函数。

　　fourier(x,v)：对默认自变量为 t 的符号表达式求傅里叶变换,返回关于 v 的函数。

　　fourier(x,u,v)：对 x(u)求傅里叶变换,返回关于 v 的函数。

　　ifourier(X)：对默认变量为 w 的符号函数表达式求傅里叶反变换,默认返回关于 t 的函数。

　　ifourier(X,u)：对默认变量为 w 的符号函数表达式求傅里叶反变换,返回关于 u 的函数。

　　ifourier(X,v,u)：对 X(v)求傅里叶反变换,返回关于 u 的函数。

　　需要注意的是,在调用函数 fourier 和 ifourier 之前,要用 syms 函数定义所用到的符号变量或符号表达式,返回结果中默认用 i 表示虚数单位。

　　可利用 fplot 实现对符号函数的画图,调用格式如下。

　　fplot(f)：在默认区间[－5 5],绘制由函数 f 定义的曲线。

　　fplot(f,xinterval)：在 xinterval 指定的区间绘图,xinterval 是[xmin xmax]形式的二元素向量。

　　例 5.2.1　求 $e^{-t}u(t)$ 的傅里叶变换,并画出其频谱图。

　　解：MATLAB 源代码如下

```
close all; clc;clear all;
syms t w
Xjw = fourier(exp(－t) * heaviside(t),w)    % 用符号函数求傅里叶变换
subplot(1,2,1); fplot(abs(Xjw),[－10 10]); title('e^{－t}u(t)的幅度谱')
subplot(1,2,2); fplot(angle(Xjw),[－10 10]); title('e^{－t}u(t)的相位谱')
```

程序运行结果如图 5.2.1 所示。

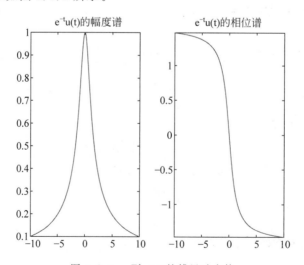

图 5.2.1　$e^{-t}u(t)$ 的傅里叶变换

命令窗口运行结果为

```
Xjw =
1/(1 + w * 1i)
```

例 5.2.2　求 $\dfrac{1}{\omega^2+1}$ 的傅里叶反变换,并画出波形图。

解：MATLAB 源代码如下

```
close all; clc;clear all;
syms t w
xt = ifourier(1/(w^2 + 1),w,t)          % 用符号函数求傅里叶变换
fplot(xt); ylim([0 0.5]); title('1/(\omega^{2} + 1)的傅里叶反变换')
```

程序运行结果如图 5.2.2 所示。

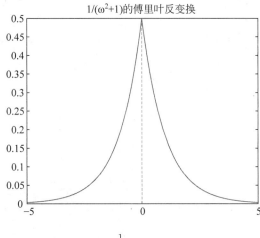

图 5.2.2　$\dfrac{1}{\omega^2+1}$ 的傅里叶反变换

命令窗口运行结果为

```
xt =
exp( - abs(t))/2
```

5.2.2　傅里叶变换的数值计算

当信号的数学表达式非常复杂,或者得到的是信号的抽样结果、无法写出其数学表达式时,此时无法用 fourier 函数得出信号的傅里叶变换,但可以借助数值计算的方法进行求解。

下面讨论利用数值求解计算连续时间非周期信号傅里叶变换的方法。假设在非周

期信号的主要取值区间$[t_1,t_2]$内抽样了 N 个点,则抽样间隔 $T_s = \dfrac{t_2-t_1}{N}$,与式(5.3)类似,有

$$X(\mathrm{j}\omega) \approx T_s \sum_{n=0}^{N-1} x(t_1+nT_s) \mathrm{e}^{-\mathrm{j}\omega(t_1+nT_s)} \tag{5.11}$$

用式(5.11)可以计算出任意频点的傅里叶变换值。假设非周期信号频谱的主要取值区间为$[\omega_1,\omega_2]$,在其间均匀抽样了 M 个值,则

$$\Delta\omega = \frac{\omega_2-\omega_1}{M}$$

$$X[\mathrm{j}(\omega_1+m\Delta\omega)] \approx T_s \sum_{n=0}^{N-1} x(t_1+nT_s) \mathrm{e}^{-\mathrm{j}(\omega_1+m\Delta\omega)(t_1+nT_s)} \tag{5.12}$$

可以采用同样的方法计算傅里叶反变换

$$x(t_1+nT_s) \approx \frac{\Delta\omega}{2\pi} \sum_{m=0}^{M-1} X[\mathrm{j}(\omega_1+m\Delta\omega)] \mathrm{e}^{\mathrm{j}(\omega_1+m\Delta\omega)(t_1+nT_s)} \tag{5.13}$$

式(5.12)、式(5.13)可用矩阵-向量乘法编程实现,以式(5.12)为例

$$\begin{bmatrix} X(\mathrm{j}\omega_1) \\ X[\mathrm{j}(\omega_1+\Delta\omega)] \\ \vdots \\ X[\mathrm{j}(\omega_2-\Delta\omega)] \end{bmatrix} \approx T_s \begin{bmatrix} \mathrm{e}^{-\mathrm{j}\omega_1 t_1} & \mathrm{e}^{-\mathrm{j}\omega_1(t_1+T_s)} & \cdots & \mathrm{e}^{-\mathrm{j}\omega_1(t_2-T_s)} \\ \mathrm{e}^{-\mathrm{j}(\omega_1+\Delta\omega)t_1} & \mathrm{e}^{-\mathrm{j}(\omega_1+\Delta\omega)(t_1+T_s)} & \cdots & \mathrm{e}^{-\mathrm{j}(\omega_1+\Delta\omega)(t_2-T_s)} \\ \vdots & \vdots & & \vdots \\ \mathrm{e}^{-\mathrm{j}(\omega_2-\Delta\omega)t_1} & \mathrm{e}^{-\mathrm{j}(\omega_2-\Delta\omega)(t_1+T_s)} & \cdots & \mathrm{e}^{-\mathrm{j}(\omega_2-\Delta\omega)(t_2-T_s)} \end{bmatrix} \begin{bmatrix} x(t_1) \\ x(t_1+T_s) \\ \vdots \\ x(t_2-T_s) \end{bmatrix}$$

$$\tag{5.14}$$

例 5.2.3 用数值计算的方法求 $\mathrm{e}^{-t}u(t)$ 的傅里叶变换。

解:采用矩阵-向量相乘实现傅里叶变换的数值解,MATLAB 源代码如下

```
close all; clc;clear all;
dt = 0.01;                          % 时域抽样间隔
t = 0:dt:20;                        % 信号主要取值区间
x = exp( - t);                      % 信号赋值
w =  - 20:0.01:20;                  % 信号频谱主要取值区间
[W,T] = meshgrid(w,t);              % 生成矩阵
X = dt * x * exp( - j * T. * W);    % 利用矩阵-向量乘法计算
subplot(1,2,1); plot(w,abs(X)); title('e^{ - t}u(t)的幅度谱')
subplot(1,2,2); plot(w,angle(X)); title('e^{ - t}u(t)的相位谱')
```

程序运行结果如图 5.2.3 所示。

将矩阵-向量乘法得到的数值解与理论值 $\dfrac{1}{\mathrm{j}\omega+1}$ 进行比较,结果如图 5.2.4 所示。可以看出计算误差略大,增加 t 的范围,结果几乎没有改善,这是因为前面已经取到了信号的主要取值区间;将时域抽样间隔由 10^{-2} 降低到 10^{-4},误差将降到 10^{-5} 量级,但运算量会显著增加。

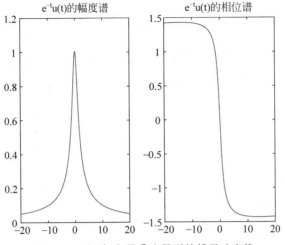

图 5.2.3　矩阵-向量乘法得到的傅里叶变换

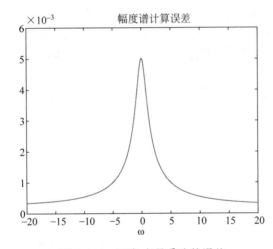

图 5.2.4　矩阵-向量乘法的误差

在抽样间隔相同的条件下，5.1.1 节中矩阵-向量乘法计算傅里叶系数的误差却是 10^{-4} 量级，一方面是因为积分区间只需取一个完整的周期，不需要取 $(-\infty,\infty)$；另一方面是因为 X_k 是离散的，只需计算有限个频率点上的复振幅。

MATLAB 提供了 quad8 和 quadl 函数来计算数值积分，quad8 函数的返回值是用自适应 Simpson 算法得出的积分值。quadl 函数是从 MATLAB 6.0 版本才开始出现的一个积分函数，它的返回值是用 Lobatto 算法得到的积分值，具有更高的积分精度。quadl 的调用格式为

```
y = quadl(fun,a,b)
```

其中，a，b 分别是积分下限和积分上限，fun 是被积函数。

用 quadl 函数重新求解例 5.2.3，MATLAB 源代码如下

```
close all; clc;clear all;
w = - 20:0.01:20;                           % 信号频谱主要取值区间
for i = 1:length(w)
  F = @(t)exp( - t). * exp( - j * w(i) * t);  % 被积函数
  X(i) = quadl(F,0,20);                       % Lobatto 法
end
figure;  plot(abs(X) - abs(1./(j * w + 1)));  title('幅度谱计算误差')
```

程序运行结果如图 5.2.5 所示。比较发现，Lobatto 算法误差比矩阵-向量乘法的误差小得多。但这种方法需要知道信号的函数表达式，如果只能得到信号的抽样结果，仍旧需要用矩阵-向量乘法计算傅里叶变换。

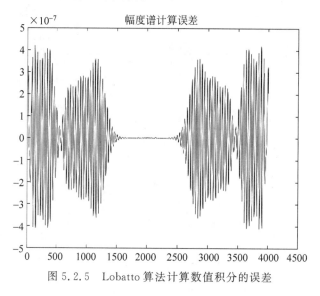

图 5.2.5　Lobatto 算法计算数值积分的误差

5.3　傅里叶变换性质

傅里叶变换性质是信号与系统课程的重要知识点，利用傅里叶变换的性质不仅可以简化计算，而且可以更好地理解时域特性与频域特性间的关系以及时域变化与频域变化间的关系。

5.3.1　奇偶特性

理论上，实偶信号的频谱为实偶函数，实奇信号的频谱为虚奇函数。但这并不意味着实偶信号的幅度谱、相位谱均是偶函数，实奇信号的幅度谱、相位谱均是奇函数。频谱是实偶函数指的是频谱是实的，且

$$X(j\omega) = X(-j\omega) \tag{5.15}$$

将 $X(j\omega)$ 写成直角坐标形式，可以推出实偶信号频谱的实部、虚部均是偶函数，

$$\mathrm{Re}[X(j\omega)] = \mathrm{Re}[X(-j\omega)] \tag{5.16}$$

$$\mathrm{Im}[X(\mathrm{j}\omega)] = \mathrm{Im}[X(-\mathrm{j}\omega)]$$

将 $X(\mathrm{j}\omega)$ 写成极坐标形式,可以推出幅度谱是偶函数,且 $\mathrm{e}^{\mathrm{j}\angle X(\mathrm{j}\omega)} = \mathrm{e}^{\mathrm{j}\angle X(-\mathrm{j}\omega)}$,但并不能由此得出相位谱是偶函数的结论。

同理,实奇信号的频谱是虚奇函数,指的是频谱是虚的,且频谱的实部、虚部都是奇函数。下面通过例 5.3.1 验证以上分析。

例 5.3.1 分别画出 $G_4(t)$、$\Lambda_4(t)$、$\mathrm{e}^{-t}u(t)$、$\mathrm{e}^{-t}u(t)-\mathrm{e}^t u(-t)$ 的频谱。

解:分别画出 4 个信号的时域波形、幅度谱和相位谱,MATLAB 源代码如下

```
close all; clc;clear all;
dt = 1e-3;                                      % 时域抽样间隔
t = -10:dt:10;                                  % 信号主要取值区间
w = -20:0.01:20;                                % 信号频谱主要取值区间
[W,T] = meshgrid(w,t);                          % 生成矩阵
% 门信号
tao = 4;
xt1 = rectpuls(t,tao);
Xjw1 = dt * xt1 * exp( - j * T. * W);           % 利用矩阵-向量乘法计算
% Sa(t)
xt2 = tripuls(t,tao);
Xjw2 = dt * xt2 * exp( - j * T. * W);           % 利用矩阵-向量乘法计算
% e^( - t)u(t)
xt3 = exp( - t). * (t > = 0);
Xjw3 = dt * xt3 * exp( - j * T. * W);           % 利用矩阵-向量乘法计算
% sgn(t)
xt4 = exp( - t). * (t > = 0) - exp(t). * (t < = 0);
Xjw4 = dt * xt4 * exp( - j * T. * W);           % 利用矩阵-向量乘法计算
% 画图
subplot(4,3,1); plot(t,xt1);
title('G_{4}(t)'); xlabel('t'); ylim([ - 0.1 1.1])
subplot(4,3,2); plot(w,abs(Xjw1));
title('G_{4}(t)的幅度谱'); xlabel('\omega')
subplot(4,3,3); plot(w,angle(Xjw1). * (abs(Xjw1) > = 1e - 3));     % 去除数值计算带来的误差
title('G_{4}(t)的相位谱'); xlabel('\omega'); ylim([ - 3.2 3.2])
subplot(4,3,4); plot(t,xt2);
title('\Lambda_{4}(t)'); xlabel('t')
subplot(4,3,5); plot(w,abs(Xjw2));
title('\Lambda_{4}(t)的幅度谱'); xlabel('\omega')
subplot(4,3,6); plot(w,angle(Xjw2). * (abs(Xjw2) > = 1e - 3));     % 去除数值计算带来的误差
title('\Lambda_{4}(t)的相位谱'); xlabel('\omega'); ylim([ - 3.2 3.2])
subplot(4,3,7); plot(t,xt3);
title('e^{ - t}u(t)'); xlabel('t'); ylim([ - 0.1 1.1])
subplot(4,3,8); plot(w,abs(Xjw3));
title('e^{ - t}u(t)的幅度谱'); xlabel('\omega')
subplot(4,3,9); plot(w,angle(Xjw3). * (abs(Xjw3) > = 1e - 3));     % 去除数值计算带来的误差
title('e^{ - t}u(t)的相位谱'); xlabel('\omega'); ylim([ - 3.2 3.2])
subplot(4,3,10); plot(t,xt4);
title('e^{ - t}u(t) - e^{t}u( - t)'); xlabel('t'); ylim([ - 1.1 1.1])
subplot(4,3,11); plot(w,abs(Xjw4));
title('e^{ - t}u(t) - e^{t}u( - t)的幅度谱'); xlabel('\omega')
```

```
subplot(4,3,12); plot(w,angle(Xjw4). * (abs(Xjw4)> = 1e - 3));  % 去除数值计算带来的误差
title('e^{ - t}u(t) - e^{t}u( - t)的相位谱'); xlabel('\omega'); ylim([ - 3.2 3.2])
```

程序运行结果如图 5.3.1 所示。在画相位谱时,考虑到幅度较小时容易带来相位计算误差,因此认为当幅度谱小于 10^{-3} 时,相位为 0。从图 5.3.1 中可以看出,虽然 $G_4(t)$、$\Lambda_4(t)$ 均为实偶信号,但相位谱并不均是偶函数,与前文的分析一致;同样的,虽然 $e^{-t}u(t) - e^{t}u(-t)$ 是实奇信号,但其幅度谱也不是奇函数。4 个信号都是实信号,满足实信号幅度谱均是偶函数,相位谱均是奇函数的特点。

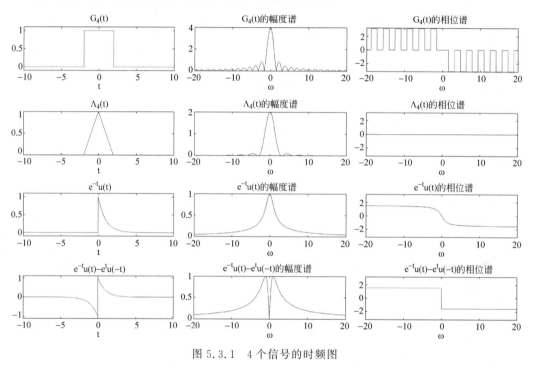

图 5.3.1 4 个信号的时频图

分别画出 4 个信号频谱的实部和虚部,结果如图 5.3.2 所示。与前面的分析一致,偶信号频谱的实部是偶函数,虚部为零;奇信号频谱的虚部是奇函数,实部为零;既非奇又非偶的信号频谱实部、虚部均不全为零,但也满足实信号频谱的实部是偶函数、虚部是奇函数的特点。

5.3.2 展缩特性

若 $x(t) \overset{\mathcal{F}}{\longleftrightarrow} X(j\omega)$,由展缩性质可知

$$x(at) \overset{\mathcal{F}}{\longleftrightarrow} \frac{1}{|a|} X\left(j\frac{\omega}{a}\right) \tag{5.17}$$

这意味着信号在时域上压缩,频域上将扩展;反过来在时域上扩展,频域上将压缩。下面通过例 5.3.2 说明这一点。

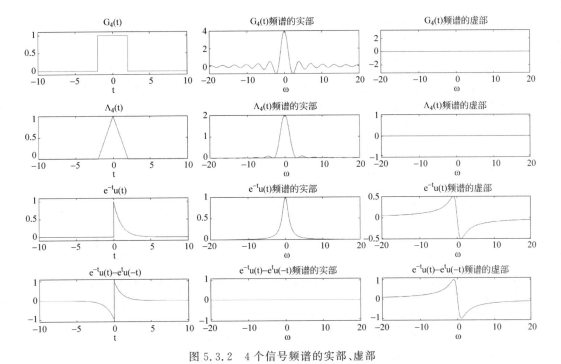

图 5.3.2　4 个信号频谱的实部、虚部

例 5.3.2　设 $x(t) = G_4(t)$，分别画出 $x(t)$、$x(t/2)$、$x(2t)$ 的频谱。

解：MATLAB 源代码如下

```
close all; clc;clear all;
dt = 1e - 3;                          % 时域抽样间隔
t = - 10:dt:10;                       % 信号主要取值区间
w = - 20:0.01:20;                     % 信号频谱主要取值区间
[W,T] = meshgrid(w,t);                % 生成矩阵
% x(t)
tao = 4;
xt1 = rectpuls(t,tao);
Xjw1 = dt * xt1 * exp( - j * T. * W);      % 利用矩阵-向量乘法计算
% x(t/2)
xt2 = rectpuls(t/2,tao);
Xjw2 = dt * xt2 * exp( - j * T. * W);      % 利用矩阵-向量乘法计算
% x(2t)
xt3 = rectpuls(2 * t,tao);
Xjw3 = dt * xt3 * exp( - j * T. * W);      % 利用矩阵-向量乘法计算
% 画图
subplot(3,3,1); plot(t,xt1);
title('x(t)'); xlabel('t'); ylim([ - 0.1 1.1])
subplot(3,3,2); plot(w,abs(Xjw1));
title('x(t)的幅度谱'); xlabel('\omega')
subplot(3,3,3); plot(w,angle(Xjw1). * (abs(Xjw1)> = 1e - 3));   % 去除数值计算带来的误差
title('x(t)的相位谱'); xlabel('\omega');ylim([ - 3.2 3.2])
```

```
subplot(3,3,4); plot(t,xt2);
title('x(t/2)'); xlabel('t'); ylim([-0.1 1.1])
subplot(3,3,5); plot(w,abs(Xjw2));
title('x(t/2)的幅度谱'); xlabel('\omega')
subplot(3,3,6); plot(w,angle(Xjw2).*(abs(Xjw2)>=1e-3));   % 去除数值计算带来的误差
title('x(t/2)的相位谱'); xlabel('\omega'); ylim([-3.2 3.2])
subplot(3,3,7); plot(t,xt3);
title('x(2t)'); xlabel('t'); ylim([-0.1 1.1])
subplot(3,3,8); plot(w,abs(Xjw3));
title('x(2t)的幅度谱'); xlabel('\omega')
subplot(3,3,9); plot(w,angle(Xjw3).*(abs(Xjw3)>=1e-3));   % 去除数值计算带来的误差
title('x(2t)的相位谱'); xlabel('\omega'); ylim([-3.2 3.2])
```

程序运行结果如图 5.3.3 所示。可以看出,从 x(t) 到 x(t/2),时域上的宽度扩展为原来的 2 倍,频带宽度却压缩为原来的一半,同时幅度谱最大值变成原来的 2 倍,从理论上说,式(5.17)中有一个 $\dfrac{1}{|a|}$ 的系数,也可以直观理解为信号在时域上变宽,本身的能量变大,而幅度谱却变窄,结果只能是幅度谱的值变大。另一方面,从 x(t) 到 x(2t),时域上的宽度压缩为原来的一半,频带宽度却扩展为原来的 2 倍,同时幅度谱最大值变成原来的一半。这些变化直观反映了傅里叶变换的展缩特性。

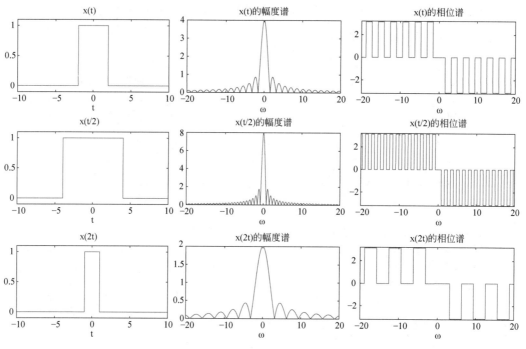

图 5.3.3　信号展缩前后的频谱

音频

可以通过语音信号的展缩更加直观地感受时域展缩对语速、音调的影响,请扫描二维码。

5.3.3 时移特性

若 $x(t) \xleftrightarrow{\mathcal{F}} X(j\omega)$，由时移性质可知

$$x(t + t_0) \xleftrightarrow{\mathcal{F}} X(j\omega)e^{j\omega t_0} \tag{5.18}$$

这意味着信号时移后，频谱将乘以因子 $e^{j\omega t_0}$。由于两复数相乘对应模相乘、相位相加，再加上 $e^{j\omega t_0}$ 的模为 1，相位为 ωt_0，因此，信号的时移不会影响幅度谱，只是相位谱产生附加变化 ωt_0，改变量是过原点且斜率是 t_0 的直线。下面通过例 5.3.3 说明这一点。

例 5.3.3 分别画出 $x(t) = \Lambda_4(t)$、$x(t-0.1)$、$x(t-1)$ 的频谱。

解：为方便比较，选用相位谱为 0 的 $\Lambda_4(t)$ 作为 $x(t)$。MATLAB 源代码如下

```
close all; clc;clear all;
dt = 1e - 2;                                          % 时域抽样间隔
t = - 10:dt:10;                                       % 信号主要取值区间
w = - 10:0.01:10;                                     % 信号频谱主要取值区间
[W,T] = meshgrid(w,t);                               % 生成矩阵
% x(t)
tao = 4;
xt1 = tripuls(t,tao);
Xjw1 = dt * xt1 * exp( - j * T. * W);                % 利用矩阵-向量乘法计算
% x(t - 0.1)
xt2 = tripuls(t - 0.1,tao);
Xjw2 = dt * xt2 * exp( - j * T. * W);                % 利用矩阵-向量乘法计算
% x(t - 1)
xt3 = tripuls(t - 1,tao);
Xjw3 = dt * xt3 * exp( - j * T. * W);                % 利用矩阵-向量乘法计算
% 画图
subplot(3,3,1); plot(t,xt1);
title('x(t)'); xlabel('t'); ylim([ - 0.1 1.1])
subplot(3,3,2); plot(w,abs(Xjw1));
title('x(t)的幅度谱'); xlabel('\omega')
subplot(3,3,3); plot(w,angle(Xjw1));
title('x(t)的相位谱'); xlabel('\omega');ylim([ - 3.2 3.2])
subplot(3,3,4); plot(t,xt2);
title('x(t - 0.1)'); xlabel('t'); ylim([ - 0.1 1.1])
subplot(3,3,5); plot(w,abs(Xjw2));
title('x(t - 0.1)的幅度谱'); xlabel('\omega')
subplot(3,3,6); plot(w,angle(Xjw2));
title('x(t - 0.1)的相位谱'); xlabel('\omega'); ylim([ - 3.2 3.2])
subplot(3,3,7); plot(t,xt3);
title('x(t - 1)'); xlabel('t'); ylim([ - 0.1 1.1])
subplot(3,3,8); plot(w,abs(Xjw3));
title('x(t - 1)的幅度谱'); xlabel('\omega')
```

```
subplot(3,3,9); plot(w,angle(Xjw3));
title('x(t-1)的相位谱'); xlabel('\omega'); ylim([-3.2 3.2])
```

程序运行结果如图 5.3.4 所示。可以看出,信号时移前后幅度谱没有发生改变,只是相位谱发生了变化,相位改变量是过原点的直线,该直线的斜率跟时移量有关,结合式(5.18),直线的斜率刚好就是时移量。x(t-1)的相位谱之所以是分段直线而非前面分析的直线,是因为要保证初相在[-π,π]区间内。

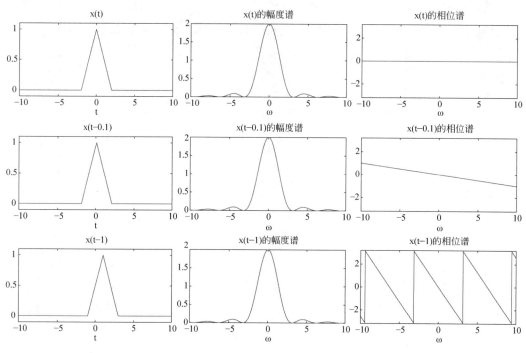

图 5.3.4　信号时移前后的频谱

5.3.4　频移特性

若 $x(t) \overset{\mathcal{F}}{\longleftrightarrow} X(j\omega)$,由频移性质可知

$$x(t)e^{j\omega_0 t} \overset{\mathcal{F}}{\longleftrightarrow} X[j(\omega-\omega_0)] \tag{5.19}$$

这意味着信号乘以虚指数信号 $e^{j\omega_0 t}$ 后,频谱将移位 ω_0。若信号乘以余弦信号 $\cos\omega_0 t$,通过将 $\cos\omega_0 t$ 进行欧拉公式展开,可得

$$x(t)\cos\omega_0 t \overset{\mathcal{F}}{\longleftrightarrow} \frac{X[j(\omega-\omega_0)]+X[j(\omega+\omega_0)]}{2} \tag{5.20}$$

这意味着信号乘以 $\cos\omega_0 t$ 后,频谱将保持形状不变,往左往右各频移 ω_0,同时幅度将变成原来的一半。下面通过例 5.3.4 说明这一点。

例 5.3.4　分别画出 $G_4(t)$、$G_4(t)\cos(50t)$ 的频谱。

解：MATLAB 源代码如下

```
close all; clc;clear all;
dt = 1e - 2;                                    % 时域抽样间隔
t = - 10:dt:10;                                 % 信号主要取值区间
w = - 60:0.01:60;                               % 信号频谱主要取值区间
[W,T] = meshgrid(w,t);                          % 生成矩阵
% x(t)
tao = 4;
xt1 = rectpuls(t,tao);
Xjw1 = dt * xt1 * exp( - j * T. * W);           % 利用矩阵-向量乘法计算
% x(t)cos(50t)
xt2 = rectpuls(t,tao). * cos(50 * t);
Xjw2 = dt * xt2 * exp( - j * T. * W);           % 利用矩阵-向量乘法计算
% 画图
subplot(2,2,1); plot(t,xt1);
title('G_{4}(t)'); xlabel('t'); ylim([ - 0.1 1.1])
subplot(2,2,2); plot(w,Xjw1);
title('G_{4}(t)的频谱'); xlabel('\omega')
subplot(2,2,3); plot(t,xt2);
title('G_{4}(t)cos(50t)'); xlabel('t')
subplot(2,2,4); plot(w,Xjw2);
title('G_{4}(t)cos(50t)的频谱'); xlabel('\omega')
```

程序运行结果如图 5.3.5 所示。可以看出,乘以 $\cos(50t)$ 后,$G_4(t)$ 频谱的中心点由 0 移到了 ± 50,同时最大值由 4 降为 2,与前面的理论分析一致。

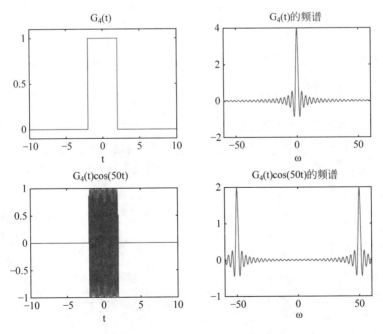

图 5.3.5　频移前后信号的频谱

5.4 连续时间系统的频率响应

对式(4.17)描述的连续时间线性时不变系统等式两边分别做傅里叶变换并进行整理,可得

$$H(j\omega) = \frac{b_m(j\omega)^m + b_{m-1}(j\omega)^{m-1} + \cdots + b_0}{(j\omega)^n + a_{n-1}(j\omega)^{n-1} + \cdots + a_0} \tag{5.21}$$

式中,m 和 n 都是正整数,系数均为实数。

在 MATLAB 中,信号处理工具箱中的 freqs 函数可直接计算连续时间系统的频率响应,调用格式如下。

freqs(b,a):没有返回值,直接画出系统幅频、相频响应的波特图。b、a 分别是式(5.21)中的分子、分母多项式的系数向量。

H = freqs(b,a,w):向量 w 是系统频率响应的角频率范围,返回值 H 为 w 上的频率响应。

[H,w] = freqs(b,a,n):自动设定 n 个角频率点来计算频率响应,返回值 w 为设定的 n 个角频率值,n 的默认值为 200。

例 5.4.1 某系统微分方程为 $y''(t) + y'(t) + y(t) = x(t)$,求该系统的频率响应并画出幅频、相频响应曲线。

解:MATLAB 源代码如下

```
close all; clc;clear all;
a = [1 1 1];                         %分母多项式系数
b = [1];                             %分子多项式系数
[H,w] = freqs(b,a);                  %求连续时间系统的频响
subplot(1,2,1); plot(w,abs(H));
xlabel('\omega'); title('幅频响应')
subplot(1,2,2); plot(w,angle(H));
xlabel('\omega'); title('相频响应')
```

程序运行结果如图 5.4.1 所示。

调用 freqs 函数时采用了自动设定自变量的方式,结果只画出了频谱的右半边。可以通过设置自变量,得到双边谱。将上述程序改为以下形式,得到的双边谱如图 5.4.2 所示。

```
close all; clc;clear all;
a = [1 1 1];                         %分母多项式系数
b = [1];                             %分子多项式系数
w = -10:0.01:10;                     %角频率
H = freqs(b,a,w);                    %求连续时间系统的频响
subplot(1,2,1); plot(w,abs(H));
xlabel('\omega'); title('幅频响应')
subplot(1,2,2); plot(w,angle(H));
xlabel('\omega'); title('相频响应')
```

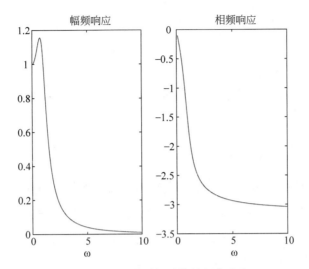

图 5.4.1 连续时间系统的频率响应

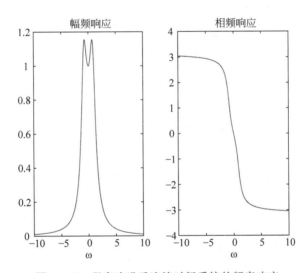

图 5.4.2 程序改进后连续时间系统的频率响应

5.5 正弦信号通过系统的响应

正余弦信号通过系统的响应既可以通过 2.1.2 节零状态响应的时域求解来实现,也可以快速地通过式(5.22)、式(5.23)以及叠加原理得到理论结果。

$$\cos(\omega_0 t) \rightarrow |H(j\omega_0)|\cos(\omega_0 t + \angle H(j\omega_0)) \tag{5.22}$$

$$\sin(\omega_0 t) \rightarrow |H(j\omega_0)|\sin(\omega_0 t + \angle H(j\omega_0)) \tag{5.23}$$

例 5.5.1 计算 $x(t) = \cos t + \cos 10t$ 通过例 5.4.1 系统的响应。

解:MATLAB 源代码如下

```
clc; clear all; close all;
a = [1 1 1];   b = [1];                    % 系统分母、分子多项式系数
H = freqs(b,a,[1 10]);                     % 仅计算在 1、10 两个角频率上的频率响应
t = 0:0.001:40;
x = cos(t) + cos(10 * t);
y = abs(H(1)) * cos(t + angle(H(1))) + abs(H(2)) * cos(10 * t + angle(H(2)));
subplot(1,2,1); plot(t,x);
xlabel('t'); title('x(t)')
subplot(1,2,2); plot(t,y);
xlabel('t'); title('y(t)')
```

程序运行结果如图 5.5.1 所示。观察发现,信号通过系统后高频分量几乎消失,这是因为系统的幅频响应在 $\omega = 10$ 处几乎为 0,而在 $\omega = 1$ 处的值较大(也可以观察图 5.4.2)。

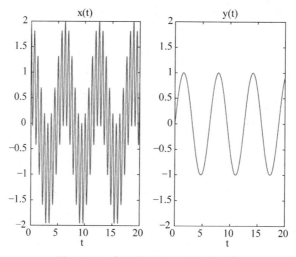

图 5.5.1　余弦信号通过系统的响应

5.6　无失真传输

5.6.1　无失真传输系统

若某连续时间系统对所有的输入信号都可以实现

$$y_{zs}(t) = kx(t - t_d) \tag{5.24}$$

即输出信号的幅度是输入信号幅度的 k 倍(k 为实常数,且 $k \neq 0$),输出信号比输入信号延迟了 $t_d(t_d \geqslant 0)$,那么称该系统为无失真传输系统。对式(5.24)进行推导,得出无失真传输系统的幅频特性、相频特性须满足

$$|H(j\omega)| = k \tag{5.25}$$

$$\angle H(j\omega) = -\omega t_d \tag{5.26}$$

例 5.6.1　某系统的微分方程为 $y'(t) + y(t) = x'(t) - x(t)$,判断该系统是否是无失真传输系统。

解：直接画出该系统的频率响应，MATLAB 源代码如下

```
clc; clear all; close all;
a = [1 1];                      % 分母多项式系数
b = [1 -1];                     % 分子多项式系数
freqs(b,a);                     % 直接画出连续时间系统的频响
```

程序运行结果如图 5.6.1 所示。观察发现，虽然系统的幅频特性恒为 1，满足式(5.25)，但是相频特性不是直线，不满足式(5.26)，因此该系统不是无失真传输系统。

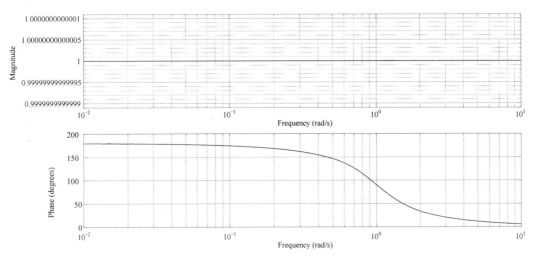

图 5.6.1 例 5.6.1 系统的频率响应

5.6.2 信号的无失真传输

对于信号来说，只要在其频带范围内，系统的频率响应满足式(5.25)、式(5.26)，该信号通过系统后是无失真的。

例 5.6.2 某系统频率响应如图 5.6.2 所示，分别判断信号 $\mathrm{Sa}(5t)$、$\mathrm{Sa}(5t)\mathrm{e}^{\mathrm{j}5t}$、$G_5(t)$、$\cos(6t)$ 通过该系统后是否失真。

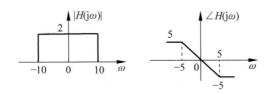

图 5.6.2 例 5.6.2 系统的频率响应

解：利用符号函数分别计算 4 个信号的傅里叶变换，MATLAB 源代码如下

```
close all; clc;clear all;
syms t w;                       % 声明符号变量
% 用符号函数求傅里叶变换
```

```
Xjw1 = fourier(sinc(5/pi * t),w);
Xjw2 = fourier(sinc(5/pi * t) * exp(j * 5 * t),w);
Xjw3 = fourier(heaviside(t + 2.5) − heaviside(t − 2.5),w);
Xjw4 = fourier(cos(6 * t),w)
subplot(2,2,1); fplot(abs(Xjw1),[ − 12 12]);
xlabel('\omega');ylim([ − 0.1 0.7]); title('Sa(5t)的幅度谱')
subplot(2,2,2); fplot(abs(Xjw2),[ − 12 12]);
xlabel('\omega'); ylim([ − 0.1 0.7]); title('Sa(5t)e^{j5t}的幅度谱')
subplot(2,2,3); fplot(abs(Xjw3),[ − 12 12]);
xlabel('\omega'); ylim([ − 0.1 5.1]); title('G_{5}(t)的幅度谱')
subplot(2,2,4); fplot(abs(Xjw4),[ − 12 12]);
xlabel('\omega'); title('cos(6t)的幅度谱')
```

程序运行结果如图 5.6.3 所示。观察发现：

(1) Sa(5t)频带范围是[−5 5]，理论上通过系统后不失真；

(2) Sa(5t)e^{j5t} 频带范围是[0 10]，虽然系统幅频响应在这个范围内是常数 2，但相频响应不是直线，理论上通过系统后将出现失真；

(3) $G_5(t)$ 的频带范围超过了[−5 5]，理论上通过系统后也将出现失真；

(4) cos(6t)的幅度谱显示的是零，但命令窗口的输出是 Xjw4＝pi * (dirac(w−6)＋dirac(w＋6))，也就是说，cos(6t)的频谱在±6 上是无穷大，只是无法在图中显示出来。

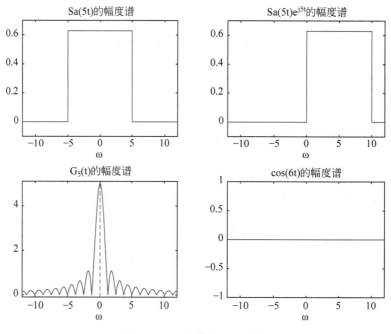

图 5.6.3 4 个信号的幅度谱

接下来从理论上分析 cos(6t)通过系统后是否失真。非常容易出错的一点是有读者认为 cos(6t)的频谱在±6 处有非零值，故其频带范围为[−6,6]。但频带范围指的是频谱非 0 的频率点的集合,而 $\cos(6t)$ 只有 -6、6 两个角频率,在这两个角频率上,幅度谱是常数,相位谱是过原点且斜率是 $-\dfrac{5}{6}$ 的直线,因此该信号通过系统后无失真。或者由式(5.22)可知

$$\cos(6t) \rightarrow |H(\text{j}6)|\cos(6t + \angle H(\text{j}6)) = 2\cos(6t - 5) \tag{5.27}$$

满足式(5.24)的定义。

例 5.6.3 画出例 5.6.2 中各信号通过系统的响应,验证该例题的结论。

解:按照先将输入信号的傅里叶变换与系统的频率响应相乘,再傅里叶反变换求输出的思路,MATLAB 源代码如下

```
close all; clc;clear all;
dw = 1e-2;                           % 频谱抽样间隔
w = -12:dw:12;                       % 信号频谱主要取值区间
% 表示 H(jw)
Hjw_angle = -5 * sign(w). * (1 - rectpuls(w,10)) - w. * rectpuls(w,10);
Hjw = 2 * rectpuls(w,20). * exp(j * Hjw_angle);
% 考虑到 cos 信号,用矩阵-向量乘法计算 X(jw)
dt = 1e-2;                           % 时域抽样间隔
t = -10:dt:10;                       % 信号主要取值区间
xt1 = sinc(5/pi * t);                % 信号赋值
xt2 = sinc(5/pi * t). * exp(j * 5 * t);
xt3 = rectpuls(t,5);
xt4 = cos(6 * t);
[W,T] = meshgrid(w,t);               % 生成矩阵
WT = exp(-j * T. * W);               % 傅里叶变换的矩阵
Xjw1 = dt * xt1 * WT;                % 利用矩阵-向量乘法计算
Xjw2 = dt * xt2 * WT;                % 利用矩阵-向量乘法计算
Xjw3 = dt * xt3 * WT;                % 利用矩阵-向量乘法计算
Xjw4 = dt * xt4 * WT;                % 利用矩阵-向量乘法计算
% 输出傅里叶变换
Yjw1 = Hjw. * Xjw1;
Yjw2 = Hjw. * Xjw2;
Yjw3 = Hjw. * Xjw3;
Yjw4 = Hjw. * Xjw4;
% 矩阵-向量法求傅里叶反变换
yt1 = dw/(2 * pi) * Yjw1 * WT';
yt2 = dw/(2 * pi) * Yjw2 * WT';
yt3 = dw/(2 * pi) * Yjw3 * WT';
yt4 = dw/(2 * pi) * Yjw4 * WT';
subplot(4,2,1); plot(t,xt1);
title('Sa(5t)'); xlim([-5 5]);
subplot(4,2,2); plot(t,yt1);
title('Sa(5t)通过系统后的输出'); xlim([-5 5])
subplot(4,2,3); plot(t,real(xt2));
title('Sa(5t)e^{j5t}的实部'); xlim([-5 5])
subplot(4,2,4); plot(t,real(yt2));
title('Sa(5t)e^{j5t}通过系统后输出的实部'); xlim([-5 5])
subplot(4,2,5); plot(t,xt3);
title('G_{5}(t)'); xlim([-5 5]); ylim([-0.1 1.1])
```

```
subplot(4,2,6); plot(t,yt3);
title('G_{5}(t)通过系统后的输出'); xlim([-5 5]); ylim([-0.5 2.8])
subplot(4,2,7); plot(t,xt4);
title('cos(6t)'); xlim([-5 5])
subplot(4,2,8); plot(t,yt4);
title('cos(6t)通过系统后的输出'); xlim([-5 5])
```

程序运行结果如图 5.6.4 所示。观察发现 $Sa(5t)$、$cos(6t)$ 通过系统后，输出信号波形除幅度等比例增大以及有一些延时外，未发生其他变化，信号通过系统后未出现失真；而 $Sa(5t)e^{j5t}$、$G_5(t)$ 的波形发生了改变，信号通过系统后出现了失真，例 5.6.2 的结论正确。

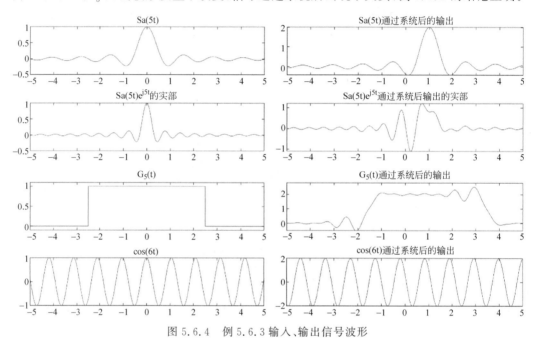

图 5.6.4 例 5.6.3 输入、输出信号波形

5.7 理想与实际滤波器

5.7.1 理想滤波器

例 5.7.1 理想低通滤波器的频率响应如图 5.7.1 所示。分别讨论截止角频率 ω_c 和 t_d 对滤波器单位冲激响应的影响。

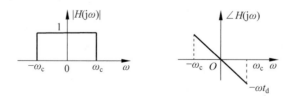

图 5.7.1 理想低通滤波器的频率响应

解：由于可以写出频率响应的解析表达式，所以可以利用符号函数计算频率响应的傅里叶反变换，得到单位冲激响应。先保持相频响应的斜率 $-t_d$ 不变，增加 ω_c。MATLAB 源代码如下

```
close all; clc;clear all;
syms t w
td = 1;                                 % 相频特性的负斜率
wc = 1:3;                               
for i = 1:3
  Hjw = (heaviside(w + wc(i)) − heaviside(w − wc(i))) * exp( − j * w * td);
  xt = ifourier(Hjw,w,t);              % 用符号函数求傅里叶变换
  subplot(3,3,3 * i − 2); fplot(abs(Hjw));
  ylim([ − 0.1 1.1]);xlabel('\omega');
  title(['\omega_c = ',num2str(wc(i)),'时的幅频响应'])
  subplot(3,3,3 * i − 1); fplot(angle(Hjw)); xlabel('\omega');
  title(['\omega_c = ',num2str(wc(i)),'时的相频响应'])
  subplot(3,3,3 * i); fplot(xt);
  ylim([ − 0.3 1.3]); xlabel('t');
  title(['\omega_c = ',num2str(wc(i)),'时的单位冲激响应'])
  xticks([ − 5 0 td 5])                % 在横坐标上显示 td
end
```

程序运行结果如图 5.7.2 所示，动态结果请扫描二维码。随着截止角频率 ω_c 的增加，单位冲激响应保持中心点在 t_d 处不变，但脉冲宽度不断减小，最大值不断增加。

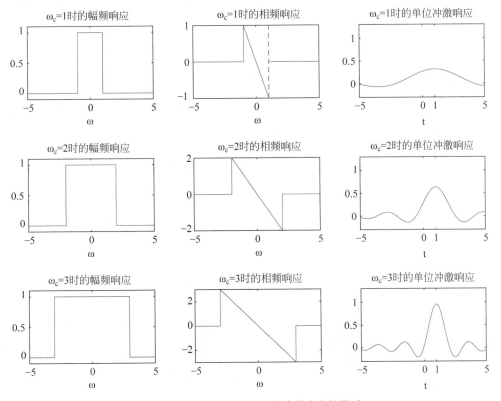

动图

图 5.7.2　ω_c 对滤波器单位冲激响应的影响

再保持 ω_c 不变,增加相频响应的负斜率 t_d。MATLAB 源代码如下

```
close all; clc;clear all;
syms t w
wc = 2;
td = 0.5:1:2.5;
for i = 1:3
  Hjw = (heaviside(w + wc) - heaviside(w - wc)) * exp( - j * w * td(i));
  xt = ifourier(Hjw,w,t);              %用符号函数求傅里叶变换
  subplot(3,3,3 * i - 2); fplot(abs(Hjw));
  ylim([ - 0.1 1.1]); xlabel('\omega');
  title(['td = ',num2str(td(i)),'时的幅频响应'])
  subplot(3,3,3 * i - 1); fplot(angle(Hjw));
  ylim([ - pi pi]); xlabel('\omega');
  title(['td = ',num2str(td(i)),'时的相频响应'])
  subplot(3,3,3 * i); fplot(xt); xlabel('t');
  title(['td = ',num2str(td(i)),'时的单位冲激响应'])
  xticks([ - 5 0 td(i) 5])            % 在横坐标上显示 td
end
```

程序运行结果如图 5.7.3 所示,动态结果请扫描二维码。随着 t_d 的增加,单位冲激响应保持脉冲宽度、最大值不变,中心不断右移。单位冲激响应的中心点即为相频响应的负斜率 t_d。

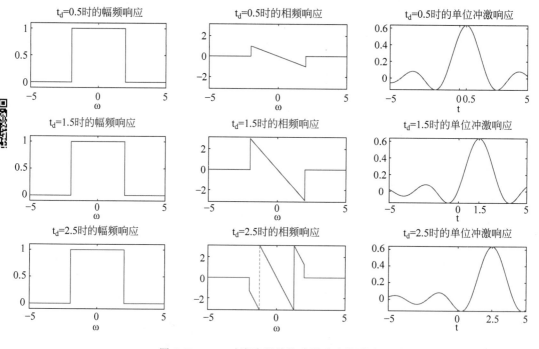

图 5.7.3　t_d 对滤波器单位冲激响应的影响

5.7.2 实际滤波器

若根据系统的微分方程来判断该系统的滤波特性,可通过画出系统的频率响应实现。

例 5.7.2 某因果系统的微分方程为 $y''(t)+y'(t)+y(t)=x''(t)$,判断该系统的滤波特性。

解:MATLAB 源代码如下

```
close all; clc;clear all;
a = [1 1 1];                         %分母多项式系数
b = [1 0 0];                         %分子多项式系数
freqs(b,a);                          %画出频谱图的波特图
```

程序运行结果如图 5.7.4 所示,观察幅度特性发现该系统为高通滤波器。

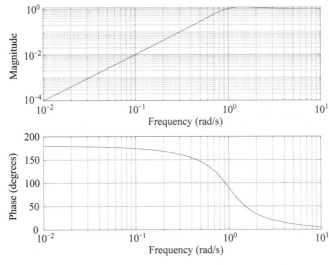

图 5.7.4 某系统的频率响应

5.7.3 利用 Simulink 实现信号的滤波

Simulink 中提供了滤波器模块用以实现信号的滤波。这些模块位于 DSP System Toolbox\Filtering\Filter Designs 子库中。

例 5.7.3 借助 Simulink,将信号 $x(t)=\sin(2\pi \cdot 500t)+\sin(2\pi \cdot 1000t)+\sin(2\pi \cdot 2500t)$ 中的每个正弦信号分别取出来。

解:Simulink 模型如图 5.7.5 所示。通过将 3 个正弦信号相加产生需要的输入信号 $x(t)$。需注意的是,在用 Sine Wave 模块产生正弦信号时,Sample time 要小于 $1/(2\times 2500)$,即抽样频率要大于 5000Hz,并且该频率要与后面的滤波器模块中的抽样频率保

教学视频

持一致,才可以得到正确的滤波结果。这里抽样频率设置为 44100 Hz,该频率是常用的声音抽样频率。

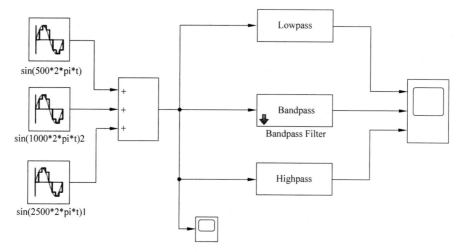

图 5.7.5　例 5.7.3 的 Simulink 模型图

分别采用 Lowpass、Bandpass、Highpass 模块进行滤波,以得到 $\sin(2\pi \cdot 500t)$、$\sin(2\pi \cdot 1000t)$、$\sin(2\pi \cdot 2500t)$ 三个信号,注意滤波器模块中频率参数要留有一定的余量。根据需求分析,低通滤波器要保证通带截止频率大于 500 Hz,阻带截止频率小于 1000 Hz;高通滤波器要保证阻带截止频率大于 1000 Hz,通带截止频率小于 2500 Hz;而带通滤波器要保证阻带截止频率 1 大于 500 Hz,通带截止频率 1 小于 1000 Hz,通带截止频率 2 大于 1000 Hz,阻带截止频率 2 小于 2500 Hz。Bandpass 模块的实际参数设置如图 5.7.6 所示。需要注意的是,Frequency units(频率单位)选择 Hz,其值应与前文信号

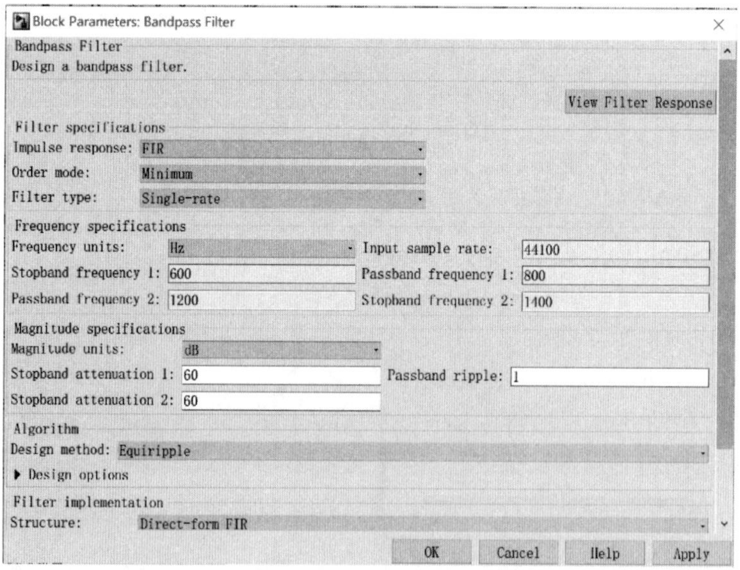

图 5.7.6　Bandpass 模块的参数设置

产生模块的抽样频率保持一致。设定好参数后,可以通过单击 View Filter Response 按钮观察滤波器模块的各种响应,如幅频响应,如图 5.7.7 所示。在此界面,可以将滤波器的分子、分母多项式系数保存到文本文档,以作他用。

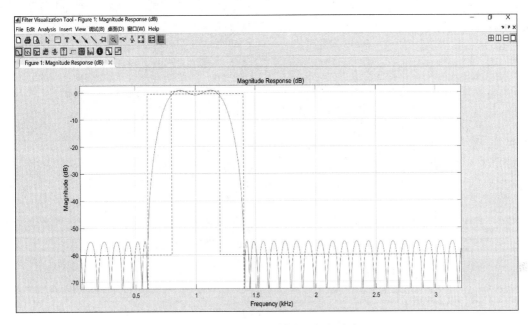

图 5.7.7　Bandpass 模块的幅频响应

仿真时间设置为 1s,通过 Scope 模块观察输入、输出信号的波形,结果如图 5.7.8 和图 5.7.9 所示。

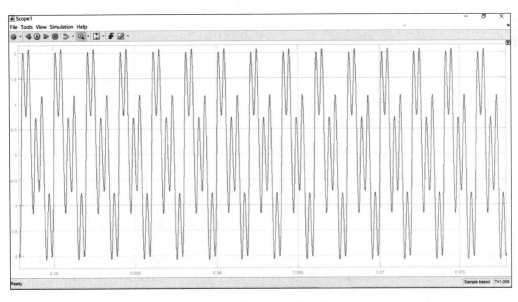

图 5.7.8　例 5.7.3 的输入信号

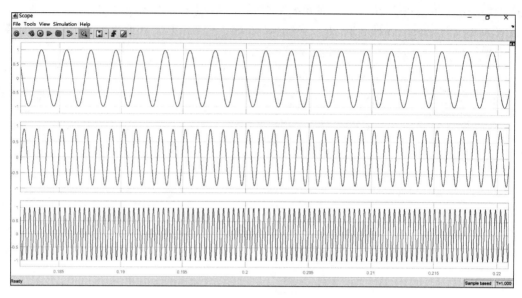

图 5.7.9　例 5.7.3 的 3 个滤波器的输出信号

5.8　时域抽样和恢复

5.8.1　信号的时域抽样

工程中,信号的时域抽样就是从连续时间信号 $x(t)$ 中抽取出一系列离散样本值。抽样间隔一般是恒定的,记作 T_s,那么抽样得到的离散样本值是

$$x(t)\mid_{t=nT_s}=x(nT_s)\stackrel{\Delta}{=}x(n)\qquad(5.28)$$

这里的 $x(n)$ 即为离散时间信号。

例 5.8.1　设连续时间信号 $x(t)=\mathrm{Sa}^2(t)$,抽样间隔 $T_s=0.2\mathrm{s}$,画出被抽信号和抽样信号的波形图。

解：MATLAB 源代码如下

```
clc; clear all; close all;
t = -10:0.01:10;
xt = sinc(t/pi).^2;                          % 被抽信号
Ts = 0.2;                                     % 抽样间隔为 0.2s
n = round(min(t)/Ts):round(max(t)/Ts);       % 离散时间信号的自变量
xn = sinc(n * Ts/pi).^2;                      % 抽样信号
subplot(2,1,1); plot(t,xt); title('连续时间信号 x(t)')  % 画图
subplot(2,1,2); stem(n * Ts,xn,'filled'); title('连续时间信号的抽样序列 x(n)')
```

程序运行结果如图 5.8.1 所示。

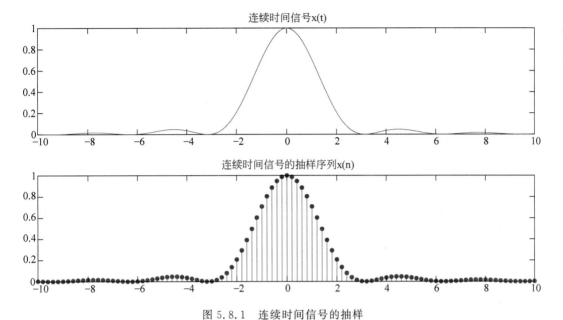

图 5.8.1 连续时间信号的抽样

5.8.2 抽样信号的频谱

为了便于理论分析，本书中一般将周期冲激串作为抽样脉冲，得到

$$x_s(t) = x(t) \cdot \delta_T(t) = \sum_{n=-\infty}^{\infty} x(nT_s)\delta(t-nT_s) \tag{5.29}$$

经过推导

$$X_s(j\omega) = \frac{1}{T_s} \sum_{k=-\infty}^{\infty} X[j(\omega-k\omega_s)] \tag{5.30}$$

从而得出结论：抽样信号的频谱是被抽信号频谱的周期延拓，延拓周期是抽样角频率 ω_s。若按照 5.8.1 节的方法进行抽样，离散时间序列 $x(n)$ 的频谱是否仍旧是被抽信号频谱的周期延拓，延拓的周期是否仍旧是 ω_s 呢？通过例 5.8.2 回答上述问题。

例 5.8.2 画出例 5.8.1 中被抽信号和抽样序列的频谱图。

解：MATLAB 源代码如下

```
clc; clear all; close all;
%%%时域%%%%%%%%%%
dt = 0.01;
t = -10:dt:10;                      %时域自变量
xt = sinc(t/pi).^2;                 %被抽样信号
Ts = 0.5;                           %抽样间隔
n = round(min(t)/Ts):round(max(t)/Ts);   %离散时间信号的自变量
nTs = n * Ts;
```

```
xn = sinc(nTs/pi).^2;                        % 抽样信号
%%%%频域%%%%%%%%%
% 被抽信号
w = -30:0.1:30;                              % 频域自变量
[ww,tt] = meshgrid(w,t);                     % 变为矩阵形式
Xjw = dt * xt * exp(-j * tt. * ww);          % 矩阵-向量乘法计算被抽信号频谱
% 抽样信号
[wws,tts] = meshgrid(w,nTs);                 % 变为矩阵形式
Xs_jw = Ts * xn * exp(-j * tts. * wws);
subplot(2,2,1); plot(t,xt);
xlabel('t'); title('连续时间信号 x(t)')       % 画图
subplot(2,2,3); stem(nTs,xn,'.');
xlabel('t'); title('连续时间信号的抽样序列 x(n)')
subplot(2,2,2); plot(w,Xjw);
xlabel('\omega'); title('连续时间信号的频谱')
subplot(2,2,4); plot(w,Xs_jw);
xlabel('\omega'); title('抽样序列的频谱')
xticks([min(w) -2 * pi/Ts 0 2 * pi/Ts max(w)])   % 在横坐标上显示 ws
```

程序运行结果如图 5.8.2 所示。观察发现,抽样序列的频谱是被抽信号频谱的周期延拓,延拓的周期是抽样角频率 ω_s。只不过抽样序列频谱的主周期和被抽信号频谱相等,而不像式(5.30)那样有个系数 $\dfrac{1}{T_s}$。这是因为式(5.30)假设抽样脉冲是周期冲激串,而实际应用中并不是这样。

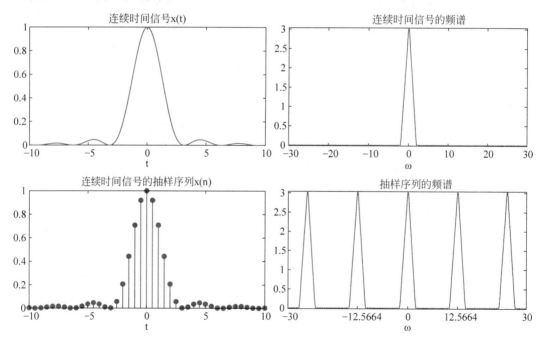

图 5.8.2　抽样前后信号的波形及频谱

5.8.3 时域抽样定理

根据 5.8.2 节的介绍，抽样序列的频谱仍然是被抽信号频谱的周期延拓，且延拓的周期仍然是抽样角频率 ω_s，因此若要保证抽样序列保留了被抽信号的所有信息，仍然需要满足

$$\omega_s \geqslant 2\omega_m \tag{5.31}$$

其中，ω_m 是被抽信号的最高角频率。对应到抽样间隔 T_s，需要满足

$$T_s \leqslant \frac{\pi}{\omega_m} \tag{5.32}$$

例 5.8.3 利用例 5.8.2，验证时域抽样定理。

解：例 5.8.2 中，被抽信号 $x(t) = \mathrm{Sa}^2(t)$，其傅里叶变换 $X(\mathrm{j}\omega) = \pi \Lambda_4(\omega)$，最高角频率 $\omega_m = 2\mathrm{rad/s}$，故抽样间隔应小于 $\frac{\pi}{2}\mathrm{s}$。为便于观察，保持被抽信号不变，不断增加抽样间隔，MATLAB 源代码如下

```
clc; clear all; close all;
%%%被抽信号%%%%%%%%%
dt = 0.01;
t = -10:dt:10;                          %时域自变量
xt = sinc(t/pi).^2;                     %被抽样信号
w = -30:0.1:30;                         %频域自变量
[ww,tt] = meshgrid(w,t);                %变为矩阵形式
Xjw = dt * xt * exp(-j * tt. * ww);     %矩阵-向量乘法计算被抽信号频谱
Ts = 0.3 * pi;                          %抽样间隔,分别选取 0.3π 和 0.6π
n = round(min(t)/Ts):round(max(t)/Ts);  %离散时间信号的自变量
nTs = n * Ts;
xn = sinc(nTs/pi).^2;                   %抽样信号
[wws,tts] = meshgrid(w,nTs);            %变为矩阵形式
Xs_jw = Ts * xn * exp(-j * tts. * wws);
figure;
subplot(2,2,1); plot(t,xt);
xlabel('t'); title('连续时间信号 x(t)')  %画图
subplot(2,2,3); stem(nTs,xn,'filled');
xlabel('t'); title('抽样序列 x(n)')
subplot(2,2,2); plot(w,Xjw);
xlabel('\omega'); title('连续时间信号的频谱');xlim([-20 20])
subplot(2,2,4); plot(w,Xs_jw);
xlabel('\omega');
hold on; plot([-2 2],[pi pi],'r')
plot([-2,-2],[0,pi],'r')
plot([2,2],[0,pi],'r');
hold off
title(['抽样序列的频谱,抽样间隔为',num2str(Ts/pi),'π']);xlim([-20 20]);
```

程序运行结果如图 5.8.3 和图 5.8.4 所示,动态结果请扫描二维码。为便于比较,图中用方框框出了[-2,2]的角频率范围。当抽样间隔不满足式(5.32)时,抽样序列的频谱将出现混叠现象。

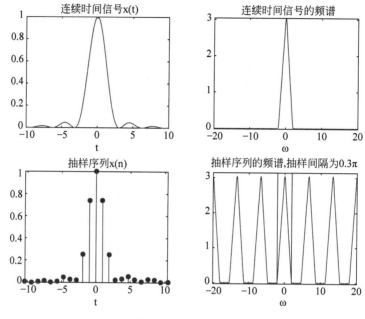

图 5.8.3　抽样间隔为 0.3π 的结果

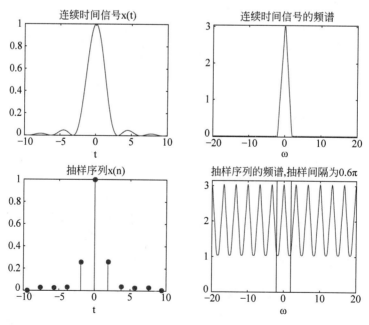

图 5.8.4　抽样间隔为 0.6π 的结果

5.8.4　抽样信号的恢复

在满足时域抽样定理的前提下,理论教材的结论是可以将抽样信号经过模拟理想低通滤波器恢复出来。需要注意的是,工程中抽样序列是离散的,无法经过模拟滤波器,通常做法是将其通过数模转换器(DAC)。数模转换器主要采用零阶抽样保持或一阶抽样保持,示意图如图 5.8.5 和图 5.8.6 所示。

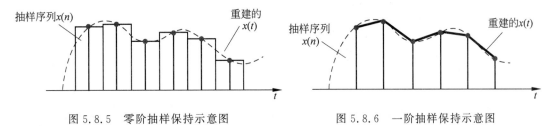

图 5.8.5　零阶抽样保持示意图　　　　图 5.8.6　一阶抽样保持示意图

例 5.8.4　绘制抽样、恢复过程中信号的波形及频谱。

解:对例 5.8.2 中的抽样信号分别进行零阶、一阶抽样保持。在 MATLAB 中,可以采用线性插值函数 interp1 完成一阶抽样保持,但没有直接实现零阶抽样保持的函数,需要自行编程实现。MATLAB 源代码如下

```
clc; clear all; close all;
%%%时域%%%%%%%%%
dt = 0.01;
t = -10:dt:10;                              % 被抽信号时域自变量
xt = sinc(t/pi).^2;                         % 被抽样信号
Ts = 0.5;                                   % 抽样间隔
n = round(min(t)/Ts):round(max(t)/Ts);      % 离散时间信号的自变量
nTs = n * Ts;
xn = sinc(nTs/pi).^2;                       % 抽样信号
nKeep = 50;                                 % 恢复时的保持点数
yt0 = repmat(xn,nKeep,1);                   % 零阶抽样保持信号
yt0 = transpose(yt0(:));
nt = linspace(-10,10,length(yt0));          % 恢复信号的时域自变量
yt1 = interp1(nTs,xn,nt,'linear');          % 一阶抽样保持信号
%%%%频域%%%%%%%%%
w = -30:0.1:30;                             % 频域自变量
% 被抽信号
[ww,tt] = meshgrid(w,t);                    % 变为矩阵形式
Xjw = dt * xt * exp(-j * tt.*ww);           % 矩阵-向量乘法计算被抽信号频谱
% 抽样信号
[wws,tts] = meshgrid(w,nTs);                % 变为矩阵形式
Xs_jw = Ts * xn * exp(-j * tts.*wws);       % 抽样序列频谱
% 恢复信号
[wwr,ttr] = meshgrid(w,nt);                 % 变为矩阵形式
```

```
Yjw_0 = Ts/nKeep * yt0 * exp( - j * ttr. * wwr);        % 零阶抽样保持信号的频谱
Yjw_1 = Ts/nKeep * yt.1 * exp( - j * ttr. * wwr);       % 一阶抽样保持信号的频谱
subplot(4,2,1); plot(t,xt);
xlabel('t'); title('被抽信号')                          % 画图
subplot(4,2,3); stem(nTs,xn,'filled');
xlabel('t'); title('抽样序列')
subplot(4,2,5); plot(nt,yt0);
xlabel('t'); title('零阶抽样保持恢复信号')              % 画图
subplot(4,2,7); plot(nt,yt1);
xlabel('t'); title('一阶抽样保持恢复信号')
subplot(4,2,2); plot(w,Xjw);
xlabel('\omega'); title('被抽信号的频谱')
subplot(4,2,4); plot(w,Xs_jw);
xlabel('\omega'); title('抽样序列的频谱')
subplot(4,2,6); plot(w,Yjw_0);
xlabel('\omega'); title('零阶抽样保持恢复信号的频谱')
subplot(4,2,8); plot(w,Yjw_1);
xlabel('\omega'); title('一阶抽样保持恢复信号的频谱')
```

程序运行结果如图 5.8.7 所示。与被抽信号频谱相比,零阶抽样保持恢复信号的频谱在低频部分没有发生变化,而在高频部分多了一些成分,这是由于时域跳变引起的;而一阶抽样保持恢复信号的频谱不仅低频部分保持较好,而且由于时域跳变较小,高频部分的变化也较小,相比而言恢复效果更好。

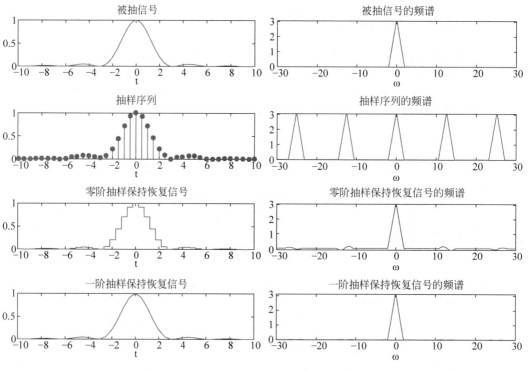

图 5.8.7　抽样、恢复信号

第 6 章

离散时间信号与系统的频域分析

本章首先介绍周期序列傅里叶级数的数值计算方法,再介绍非周期序列傅里叶变换的数值计算方法,最后对离散时间系统进行频域分析。

6.1 周期序列的傅里叶级数

6.1.1 傅里叶级数的计算

与连续时间信号类似,周期为 N 的序列 $x(n)$,也可以在任意 $[n_0, n_0+N]$ 区间,在虚指数信号集 $\left\{e^{jk\Omega_0 n}, \Omega_0 = \dfrac{2\pi}{N}, k=0,1,\cdots,N-1\right\}$ 上精确分解为以下形式的傅里叶级数

$$x(n) = \frac{1}{N} \sum_{k=<N>} X_k e^{jk\Omega_0 n} \tag{6.1}$$

其中,

$$X_k = \sum_{n=<N>} x(n) e^{-jk\Omega_0 n} \tag{6.2}$$

区别在于式(6.1)的求和项只有 N 项,也就是说,N 个 X_k 足以描述周期序列的频谱,且由于 $x(n)$ 已经离散化,所以通过式(6.2)可以准确计算出 X_k。

可以利用式(5.5)的思路,得出 X_k 的矩阵-向量相乘实现形式

$$
\begin{bmatrix} X_0 \\ X_1 \\ \vdots \\ X_{N-1} \end{bmatrix} = \begin{bmatrix} 1 & 1 & \cdots & 1 \\ 1 & e^{-j\Omega_0(n_0+1)} & \cdots & e^{-j\Omega_0(n_0+(N-1))} \\ \vdots & \vdots & & \vdots \\ 1 & e^{-j(N-1)\Omega_0(n_0+1)} & \cdots & e^{-j(N-1)\Omega_0(n_0+(N-1))} \end{bmatrix} \begin{bmatrix} x(n_0) \\ x(n_0+1) \\ \vdots \\ x(n_0+(N-1)) \end{bmatrix}
$$

$$\tag{6.3}$$

例 6.1.1 计算如图 6.1.1 所示周期序列的傅里叶系数。

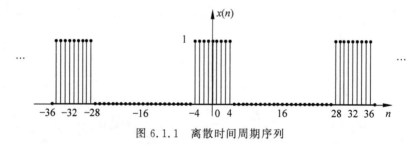

图 6.1.1 离散时间周期序列

解:利用式(6.3)表示的矩阵-向量乘法得到 X_k,由于 $x(n)$ 为实偶序列,所以其傅里叶系数 X_k 为实偶函数,故可在一幅图里画出。MATLAB 源代码如下

```
close all; clc;clear all;
N = 32;                              % 周期
tao = 9;                             % 脉冲宽度
n = 0:N-1;                           % 时域自变量
```

```
x = [ones(1,5),zeros(1,N - tao),ones(1,4)];          % x(0)～x(N - 1)
Omega0 = 2 * pi/N;                                    % 基频
k = 0:N-1;                                            % 需要计算的 Xk 的项数
[Omega,nn] = meshgrid(k * Omega0,n);                 % 将自变量转为矩阵形式
Xk = x * exp( - j * nn. * Omega);                    % 利用矩阵-向量乘法计算 Xk
stem(k * Omega0,Xk,'filled');   xlabel('\Omega');   title('Xk')
```

程序运行结果如图 6.1.2 所示。将该结果与 X_k 的理论值 $\sin(4.5k\Omega_0)/\sin(0.5k\Omega_0)$ 进行对比,结果如图 6.1.3 所示。可以看出存在误差,主要是计算机的有限字长造成的,但误差较小,可忽略不计。

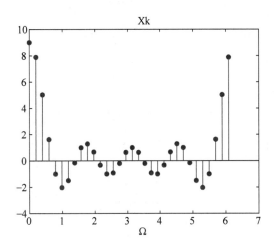

图 6.1.2 矩阵-向量乘法得到的周期序列的频谱

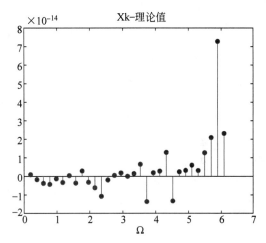

图 6.1.3 X_k 的数值解与理论值之差

若已知 X_k,可以借助式(6.1)得到 $x(n)$。其矩阵-向量乘法实现形式为

$$
\begin{bmatrix} x(n_0) \\ x(n_0+1) \\ \vdots \\ x(n_0+(N-1)) \end{bmatrix} = \frac{1}{N} \begin{bmatrix} 1 & 1 & \cdots & 1 \\ 1 & e^{j\Omega_0(n_0+1)} & \cdots & e^{j(N-1)\Omega_0(n_0+1)} \\ \vdots & \vdots & & \vdots \\ 1 & e^{j\Omega_0(n_0+(N-1))} & \cdots & e^{j(N-1)\Omega_0(n_0+(N-1))} \end{bmatrix} \begin{bmatrix} X_0 \\ X_1 \\ \vdots \\ X_{N-1} \end{bmatrix}
$$

(6.4)

例 6.1.2 某周期序列的周期为 32,其傅里叶级数 $X_k = \sin\dfrac{9k\pi}{32}\Big/\sin\dfrac{k\pi}{32}$,求该周期序列 $x(n)$。

解:利用式(6.4)表示的矩阵-向量乘法计算 $x(n)$,需要注意的是,式(6.4)中的矩阵为式(6.3)中矩阵的共轭转置,在用 meshgrid 建立矩阵时,输入参数 $k\Omega_0$ 和 n 要交换位置。MATLAB 源代码如下

```
close all; clc;clear all;
N = 32;                                              % 周期
Omega0 = 2 * pi/N;                                   % 基频
k = 0:N-1;                                           % 参与计算的 Xk 的项数
```

```
Xk = sin(4.5 * k * Omega0)./sin(0.5 * k * Omega0);   % Xk
Xk(1) = 9;                                           % 对 0/0 进行赋值
n = - 36:36;                                         % 时域自变量
[nn,Omega] = meshgrid(n,k * Omega0);                 % 将自变量转为矩阵形式
xn = Xk * exp(j * nn. * Omega)/N;                    % 利用矩阵-向量乘法计算 Xk
stem(n,abs(xn),'filled');   xlabel('n');
title('x(n)'); xlim([ - 36 36])
```

程序运行结果如图 6.1.4 所示,该结果与理论值吻合。

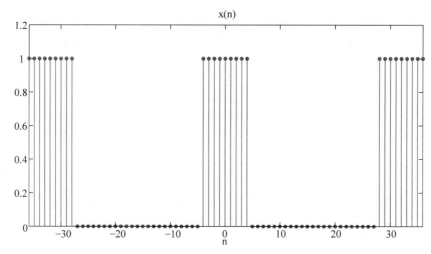

图 6.1.4   利用傅里叶级数得到 $x(n)$

6.1.2   快速傅里叶变换

除矩阵-向量乘法外,MATLAB 中的 fft 函数也可以计算傅里叶系数 Xk,调用形式为

```
X = fft(x,n)
```

x 需要代入周期序列 x(n) 在 [0,N−1] 区间的取值,n 的默认值为向量 x 的长度。若 x 的长度小于 n,则 fft 函数在 x 的尾部补零以构成 n 点长;若 x 的长度大于 n,则 fft 函数会对 x 的尾部进行截断,但此时得到的傅里叶系数与真实值不符。返回值 X 是 Xk 在 [0,n−1] 区间的取值。

fft 函数的返回结果中零频在起点,可以采用 fftshift 命令将零频移到频谱中心,调用格式为

```
Y = fftshift(X)
```

当 X 为向量时,fftshift(X) 直接将 X 中的左右两半部分交换产生 Y。

MATLAB 中的 ifft 函数可以根据 Xk 计算 x(n),调用格式为

```
x = ifft(X,n)
```

同样,X 需要代入 Xk 在[0,N−1]区间的取值,返回值 x 是周期序列 x(n)在[0,n−1]区间的取值。n 的用法与 fft 函数一致,此处不再赘述。

例 6.1.3 利用快速傅里叶变换重新求例 6.1.1。

解:MATLAB 源代码如下

```
close all; clc;clear all;
N = 32;                                    % 周期
tao = 9;                                   % 脉冲宽度
n = 0:N−1;                                  % 时域自变量
k = 0:N−1;                                  % k 的取值范围
x = [ones(1,5),zeros(1,N−tao),ones(1,4)];  % x(0)～x(N−1)
Xk = fft(x);                               % 借助 fft 计算 Xk
stem(n/N * 2 * pi,Xk,'filled');   xlabel('\Omega');
title('Xk'); xlim([0 2 * pi])
```

运行结果如图 6.1.5 所示。与例 6.1.1 进行比较,两种方法得到的结果大致相同。但与矩阵-向量乘法相比,fft 函数编程复杂度有所降低,且由于 fft 函数采用的是快速算法,程序运行时间由原来的 0.007886s 降低到了 0.001337s,因此,对离散时间周期序列的频谱计算主要借助 fft 函数实现。

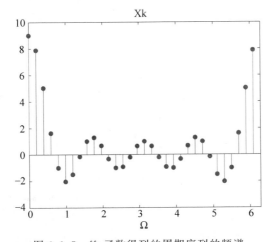

图 6.1.5 fft 函数得到的周期序列的频谱

重新编程,将零频移到频谱的中心,MATLAB 源代码如下

```
close all; clc;clear all;
N = 32;                                    % 周期
tao = 9;                                   % 脉冲宽度
n = 0:N−1;                                  % 时域自变量
x = [ones(1,5),zeros(1,N−tao),ones(1,4)];  % x(0)～x(N−1)
Xk = fftshift(fft(x));                     % 借助 fft 计算 Xk
```

```
Omega = (0:N-1) * 2 * pi/N - pi;
stem(Omega,Xk,'filled');  xlabel('\Omega');
title('Xk'); xlim([ - pi pi])
```

程序运行结果如图 6.1.6 所示。

例 6.1.4 利用快速傅里叶变换重新求例 6.1.2。

解：MATLAB 源代码如下

```
close all; clc;clear all;
N = 32;                                    % 周期
Omega0 = 2 * pi/N;                         % 基频
k = 0:N-1;                                 % 参与计算的 Xk 的项数
Xk = sin(4.5 * k * Omega0)./sin(0.5 * k * Omega0);  % Xk
Xk(1) = 9;
n = k;                                     % 画图自变量
xn = ifft(Xk);
stem(n,xn,'filled'); xlabel('n');
title('x(n)'); xlim([0 N-1])
```

运行结果如图 6.1.7 所示。与例 6.1.2 结果不同的是,用 ifft 函数只能返回周期序列 $x(n)$ 在 $[0,N-1]$ 的取值。

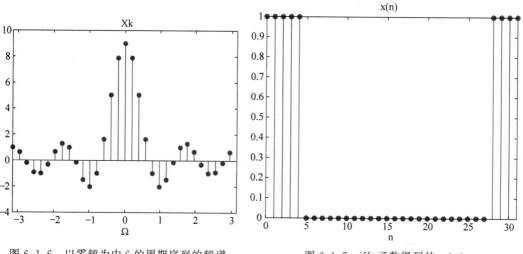

图 6.1.6　以零频为中心的周期序列的频谱　　　　图 6.1.7　ifft 函数得到的 $x(n)$

若抽样频率满足时域抽样定理,则利用快速傅里叶变换可近似得到连续时间因果信号的频谱。

例 6.1.5 用快速傅里叶变换求连续时间信号 $\mathrm{Sa}(10\pi t)\cos(1000\pi t)$ 的幅度谱。

解：工程中一般用频率比较多,这里以频率作为频谱图的横坐标。MATLAB 源代码如下

```
close all; clc;clear all;
fs = 5000;                                 % 抽样频率
```

```
t = 0:1/fs:20;                          % 时域自变量
xt = sinc(10 * t). * cos(1000 * pi * t);    % 信号 x(t)
Xf = abs(fftshift(fft(xt,20000)));          % 中心在零频的幅度谱
Xf = Xf./max(Xf);                        % 对幅度谱进行归一化
df = fs/length(Xf);                      % 频域间隔
f = (0:df:fs - df) - fs/2;               % 频域自变量
plot(f,Xf); xlim([ - 1500 1500])
xlabel('f'); title('信号归一化幅度谱')
```

程序运行结果如图 6.1.8 所示。观察发现,虽然 fft 函数计算得到的归一化幅度谱有理论上的两个峰,但每个峰不是门函数,这是因为 fft 函数假设信号因果、离散且持续时间有限,而 $\mathrm{Sa}(10\pi t)\cos(1000\pi t)$ 不满足上述条件,因此 fft 函数只能对其频谱进行近似分析。

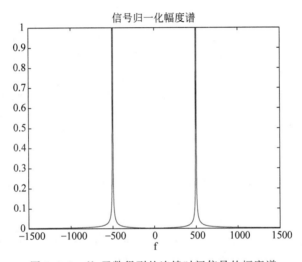

图 6.1.8　fft 函数得到的连续时间信号的幅度谱

6.1.3　周期序列的频谱

例 6.1.6　求 $\cos\dfrac{\pi n}{3}$ 的傅里叶级数,并将其与 $\cos\dfrac{\pi t}{3}$ 的傅里叶级数进行对比。

解: MATLAB 源代码如下

```
close all; clc;clear all;
% 离散时频域分析
N = 6;                                    % 周期
n = 0:N - 1;                              % 离散时域自变量
xn = cos(pi/3 * n);                       % x(0)~x(N - 1)
Omega0 = 2 * pi/N;                        % 基频
k = - 3 * N:3 * N;                        % 需要计算的 Xk 的项数
[Omega,nn] = meshgrid(k * Omega0,n);      % 将自变量转为矩阵形式
```

137

```
Xk_d = xn * exp( - j * nn. * Omega);          % 利用矩阵 - 向量乘法计算 Xk
% 连续时频域分析
T = 6;                                         % 周期
N = 400;                                        % 一个周期抽样点数
dt = T/N;                                       % 抽样间隔
t = 0:dt:T - dt;                                % 时域自变量
xt = cos(pi * t/3);                             % x(t)的赋值
w0 = 2 * pi/T;                                  % 基频
[W,tt] = meshgrid(k * w0,t);                    % 将自变量转为矩阵形式
Xk_c = dt/T * xt * exp( - j * tt. * W);         % 利用矩阵 - 向量乘法计算 Xk
subplot(2,2,1); stem(n,xn,'filled');
xlabel('n'); title('cos(\pin/3)');
subplot(2,2,2); stem(k * Omega0,Xk_d,'filled');
xlabel('\Omega');   title('cos(\pin/3)的傅里叶级数');
subplot(2,2,3); plot(t,xt);
xlabel('t'); title('cos(\pit/3)');
subplot(2,2,4); stem(k * w0,Xk_c,'filled');
xlabel('\omega');   title('cos(\pit/3)的傅里叶级数')
```

程序运行结果如图 6.1.9 所示。$\cos\dfrac{\pi n}{3}$可以看作 $\cos\dfrac{\pi t}{3}$以 1 为抽样间隔得到,观察发现,其频谱是 $\cos\dfrac{\pi t}{3}$ 的频谱以 2π 为周期做了延拓,但幅度值是 $\cos\dfrac{\pi t}{3}$ 频谱幅度值的 6 倍。分析其原因,相比式(5.2),式(6.2)中离散时间傅里叶级数计算式中没有除以周期,因此其傅里叶级数是相应连续时间周期信号傅里叶级数的 N 倍,这里 N 是指离散时间周期信号的周期。

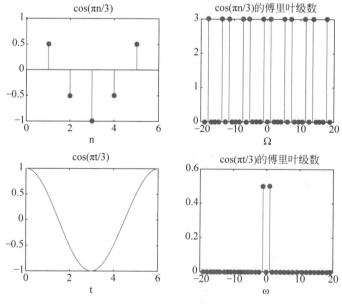

图 6.1.9   连续、离散周期信号的傅里叶级数

6.2　非周期序列的傅里叶变换

离散时间傅里叶变换的定义为

$$X(\Omega) = \sum_{n=-\infty}^{\infty} x(n) e^{-j\Omega n} \tag{6.5}$$

与连续时间傅里叶变换、拉普拉斯变换及 z 变换不同，离散时间傅里叶变换在 MATLAB 中没有直接的符号函数。但若 $x(n)$ 满足一定条件，可以先用 ztrans 函数计算出序列的 z 变换，再将 $z=e^{j\Omega}$ 代入，得到离散时间傅里叶变换 $X(\Omega)$。

6.2.1　离散时间傅里叶变换

可以借助数值计算的方法近似求解离散时间傅里叶变换。假设非周期序列的主要取值区间为 $[n_1, n_2]$，可得

$$X(\Omega) \approx \sum_{n=n_1}^{n_2} x(n) e^{-j\Omega n} \tag{6.6}$$

利用式(6.6)可以算出任意频点的傅里叶变换值。

为便于计算机处理，需要将连续变量 Ω 离散化。假设 $X(\Omega)$ 在 $[\Omega_1, \Omega_2]$ 区间上均匀抽样了 M 个值，则抽样间隔 $\Delta\Omega = \dfrac{\Omega_2 - \Omega_1}{M}$，由式(6.6)可得

$$X(\Omega_1 + m\Delta\Omega) \approx \sum_{n=n_1}^{n_2} x(n) e^{-j(\Omega_1 + m\Delta\Omega)n} \tag{6.7}$$

同样，式(6.7)可用矩阵-向量乘法实现

$$\begin{bmatrix} X(\Omega_1) \\ X(\Omega_1 + \Delta\Omega) \\ \vdots \\ X(\Omega_2 - \Delta\Omega) \end{bmatrix} \approx \begin{bmatrix} e^{-j\Omega_1 n_1} & e^{-j\Omega_1(n_1+1)} & \cdots & e^{-j\Omega_1 n_2} \\ e^{-j(\Omega_1+\Delta\Omega)n_1} & e^{-j(\Omega_1+\Delta\Omega)(n_1+1)} & \cdots & e^{-j(\Omega_1+\Delta\Omega)n_2} \\ \vdots & \vdots & & \vdots \\ e^{-j(\Omega_2-\Delta\Omega)n_1} & e^{-j(\Omega_2-\Delta\Omega)(n_1+1)} & \cdots & e^{-j(\Omega_2-\Delta\Omega)n_2} \end{bmatrix} \begin{bmatrix} x(n_1) \\ x(n_1+1) \\ \vdots \\ x(n_2) \end{bmatrix}$$

$$\tag{6.8}$$

例 6.2.1　求如图 6.2.1 所示序列的傅里叶变换。

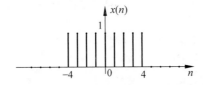

图 6.2.1　离散时间非周期序列

解：MATLAB 源代码如下

```
close all; clc;clear all;
n = -10:10;                             % 序列的主要作用区间
x = rectpuls(n,9);                      % x(n)
N = 1000;                               % 对频谱抽取 1001 点
dw = 6 * pi/N;                          % 频谱抽样间隔
w = -3 * pi:dw:3 * pi - dw;             % 频域自变量
[Xw,Xn] = meshgrid(w,n);                % 利用矩阵-向量乘法计算
Xw = x * exp(-j * Xn. * Xw);
plot(w,Xw); xlabel('\Omega');
xlim([-3 * pi 3 * pi]); title('离散序列的傅里叶变换')
```

程序运行结果如图 6.2.2 所示。观察发现,离散时间非周期序列的频谱是连续且周期的,周期是 2π;实偶序列 $x(n)$ 的频谱是实偶函数。

将例 6.2.1 的结果与傅里叶变换的理论值 $\dfrac{\sin(4.5\Omega)}{\sin(0.5\Omega)}$ 进行比较,结果如图 6.2.3 所示。与连续时间傅里叶变换不同,采用矩阵-向量乘法计算离散时间傅里叶变换的误差小得多,可忽略不计。

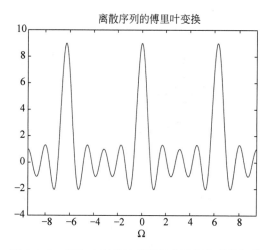

图 6.2.2 矩阵-向量乘法得到的非周期序列的频谱

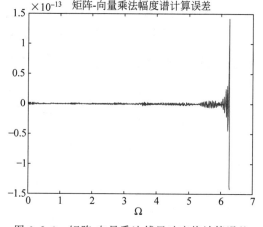

图 6.2.3 矩阵-向量乘法傅里叶变换计算误差

根据 6.1.2 节的分析,对离散时间非周期序列进行频谱分析时可以采用快速傅里叶变换,需要注意的是,此时 fft 函数返回的是 $[0,2\pi]$ 区间上 $X(\Omega)$ 的抽样值,可以利用 fftshift 命令将零频移到中心;通过增加 fft 点数,能够使返回结果越来越接近连续频谱 $X(\Omega)$。

例 6.2.2 利用快速傅里叶变换重新求例 6.2.1。

解：MATLAB 源代码如下

```
close all; clc;clear all;
n = -10:10;                             % 序列的主要作用区间
x = rectpuls(n,9);                      % x(n)
```

```
Xw = fftshift(fft(x,1000));              %
w = linspace( - pi,pi,1000);             %角频率
plot(w,Xw); xlabel('\Omega');
xlim([ - pi pi]); title('1000 点 fft 得到的非周期序列频谱')
```

程序运行结果如图 6.2.4 所示。

观察发现,图 6.2.4 结果错误。分析其原因,是因为 fft 函数要求输入是因果信号,原程序不符合要求。假设做的是 N 点 fft,需要对 x(n)以 N 为周期进行周期延拓再取 $[0,N-1]$ 上的值。修改后的源代码如下

```
clc; clear all; close all;
n = - 10:10;                             %序列的主要作用区间
x = rectpuls(n,9);                       % x(n)
N = 1000;                                % fft 点数
y = zeros(1,N);                          %将输入信号转化为 fft 要求的形式
y(mod(n,N) + 1) = x;                     %按要求对 x 进行处理
Xw = fftshift(fft(y,1000));              %
w = linspace( - pi,pi,1000);             %角频率
plot(w,Xw); xlabel('\Omega');
xlim([ - pi pi]); title('修改程序后 1000 点 fft 得到的非周期序列频谱')
```

程序运行结果如图 6.2.5 所示。

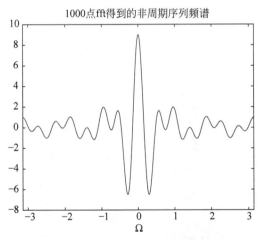

图 6.2.4 快速傅里叶变换得到的非周期
序列的频谱

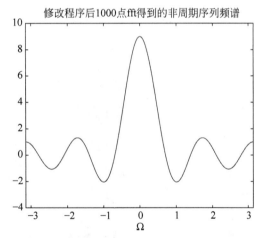

图 6.2.5 修改程序后快速傅里叶变换得到的
非周期序列的频谱

6.2.2 离散时间傅里叶反变换

根据定义式

$$x(n) = \frac{1}{2\pi}\int_{2\pi} X(\Omega) \mathrm{e}^{\mathrm{j}\Omega n}\, \mathrm{d}\Omega \tag{6.9}$$

可以借助数值计算的方法进行求解离散时间傅里叶反变换。为便于计算机处理,同样需要将连续变量 Ω 离散化。假设 $X(\Omega)$ 在 $[0,2\pi]$ 区间上均匀抽样了 M 个值,则抽样间隔 $\Delta\Omega = \dfrac{2\pi}{M}$,$x(n)$ 可表示为

$$x(n) \approx \frac{\Delta\Omega}{2\pi} \sum_{m=0}^{M-1} X(m\Delta\Omega) e^{jm\Delta\Omega n} \tag{6.10}$$

利用式(6.10)可以算出任意时刻的傅里叶反变换值。

例 6.2.3　计算 $\dfrac{\sin(4.5\Omega)}{\sin(0.5\Omega)}$ 的傅里叶反变换。

解：MATLAB 源代码如下

```
close all; clc;clear all;
M = 100;                              %一个周期频谱的抽样点数
dw = 2 * pi/M;                        % 角频率抽样间隔
w = 0:dw:2 * pi - dw;                 % 角频率
Xw = sin(4.5 * w)./sin(0.5 * w);      % Xw
Xw(1) = 9;                            %定义 0/0 时的结果
n = - 12:12;                          %时域自变量
[nn,Omega] = meshgrid(n,w);           %将自变量转为矩阵形式
xn = Xw * exp(j * nn. * Omega) * dw/2/pi;   %利用矩阵-向量乘法计算 Xk
stem(n,abs(xn),'filled');   xlabel('n');
title('x(n)'); xlim([ - 12 12])
```

程序运行结果如图 6.2.6 所示。

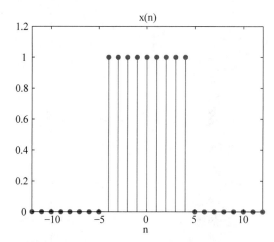

图 6.2.6　离散时间傅里叶反变换

根据 6.1.2 节的分析,可以采用快速傅里叶变换计算离散时间傅里叶反变换。需要注意的是,ifft 函数需要输入 $X(\Omega)$ 在 $[0,2\pi]$ 区间的抽样值,假设 ifft 点数是 N,其返回结果是将 $x(n)$ 以 N 为周期进行周期延拓后取 $[0,N-1]$ 时刻的值。

例 6.2.4　利用快速傅里叶变换重新求例 6.2.3。

解：MATLAB 源代码如下

```
close all; clc;clear all;
M = 100;                              % 一个周期频谱的抽样点数
dw = 2 * pi/M;                        % 角频率抽样间隔
w = 0:dw:2 * pi - dw;                 % 角频率
Xw = sin(4.5 * w)./sin(0.5 * w);      % Xw
Xw(1) = 9;
xn = fftshift(abs(ifft(Xw,M)));       % 将 0 时刻放在中心
n = (0:M-1) - M/2;                    % 自变量
stem(n,abs(xn),'filled');   xlabel('n');
title('x(n)'); xlim([-12 12])
```

程序运行结果如图 6.2.7 所示。

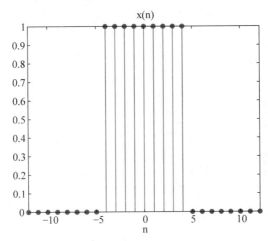

图 6.2.7　快速傅里叶变换得到的 x(n)

6.2.3　离散时间傅里叶变换的展缩性质

在连续、离散傅里叶变换性质中,展缩性质区别较大。由于序列压缩时会丢失信号,所以只考虑序列翻转或扩展成整数倍的情况。如果 $x(n) \overset{\mathcal{F}}{\longleftrightarrow} X(\Omega)$,则有

$$x(-n) \overset{\mathcal{F}}{\longleftrightarrow} X(-\Omega) \tag{6.11}$$

定义序列

$$x_{(k)}(n) = \begin{cases} x(n/k), & n \text{ 是 } k \text{ 的整数倍} \\ 0, & n \text{ 不是 } k \text{ 的整数倍} \end{cases}$$

则有

$$x_{(k)}(n) \overset{\mathcal{F}}{\longleftrightarrow} X(k\Omega) \tag{6.12}$$

分别通过例 6.2.5、例 6.2.6 验证展缩性质。

例 6.2.5　已知 $x(n) = \left(\dfrac{1}{2}\right)^n u(n)$,分别求 $x(n)$、$x(-n)$ 的傅里叶变换。

解:由于 $x(-n)$ 非因果,只能采用矩阵-向量乘法分别计算傅里叶变换,MATLAB

源代码如下

```
close all; clc;clear all;
n = - 30:30;                              % 序列的主要作用区间
x1 = (1/2).^n. * (n> = 0);                % x(n)
x2 = (1/2).^( - n). * (n< = 0);           % x( - n)
N = 1000;                                 % 对频谱抽取 1001 点
dw = 6 * pi/N;                            % 频谱抽样间隔
w = - 3 * pi:dw:3 * pi - dw;              % 频域自变量
[Xw,Xn] = meshgrid(w,n);                  % 利用矩阵-向量乘法计算
Xw1 = x1 * exp( - j * Xn. * Xw);          % x(n)的傅里叶变换
Xw2 = x2 * exp( - j * Xn. * Xw);          % x( - n)的傅里叶变换
subplot(2,3,1); stem(n,x1,'.'); title('x(n)')
subplot(2,3,2); plot(w,real(Xw1));
xlabel('\Omega'); xlim([ - 3 * pi 3 * pi]);
title('x(n)傅里叶变换的实部')
subplot(2,3,3); plot(w,imag(Xw1));
xlabel('\Omega'); xlim([ - 3 * pi 3 * pi]);
title('x(n)傅里叶变换的虚部')
subplot(2,3,4); stem(n,x2,'.'); title('x( - n)')
subplot(2,3,5); plot(w,real(Xw2));
xlabel('\Omega'); xlim([ - 3 * pi 3 * pi]);
title('x( - n)傅里叶变换的实部')
subplot(2,3,6); plot(w,imag(Xw2));
xlabel('\Omega'); xlim([ - 3 * pi 3 * pi]);
title('x( - n)傅里叶变换的虚部')
```

程序运行结果如图 6.2.8 所示。观察发现,时域上左右翻转后,序列频谱的实部、虚部也做了左右翻转。

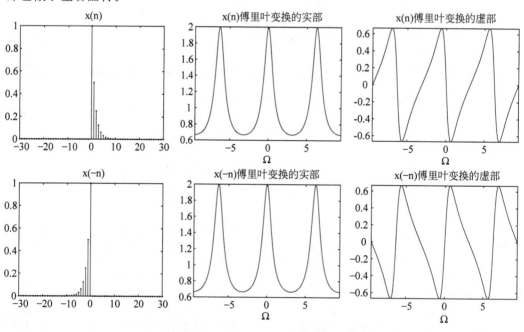

图 6.2.8　序列翻转前后的傅里叶变换

例 6.2.6 $x(n)$ 如图 6.2.1 所示,求 $x_{(2)}(n)$、$x_{(3)}(n)$、$x_{(4)}(n)$ 的傅里叶变换。

解:为便于观察频谱的多个周期,采用矩阵-向量乘法计算序列的傅里叶变换,MATLAB 源代码如下

```
close all; clc;clear all;
n = - 20:20;                        % 序列的主要作用区间
x1 = rectpuls(n,9); % x(n)
x2 = rectpuls(n/2,9). * (mod(n/2,1) == 0); % x(2)(n)
x3 = rectpuls(n/3,9). * (mod(n/3,1) == 0); % x(3)(n)
x4 = rectpuls(n/4,9). * (mod(n/4,1) == 0); % x(4)(n)
N = 1000;                           % 对频谱抽取 1001 点
dw = 6 * pi/N;                      % 频谱抽样间隔
w = - 3 * pi:dw:3 * pi - dw;        % 频域自变量
[Xw, Xn] = meshgrid(w,n);           % 利用矩阵-向量乘法计算
Xw1 = x1 * exp( - j * Xn. * Xw);
Xw2 = x2 * exp( - j * Xn. * Xw);
Xw3 = x3 * exp( - j * Xn. * Xw);
Xw4 = x4 * exp( - j * Xn. * Xw);
subplot(4,2,1); stem(n,x1,'filled'); title('x(n)')
subplot(4,2,2); plot(w,Xw1);
xlabel('\Omega'); xlim([ - 3 * pi 3 * pi]);
title('x(n)的频谱')
subplot(4,2,3); stem(n,x2,'filled'); title('x_{(2)}(n)')
subplot(4,2,4); plot(w,Xw2);
xlabel('\Omega'); xlim([ - 3 * pi 3 * pi]);
title('x_{(2)}(n)的频谱')
subplot(4,2,5); stem(n,x3,'filled'); title('x_{(3)}(n)')
subplot(4,2,6); plot(w,Xw3);
xlabel('\Omega'); xlim([ - 3 * pi 3 * pi]);
title('x_{(3)}(n)的频谱')
subplot(4,2,7); stem(n,x4,'filled'); title('x_{(4)}(n)')
subplot(4,2,8); plot(w,Xw4);
xlabel('\Omega'); xlim([ - 3 * pi 3 * pi]);
title('x_{(4)}(n)的频谱')
```

程序运行结果如图 6.2.9 所示。观察发现,信号在时域上扩展对应,频域上压缩。

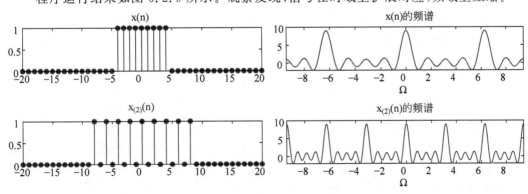

图 6.2.9　序列时域扩展后的傅里叶变换

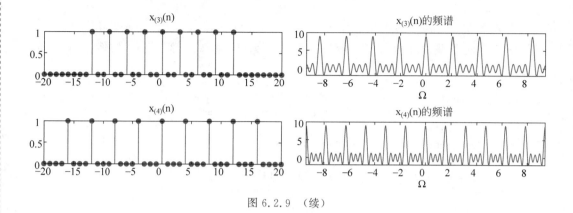

图 6.2.9 （续）

例 6.2.7 $x(n)$如图 6.2.1 所示，求 $x(2n)$的傅里叶变换。

解： 采用矩阵-向量乘法计算序列的傅里叶变换，MATLAB 源代码如下

```
close all; clc;clear all;
n = - 10:10;                      % 序列的主要作用区间
x1 = rectpuls(n,9);               % x(n)
x2 = rectpuls(2 * n,9);           % x(2n)
N = 1000;                         % 对频谱抽取 1001 点
dw = 6 * pi/N;                    % 频谱抽样间隔
w = - 3 * pi:dw:3 * pi - dw;      % 频域自变量
[Xw,Xn] = meshgrid(w,n);          % 利用矩阵-向量乘法计算
Xw1 = x1 * exp( - j * Xn. * Xw);
Xw2 = x2 * exp( - j * Xn. * Xw);
subplot(2,2,1); stem(n,x1,'filled'); title('x(n)')
subplot(2,2,2); plot(w, Xw1);
xlabel('\Omega'); xlim([ - 3 * pi 3 * pi]);
title('x(n)的频谱')
subplot(2,2,3); stem(n,x2,'filled'); title('x(2n)')
subplot(2,2,4); plot(w, Xw2);
xlabel('\Omega'); xlim([ - 3 * pi 3 * pi]);
title('x(2n)的频谱')
```

程序运行结果如图 6.2.10 所示。与理论分析的一致，由于序列压缩时会丢失点，所以频谱之间没有扩展的关系。

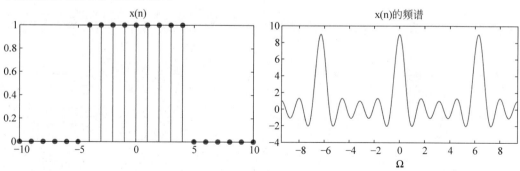

图 6.2.10　序列时域压缩后的傅里叶变换

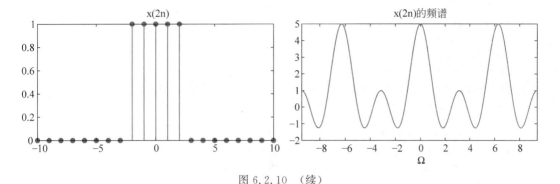

图 6.2.10 （续）

6.3 几种傅里叶变换的关系

例 6.3.1 连续时间周期信号 $x_a(t)$、连续时间非周期信号 $x_b(t)$、离散时间周期序列 $x_c(n)$、离散时间非周期序列 $x_d(n)$ 如图 6.3.1 所示，分别计算上述 4 个信号的频谱并进行比较分析。

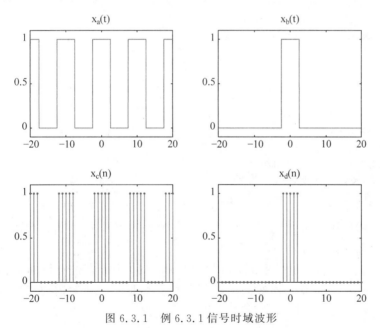

图 6.3.1 例 6.3.1 信号时域波形

解：MATLAB 源代码如下

```
close all; clc;clear all;
dt = 0.01;                      % 时域抽样间隔
T = 10;                         % 周期
tao = 5;                        % 脉冲宽度
t = - T/2:dt:T/2 - dt;          % 时域自变量
```

```
%%%%%%%%%%%%%%%%% xa(t)的时频域 %%%%%%%%%%%%%
xa = rectpuls(t,tao);          % 一个周期的 xa(t)的赋值
w0 = 2 * pi/T;                 % 基频
k = - 20:20;                   % 需要计算的 Xk 的项数
[W,tt] = meshgrid(k * w0,t);   % 将自变量转为矩阵形式
Xa = dt/T * xa * exp( - j * tt. * W); % 利用矩阵-向量乘法计算 Xk
subplot(2,2,1); stem(k * w0,abs(Xa),'filled');
xlabel('\omega'); title('xa(t)的幅度谱')
%%%%%%%%%%%%%%%% xb(t)的时频域 %%%%%%%%%%%%%%%
xb = rectpuls(t,tao);          % 一个周期的 xa(t)的赋值
w = - 20:0.01:20;              % 信号频谱主要取值区间
[W,tt] = meshgrid(w,t);        % 生成矩阵
Xb = dt * xb * exp( - j * tt. * W); % 利用矩阵-向量乘法计算
subplot(2,2,2); plot(w,abs(Xb));
xlabel('\omega'); title('xb(t)的幅度谱')
%%%%%%%%%%%%%%%%% xc(n)的时频域 %%%%%%%%%%%%%%
N = T;
n = - N/2:N/2 - 1;             % 离散时域自变量
xc = rectpuls(n,tao);
[Omega,nn] = meshgrid(k * w0,n); % 将自变量转为矩阵形式
Xc = xc * exp( - j * nn. * Omega); % 利用矩阵-向量乘法计算 Xk
subplot(2,2,3); stem(k * w0,abs(Xc),'filled');
xlabel('\Omega'); title('xc(n)的幅度谱')
%%%%%%%%%%%%%%%% xd(n)的时频域 %%%%%%%%%%%%%%%
xd = xc;                       % 主周期内,xd(n) = xc(n)
N = 1000;                      % 对频谱抽取 1001 点
dw = 6 * pi/N;                 % 频谱抽样间隔
w = - 3 * pi:dw:3 * pi - dw;   % 频域自变量
[Xw,Xn] = meshgrid(w,n);       % 利用矩阵-向量乘法计算
Xd = xd * exp( - j * Xn. * Xw);
subplot(2,2,4); plot(w,abs(Xd));
xlabel('\Omega'); title('xd(n)的幅度谱')
```

程序运行结果如图 6.3.2 所示。下面对图 6.3.2 结果进行分析。

(1) $x_a(t)$的幅度谱最大值是其他 3 个信号的幅度谱最大值的 1/10,这是因为连续时间傅里叶级数在计算时有一个系数 $1/T$。

(2) $x_a(t)$和 $x_c(n)$分别是 $x_b(t)$和 $x_d(n)$以 10 为周期进行周期延拓后的结果, $x_a(t)$的频谱是 $x_b(t)$频谱的离散抽样, $x_c(n)$的频谱是 $x_d(n)$频谱的离散抽样,抽样间隔是 $\dfrac{2\pi}{T}=\dfrac{\pi}{5}$。

$$X_a(k) = \frac{1}{T}X_b(\mathrm{j}\omega)\Big|_{\omega=k\frac{2\pi}{T}} \tag{6.13}$$

$$X_c(k) = X_d(\Omega)\Big|_{\Omega=k\frac{2\pi}{N}} \tag{6.14}$$

(3) $x_c(n)$和 $x_d(n)$分别是 $x_a(t)$和 $x_b(t)$以间隔 1 进行抽样的结果, $x_c(n)$的频谱是 $x_a(t)$频谱的周期延拓, $x_d(n)$的频谱是 $x_b(t)$频谱的周期延拓,延拓的周期是 2π。

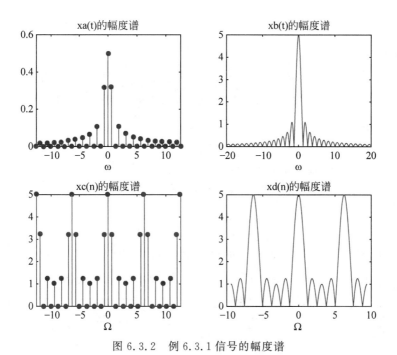

图 6.3.2　例 6.3.1 信号的幅度谱

6.4　离散时间系统的频域分析

6.4.1　离散时间系统的频率响应

对式(4.20)描述的离散时间系统的等式两边分别做傅里叶变换并进行整理

$$H(\Omega) = \frac{b_0 + b_1 e^{-j\Omega} + \cdots + b_m e^{-jm\Omega}}{1 + a_1 e^{-j\Omega} + \cdots + a_k e^{-jk\Omega}} \tag{6.15}$$

式中,m 和 k 都是正整数,且系数均为实数。

在 MATLAB 中,信号处理工具箱中的 freqz 函数可直接计算离散时间线性时不变系统的频率响应,调用格式如下。

freqz(b,a):没有返回值,直接画出系统幅频、相频响应在[0 π]区间的波特图。b、a 分别是式(6.16)中的分子、分母多项式系数向量。

H = freqz(b,a,w):向量 w 是系统频率响应的角频率范围,返回值 H 为 w 上的频率响应。

[H,w] = freqz(b,a,N):在[0,π]区间等间隔选取 N 个角频率点来计算频率响应,返回值 w 为设定的 N 个角频率值,N 的默认值为 512。

例 6.4.1　某因果系统的差分方程为 $y(n)+ay(n-1)=x(n)$,画出 $a=\pm0.8$ 时系统的频率响应。

解:MATLAB 源代码如下

```
close all; clc;clear all;
w = - 3 * pi:0.1:3 * pi;              % 角频率
a1 = [1 0.8];                          % 分母多项式系数
a2 = [1 - 0.8];                        % 分母多项式系数
b = [1];                               % 分子多项式系数
H1 = freqz(b,a1,w);                   % a = 0.8 时的频率响应
H2 = freqz(b,a2,w);                   % a = - 0.8 时的频率响应
subplot(2,2,1); plot(w,abs(H1));
xlim([ - 3 * pi 3 * pi]); title('a = 0.8 时的幅频特性')
subplot(2,2,2); plot(w,angle(H1));
xlim([ - 3 * pi 3 * pi]); title('a = 0.8 时的相频特性')
subplot(2,2,3); plot(w,abs(H2));
xlim([ - 3 * pi 3 * pi]); title('a = - 0.8 时的幅频特性')
subplot(2,2,4); plot(w,angle(H2));
xlim([ - 3 * pi 3 * pi]); title('a = - 0.8 时的相频特性')
```

程序运行结果如图 6.4.1 所示。离散时间系统频率响应是周期的,周期为 2π,再加上实序列的幅度谱为偶函数,因此判断滤波特性时只需判断 $[0,\pi]$ 区间上幅度谱的变化趋势。可以看出,当 a=0.8 时,系统呈现高通特性;当 a=-0.8 时,系统呈现低通特性。

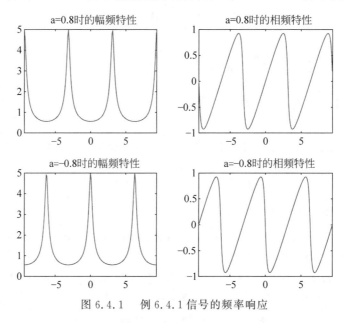

图 6.4.1 例 6.4.1 信号的频率响应

6.4.2 正弦序列通过系统的响应

与连续时间信号一样,正弦序列通过线性时不变系统后,

$$\cos(\Omega_0 n) \rightarrow | H(\Omega_0) | \cos(\Omega_0 n + \angle H(\Omega_0)) \tag{6.16}$$

$$\sin(\Omega_0 n) \rightarrow | H(\Omega_0) | \sin(\Omega_0 n + \angle H(\Omega_0)) \tag{6.17}$$

例 6.4.2 将 $\cos\left(\dfrac{\pi n}{4}\right)$ 通过例 6.4.1 的系统,求输出,并验证式(6.17)。

解:MATLAB 源代码如下

```
close all; clc;clear all;
a1 = [1 0.8];                          % 分母多项式系数
a2 = [1 - 0.8];                        % 分母多项式系数
b = [1];                               % 分子多项式系数
n = 0:100;                             % 时域自变量
%%%%%%%%% 数值计算得到输出 %%%%%%%%%%%%
x = cos(pi/4 * n);                     % 输入信号
y1 = filter(b,a1,x);                   % 计算得到的输出
y2 = filter(b,a2,x);                   % 计算得到的输出
%%%%%%%%% 理论上的输出 %%%%%%%%%%%%%%%%%
H1 = freqz(b,a1,[pi/4,pi]);            % 计算频率响应在 π/4 的值
y3 = abs(H1(1)) * cos(pi/4 * n + angle(H1(1)));
H2 = freqz(b,a2,[pi/4,pi]);            % 计算频率响应在 π/4 的值
y4 = abs(H2(1)) * cos(pi/4 * n + angle(H2(1)));
subplot(2,2,1); stem(n,y1,'filled'); xlim([50 70])
title('a = 0.8 时,cos(\pin/4)通过系统计算得到的输出');
subplot(2,2,2); stem(n,y3,'filled'); xlim([50 70])
title('a = 0.8 时,cos(\pin/4)通过系统理论得到的输出');
subplot(2,2,3); stem(n,y2,'filled'); xlim([50 70])
title('a = - 0.8 时,cos(\pin/4)通过系统计算得到的输出');
subplot(2,2,4); stem(n,y4,'filled'); xlim([50 70])
title('a = - 0.8 时,cos(\pin/4)通过系统理论得到的输出');
```

程序运行结果如图 6.4.2 所示。观察发现:当输出稳定后,计算得到的余弦序列通过

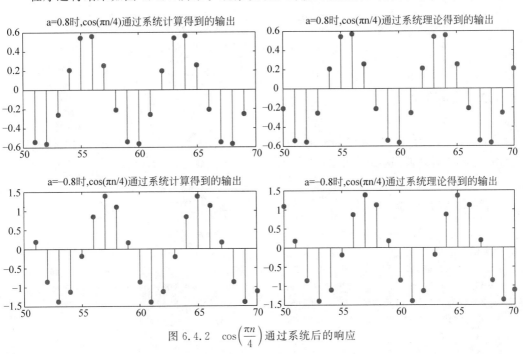

图 6.4.2 $\cos\left(\dfrac{\pi n}{4}\right)$ 通过系统后的响应

系统的响应与理论结果一致；当 a＝0.8 时，余弦序列通过系统后振幅减小，而 a＝－0.8 时，余弦序列通过系统后振幅增加。这是因为 a＝0.8 时，系统是高通滤波器，a＝－0.8 时，系统是低通滤波器，而 $\cos\left(\dfrac{\pi n}{4}\right)$ 的角频率相对较低，故通过系统后振幅增加。

若将输入序列改为 $\cos(\pi n)$，输出如图 6.4.3 所示。观察发现，当输入序列的角频率由低频 $\dfrac{\pi}{4}$ 增加到高频 π 时，当 a＝0.8 时，余弦序列通过系统后振幅增加；而当 a＝－0.8 时，余弦序列通过系统后振幅减小。

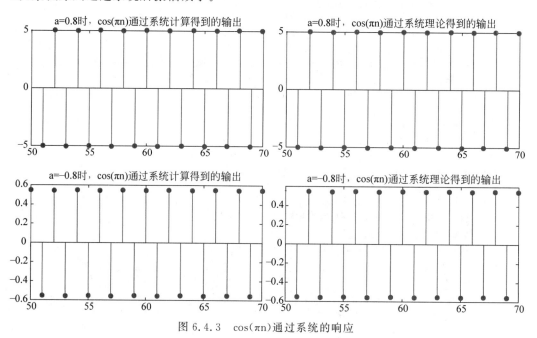

图 6.4.3　$\cos(\pi n)$ 通过系统的响应

6.4.3　实际滤波器

6.4.2 节以余弦序列为例展示了不同滤波器带来的影响。下面以更一般的输入序列为例，展示其通过低通、高通滤波器后的输出。

例 6.4.3　普通序列 $x(n)$ 通过例 6.4.1 的系统，求输出。

解：MATLAB 源代码如下

```
clear all;close all;clc;
%输入信号
x = [170,165,123,140,142,192,95,92,75,110,135,117,77,120,100,100,65,102,46,40,42,...
130,60,55,17,5,57,55,78,120,157,164,170,105,93,97,120,107,107,90,116,117,147,...
120,146,170,170,185,187,197,200,185,160,172,140,180,125,132,132,177,220,225,...
163,180,145,180,175,180,192,177,192,125,182,125,137,137,137,137,137,137];
x = x + 100;
```

```
% 系统
a1 = [1 0.8];                      % 分母多项式系数
a2 = [1 - 0.8];                    % 分母多项式系数
b = [1];                          % 分子多项式系数
% 输出
y1 = filter(b,a1,x);              % 计算得到的输出,前文分析了系统 1 为高通滤波器
y2 = filter(b,a2,x);              % 计算得到的输出,前文分析了系统 2 为低通滤波器
% 画图
subplot(3,1,1); stem(x,'filled'); title('输入序列')
subplot(3,1,2); stem(y1,'filled'); title('经过高通滤波器的输出')
subplot(3,1,3); stem(y2,'filled'); title('经过低通滤波器的输出')
```

　　程序运行结果如图 6.4.4 所示。观察发现,离散时间序列经过高通滤波器后,高频分量,也就是变化较快的地方得到了放大;而经过低通滤波器后,高频分量受到了抑制。

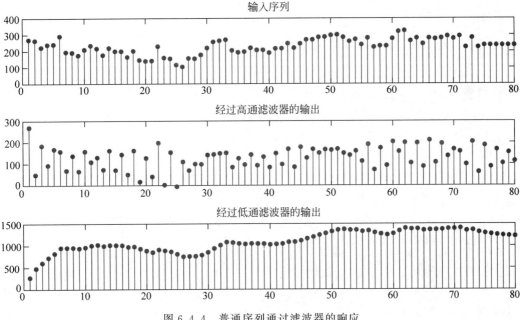

图 6.4.4　普通序列通过滤波器的响应

第7章

连续时间信号与系统的复频域分析

本章首先介绍信号的拉普拉斯变换,再介绍连续时间系统函数的零极点分布及其应用、系统的模拟,最后介绍状态变量分析法在全响应求解中的应用。

7.1　信号的拉普拉斯变换

单边拉普拉斯变换定义为

$$X(s) = \int_{0^-}^{\infty} x(t) \mathrm{e}^{-st} \, \mathrm{d}t \tag{7.1}$$

单边拉普拉斯反变换定义为

$$x(t) = \left[\frac{1}{2\pi \mathrm{j}} \int_{\sigma - \mathrm{j}\infty}^{\sigma + \mathrm{j}\infty} X(s) \mathrm{e}^{st} \, \mathrm{d}s \right] u(t) \tag{7.2}$$

7.1.1　符号函数求解单边拉普拉斯变换

与傅里叶变换类似,MATLAB 提供了符号函数 laplace 求解信号的拉普拉斯变换,需要注意的是,该符号函数计算的是单边拉普拉斯变换,调用格式如下。

laplace(x):对默认变量为 t 的符号表达式求单边拉普拉斯变换,默认返回关于 s 的函数。

laplace(x,v):对默认自变量为 t 的符号表达式求单边拉普拉斯变换,返回关于 v 的函数。

laplace(x,u,v):对 x(u)求单边拉普拉斯变换,返回关于 v 的函数。

例 7.1.1　计算 $\mathrm{e}^{2t} u(t)$、$\sin(3t) u(t)$、$\mathrm{e}^{2t} \sin(3t) u(t)$ 的拉普拉斯变换。

解：MATLAB 源代码如下

```
clear all; clc;
syms t;                                    % 声明符号变量
x1 = exp(2 * t) * heaviside(t);            % x1(t)
x2 = sin(3 * t) * heaviside(t);            % x2(t)
x3 = exp(2 * t) * sin(3 * t) * heaviside(t);   % x3(t)
X1 = laplace(x1)
X2 = laplace(x2)
X3 = laplace(x3)
```

命令窗口运行结果为

```
X1 =
1/(s - 2)
X2 =
3/(s^2 + 9)
X3 =
3/((s - 2)^2 + 9)
```

7.1.2 符号函数求解单边拉普拉斯反变换

MATLAB 提供了符号函数 ilaplace 求解信号的单边拉普拉斯反变换，调用格式如下。

ilaplace(X)：对默认变量为 s 的符号函数表达式求单边拉普拉斯反变换，默认返回关于 t 的函数。

ilaplace(X,u)：对默认变量为 s 的符号函数表达式求单边拉普拉斯反变换，返回关于 u 的函数。

ilaplace(X,v,u)：对 X(v) 求单边拉普拉斯反变换，返回关于 u 的函数。

例 7.1.2 求 $\dfrac{1}{s^2-3s+2}$、$\dfrac{4s^2+11s+10}{2s^2+5s+3}$ 的单边拉普拉斯反变换。

解：MATLAB 源代码如下

```
clear all; clc;
syms s;                                    % 声明符号变量
L1 = 1/(s^2 - 3 * s + 2);                  % X1(s)
L2 = (4 * s^2 + 11 * s + 10)/(2 * s^2 + 5 * s + 3);   % X2(s)
x1 = ilaplace(L1)
x2 = ilaplace(L2)
```

命令窗口运行结果为

```
x1 =
exp(2 * t) - exp(t)
x2 =
3 * exp( - t) - (5 * exp( - (3 * t)/2))/2 + 2 * dirac(t)
```

由于 ilaplace 进行的是单边拉普拉斯变换反变换，对运行结果进行整理可得

$$x_1(t) = (e^{2t} - e^t)u(t)$$

$$x_2(t) = 3e^{-t}u(t) - \frac{5}{2}e^{-\frac{3}{2}t}u(t) + 2\delta(t)$$

7.1.3 部分分式展开法求解拉普拉斯反变换

$X(s)$ 一般可以写成分式的形式

$$X(s) = \frac{B(s)}{A(s)} = \frac{b_m s^m + b_{m-1}s^{m-1} + \cdots + b_0}{s^n + a_{n-1}s^{n-1} + \cdots + a_0} \tag{7.3}$$

其中，m 和 n 都是正整数，且系数均为实数。

用符号函数可以快速得到拉普拉斯反变换，但这种方法无法加深对概念的理解。对于求解分式形式的拉普拉斯反变换，推荐用部分分式展开法。MATLAB 提供了 residue 函数实现部分分式展开，调用格式如下。

[r,p,k]＝residue(b,a)：b、a 分别为式(7.3)中拉普拉斯变换的分子、分母多项式系数向量。r 为部分分式展开式的系数向量，p 为所有极点的位置向量，k 为有理多项式的系数向量，对应的分式展开结果为

$$X(s) = \frac{r_n}{s - p_n} + \frac{r_{n-1}}{s - p_{n-1}} + \cdots + \frac{r_1}{s - p_1} + k(s) \qquad (7.4)$$

[b,a]＝residue(r,p,k)：r、p、k、b、a 含义同上。

例 7.1.3 用部分分式展开法实现例 7.1.2。

解：MATLAB 源代码如下

```
clear all; clc;
b1 = 1;                        %X1(s)的分子多项式系数
a1 = [1 - 3 2];                %X1(s)的分母多项式
b2 = [4 11 10];                %X2(s)的分子多项式系数
a2 = [2 5 3];                  %X2(s)的分母多项式
[r1,p1,k1] = residue(b1,a1)
[r2,p2,k2] = residue(b2,a2)
```

命令窗口运行结果为

```
r1 =
    1
  - 1
p1 =
    2
    1
k1 =
    [ ]
r2 =
  - 2.5000
    3.0000
p2 =
  - 1.5000
  - 1.0000
k2 =
    2
```

由运行结果可知

$$X_1(s) = \frac{1}{s - 2} + \frac{-1}{s - 1} \qquad (7.5)$$

$$X_2(s) = \frac{-2.5}{s + 1.5} + \frac{3}{s + 1} + 2 \qquad (7.6)$$

然后由基本的拉普拉斯变换对可知，单边拉普拉斯反变换为

$$x_1(t) = (e^{2t} - e^t)u(t) \qquad (7.7)$$

$$x_2(t) = -2.5e^{-1.5t}u(t) + 3e^{-t}u(t) + 2\delta(t) \qquad (7.8)$$

上述反变换结果与例 7.1.2 的结果一致。

例 7.1.4　用部分分式展开法求 $X(s) = \dfrac{s+3}{(s+1)^3(s+2)}$ 的单边拉普拉斯反变换。

解：$X(s)$ 的分母不是多项式形式，可利用 conv 函数将因子相乘的形式转换成多项式的形式。MATLAB 源代码如下

```
clear all; clc;
b = [1 3];                              % X(s)的分子多项式系数
a1 = [1 1];                             % X(s)的分母多项式其中一个因式
a2 = [1,2];                             % X(s)的分母多项式其中一个因式
a = conv(conv(a1,a1),conv(a1,a2));      % 得到最后的分母多项式
[r,p,k] = residue(b,a)
```

命令窗口运行结果为

```
r =
  - 1.0000
    1.0000
  - 1.0000
    2.0000
p =
  - 2.0000
  - 1.0000
  - 1.0000
  - 1.0000
k =
      []
```

若分母多项式有重根，则 residue 输出结果中重根对应的多项式以升幂进行排列，即

$$X(s) = \frac{-1}{s+2} + \frac{1}{s+1} - \frac{1}{(s+1)^2} + \frac{2}{(s+1)^3} \tag{7.9}$$

然后由基本的拉普拉斯变换对可知，单边拉普拉斯反变换为

$$x(t) = (-\,\mathrm{e}^{-2t} + \mathrm{e}^{-t} - t\mathrm{e}^{-t} + t^2\mathrm{e}^{-t})u(t) \tag{7.10}$$

例 7.1.5　用部分分式展开法求 $X(s) = \dfrac{1}{s(s^2+s+1)}$ 的单边拉普拉斯反变换。

解：MATLAB 源代码如下

```
clear all; clc;
b = [1];                    % X(s)的分子多项式系数
a1 = [1 0];                 % X(s)的分母多项式其中一个因式
a2 = [1 1 1];               % X(s)的分母多项式其中一个因式
a = conv(a1,a2);            % 得到最后的分母多项式
[r,p,k] = residue(b,a)
```

命令窗口运行结果为

```
r =
  - 0.5000 + 0.2887i
```

```
  - 0.5000 - 0.2887i
    1.0000 + 0.0000i
p =
  - 0.5000 + 0.8660i
  - 0.5000 - 0.8660i
    0.0000 + 0.0000i
k =
     [ ]
```

由运行结果可知

$$X(s) = \frac{-0.5 + 0.2887j}{s - (-0.5 + 0.866j)} + \frac{-0.5 - 0.2887j}{s - (-0.5 - 0.866j)} + \frac{1}{s} \tag{7.11}$$

由于有一对共轭极点,若直接根据基本的拉普拉斯变换对得到时域表示式将比较复杂。为了得到简洁的时域表示式,可以采用以下两种方法。

方法一:利用 cart2pol 函数将共轭复数表示为极坐标形式,调用格式为

```
[theta,rho] = cart2pol(x,y)
```

其中 x 和 y 为笛卡儿坐标系的横纵坐标,theta 为极坐标系的幅角(单位为弧度),rho 为极坐标系的模。

在例 7.1.5 源代码末尾增加下列语句,即可得 r 的极坐标形式:

```
[theta,r] = cart2pol(real(r(1:2)),imag(r(1:2)))
```

命令窗口运行结果为

```
theta =
    2.6180
  - 2.6180
r =
    0.5774
    0.5774
```

因此

$$X(s) = \frac{0.5774\mathrm{e}^{2.618j}}{s - (-0.5 + 0.866i)} + \frac{0.5774\mathrm{e}^{-2.618j}}{s - (-0.5 - 0.866i)} + \frac{1}{s} \tag{7.12}$$

然后借助基本的拉普拉斯变换对,继续整理可得

$$x(t) = 0.5774\mathrm{e}^{2.618j}\mathrm{e}^{(-0.5+0.866j)t}u(t) + 0.5774\mathrm{e}^{-2.618j}\mathrm{e}^{(-0.5-0.866j)t}u(t) + u(t)$$

$$= 1.1547\mathrm{e}^{-0.5t}\cos(0.866t + 2.618)u(t) + u(t) \tag{7.13}$$

方法二:也可以再次利用 residue 函数将式(7.11)中的前两个分式进行合并,在例 7.1.5 源代码末尾增加下列语句,即可得到合并后的分式

```
[num,den] = residue(r(1:2),p(1:2),[])
```

命令窗口运行结果为

```
num =
  - 1   - 1
```

```
den =
    1.0000    1.0000    1.0000
```

因此

$$X(s) = \frac{-s-1}{s^2+s+1} + \frac{1}{s} \tag{7.14}$$

继续整理,可得

$$X(s) = -\frac{s+\frac{1}{2}}{\left(s+\frac{1}{2}\right)^2 + \left(\frac{\sqrt{3}}{2}\right)^2} - \frac{1}{\sqrt{3}} \frac{\frac{\sqrt{3}}{2}}{\left(s+\frac{1}{2}\right)^2 + \left(\frac{\sqrt{3}}{2}\right)^2} + \frac{1}{s} \tag{7.15}$$

再根据基本的拉普拉斯变换对,可得

$$x(t) = -e^{-\frac{t}{2}}\cos\frac{\sqrt{3}\,t}{2}u(t) - \frac{1}{\sqrt{3}}e^{-\frac{t}{2}}\sin\frac{\sqrt{3}\,t}{2}u(t) + u(t) \tag{7.16}$$

虽然式(7.13)和式(7.16)形式上不一样,但将式(7.13)展开后,二者相等。

7.2　连续时间系统的零极点分析

连续时间线性时不变系统的系统函数 $H(s)$ 通常是有理分式,使得分母多项式等于零的根称为极点(即特征根),分子多项式等于零的根称为零点,借助零极点可以实现系统特性分析。

7.2.1　连续时间系统函数的零极点

MATLAB 提供了 roots 函数求多项式的根,调用格式为

```
r = roots(p)
```

其中,p 为多项式的系数向量,r 为根向量。与前面一样,多项式的系数向量按降幂排列。

利用 roots 函数分别求出分子、分母多项式的根,即可得到零极点。除此之外,MATLAB 还提供了专门的函数 pzmap 求系统的零极点,调用格式如下。

pzmap(b,a):根据系数向量绘制零极点图,b、a 分别为系统函数分子、分母多项式系数向量。该函数可以画出高阶零点或极点。

[p,z]=pzmap(b,a):根据系数向量确定零点、极点,p、z 分别为极点、零点。

例 7.2.1　已知某连续时间线性时不变系统的系统函数 $H(s) = \dfrac{0.5s+1}{(s+1)(s^2+2s+2)}$,试画出其零极点分布。

解:MATLAB 源代码如下

```
clear all; clc; close all;
a = conv([1 1],[1 2 2]);          % 分母多项式系数向量
```

```
b = [0.5 1];                          % 分子多项式系数向量
p = roots(a);                         % 极点
z = roots(b);                         % 零点
plot(real(p),imag(p),'x',real(z),imag(z),'o')
legend('极点','零点');grid on;
figure; pzmap(b,a)
```

程序运行结果分别如图 7.2.1 和图 7.2.2 所示。

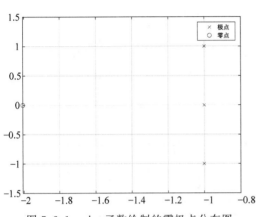

图 7.2.1　plot 函数绘制的零极点分布图

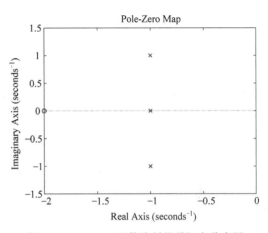

图 7.2.2　pzmap 函数绘制的零极点分布图

7.2.2　零极点分布对因果系统单位冲激响应的影响

实际运行的连续时间系统都是因果的,因此讨论零极点分布对连续时间系统单位冲激响应的影响时,只考虑因果系统。主要以一阶、二阶系统为例讨论极点、零点位置对单位冲激响应的影响。MATLAB 中提供了 zp2tf 函数实现从零极点分布到系统传递函数的转换,调用格式为

```
[b,a] = zp2tf(z,p,k)
```

其中,z、p、k 分别为零点向量、极点向量和增益系数,b、a 为系统函数的分子、分母多项式系数向量。

$$H(s) = k\frac{(s-z_1)(s-z_2)\cdots(s-z_m)}{(s-p_1)(s-p_2)\cdots(s-p_n)}$$

$$= \frac{b_m s^m + b_{m-1} s^{m-1} + \cdots + b_0}{s^n + a_{n-1} s^{n-1} + \cdots + a_0} = \frac{B(s)}{A(s)} \tag{7.17}$$

例 7.2.2　对于一阶系统,讨论极点位置对单位冲激响应的影响。

解：由于系统函数的分子、分母多项式系数一般是有理的,所以一阶系统的极点都在实轴上。分别考虑极点在左半实轴、原点、右半实轴的情况。MATLAB 源代码如下

```
clear all; clc; close all;
p = [-1.5 -0.5 0 0.5 1.5];                    % 不同的极点位置
z = [];
t = 0:0.001:20;                               % 时域自变量
for i = 1:length(p)
  [b,a] = zp2tf([],p(i),1);                   % 系数向量
  ht = impulse(b,a,t);
  subplot(length(p),2,2*i-1);
  plot(real(p(i)),imag(p(i)),'x',real(z),imag(z),'o');title('零极点图');
  xlim([-1.5 1.5])
  subplot(length(p),2,2*i); plot(t,ht);title('单位冲激响应')
end
```

程序运行结果如图 7.2.3 所示。观察发现,随着极点从实轴左侧向右轴移动,单位冲激响应由衰减到发散;离实轴越远,衰减或发散程度越高,动态结果请扫描二维码。

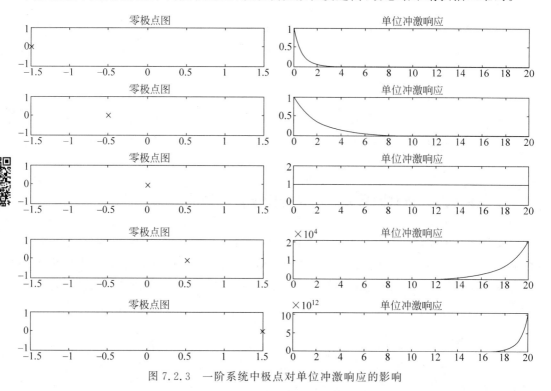

图 7.2.3　一阶系统中极点对单位冲激响应的影响

例 7.2.3　对于二阶系统,讨论极点位置对单位冲激响应的影响。

解: 二阶系统要么有两个实根,要么有两个共轭复根。若有两个实根,则它们对单位冲激响应的影响就是例 7.2.2 结果的叠加,这里讨论共轭复根对单位冲激响应的影响。分别考查共轭复根的横坐标、纵坐标对单位冲激响应的影响。MATLAB 源代码如下

```
clear all; clc; close all;
%%%%%%% 横坐标对 h(t) 的影响 %%%%%%%%%%%%
px = [-0.2 -0.1 0 0.1 0.2];                   % 极点横坐标
py = 1;                                        % 极点纵坐标
```

```
p = [px;px] + j * [py; - py] * ones(size(px));        % 组成共轭极点
z = [];
t = 0:0.001:20;                                        % 时域自变量
for i = 1:length(p)
  [b,a] = zp2tf([],p(:,i),1);                          % 系数向量
  ht = impulse(b,a,t);
  subplot(length(p),2,2 * i - 1);
  plot(real(p(:,i)),imag(p(:,i)),'x',real(z),imag(z),'o');title('零极点图');
  xlim([ - 0.5 0.5])
  subplot(length(p),2,2 * i); plot(t,ht);title('单位冲激响应')
end


% % % % % % % % 纵坐标对 h(t) 的影响 % % % % % % % % % % % % %
py = [1 2 3 4 5];                                      % 极点纵坐标
px = - 0.1;                                            % 极点横坐标
p = j * [py; - py] + px * ones(2,length(py));          % 组成共轭极点
figure;
for i = 1:length(p)
  [b,a] = zp2tf([],p(:,i),1);                          % 系数向量
  ht = impulse(b,a,t);
  subplot(length(p),2,2 * i - 1);
  plot(real(p(:,i)),imag(p(:,i)),'x',real(z),imag(z),'o');title('零极点图');
  ylim([ - 5 5])
  subplot(length(p),2,2 * i); plot(t,ht);title('单位冲激响应')
end
```

程序运行结果如图 7.2.4 和图 7.2.5 所示,动态结果请扫描二维码。

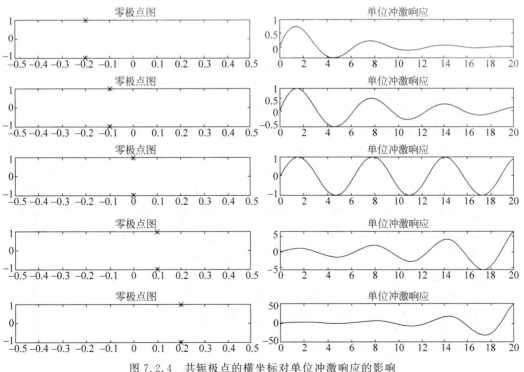

图 7.2.4　共轭极点的横坐标对单位冲激响应的影响

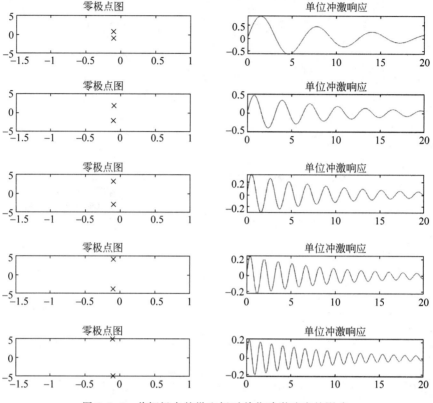

图 7.2.5　共轭极点的纵坐标对单位冲激响应的影响

观察发现：

（1）与例 7.2.2 结论一样，随着极点从左半平面移动到右半平面，响应由衰减变发散；

（2）若存在共轭极点，则单位冲激响应振荡；

（3）极点离横轴越远（纵坐标绝对值越大），振荡越快。

总体来说，单位冲激响应衰减程度由极点的横坐标决定，振荡程度由极点的纵坐标决定。

综合例 7.2.2 和例 7.2.3，对于因果系统，若极点在 s 平面左半平面，则单位冲激响应衰减，系统稳定；若极点在右半平面，则单位冲激响应发散，系统不稳定；若均在虚轴上，则单位冲激响应不增不减，但不满足绝对可积的条件，系统同样不稳定。

例 7.2.4　对于一阶系统，讨论零点位置对单位冲激响应的影响。

解：一阶系统最多有一个零点，且该零点一定在实轴上，分别考虑零点在左半实轴、原点、右半实轴的情况。MATLAB 源代码如下

```
clear all; clc; close all;
z = [-1.5 -0.5 0 0.5 1.5];          % 不同的零点位置
p = [0.5];                          % 极点位置固定
```

```
t = 0:0.001:20;                                      % 时域自变量
for i = 1:length(z)
    [b,a] = zp2tf(z(i),p,1);                         % 系数向量
    ht = impulse(b,a,t);
    subplot(length(z),2,2 * i - 1);
    plot(real(p),imag(p),'x',real(z(i)),imag(z(i)),'o');title('零极点图');
    xlim([ - 1.5 1.5])
    subplot(length(z),2,2 * i); plot(t,ht);title('单位冲激响应')
end
```

程序运行结果如图 7.2.6 所示。

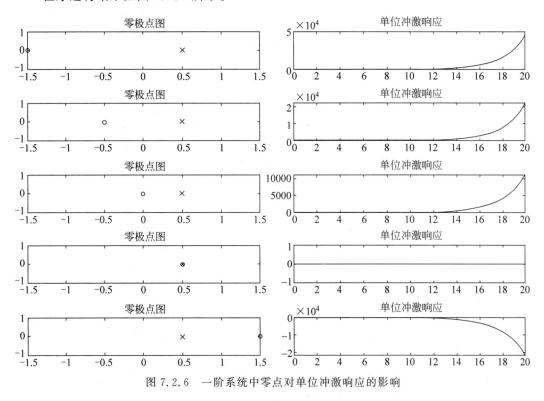

图 7.2.6 一阶系统中零点对单位冲激响应的影响

可以发现,除非零极点对消,否则零点位置只会对单位冲激响应的系数产生影响,不能改变衰减或增长的趋势。分析其原因,在用部分分式展开法求系统函数的反变换、得到单位冲激响应时,零点只能影响分式的系数,除非零极点对消,否则不能影响分式的分母,也不能改变系统的特征根。

7.2.3 零极点分布对稳定系统频率响应的影响

MATLAB 提供了 zp2tf 函数实现根据零极点分布得到系统传递函数,freqs 函数实现根据系统传递函数得到系统频率响应。

例 7.2.5 分析二阶系统中极点分布对幅频响应的影响。

解：选取一对共轭极点，分别考查共轭复根的横坐标、纵坐标对幅频响应的影响。考虑到连续时间系统一般是因果系统，频率响应存在的前提是系统稳定，因此极点横坐标需小于 0。MATLAB 源代码如下

```matlab
clear all; clc; close all;
%%%%%%%%%横坐标对|H(jw)|的影响%%%%%%%%%%%%%%
px = -0.5:0.1:-0.1;                                    % 极点横坐标
py = 2;                                                % 极点纵坐标
p = [px;px] + j*[py;-py]*ones(size(px));               % 组成共轭极点
z = [];
t = 0:0.001:20;                                        % 时域自变量
w = -10:0.01:10;                                       % 频域自变量
for i = 1:length(p)
  [b,a] = zp2tf([],p(:,i),1);                          % 系数向量
  Hjw_abs = abs(freqs(b,a,w));
  subplot(length(p),2,2*i-1);
  plot(real(p(:,i)),imag(p(:,i)),'x',real(z),imag(z),'o');title('零极点图');
  xlim([-0.5 0])
  subplot(length(p),2,2*i); plot(w,Hjw_abs/max(Hjw_abs));
  title('归一化幅频响应')
end

%%%%%%%%纵坐标对|H(jw)|的影响%%%%%%%%%%%%%%
py = [1 2 3 4 5];                                      % 极点纵坐标
px = -0.1;                                             % 极点横坐标
p = j*[py;-py] + px*ones(2,length(py));                % 组成共轭极点
figure;
for i = 1:length(p)
  [b,a] = zp2tf([],p(:,i),1);                          % 系数向量
  Hjw_abs = abs(freqs(b,a,w));
  subplot(length(p),2,2*i-1);
  plot(real(p(:,i)),imag(p(:,i)),'x',real(z),imag(z),'o');title('零极点图');
  ylim([-5 5]); xlim([-0.2 0]); yticks([1 2 3 4 5])
  subplot(length(p),2,2*i); plot(w,Hjw_abs/max(Hjw_abs));
  title('归一化幅频响应')
  xticks([1 2 3 4 5])
end
```

程序运行结果分别如图 7.2.7 和图 7.2.8 所示，动态结果请扫描二维码。观察发现：

（1）若在 $a\pm jw_0$ 处放置一对共轭极点，系统幅频响应将在 w_0 处附近出现极大值。

（2）a 越大，极点对幅频响应的增强效果越明显。

例 7.2.6 分析二阶系统中零点分布对幅频响应的影响。

解：选取一对共轭零点，分别考查零点的横坐标、纵坐标对幅频响应的影响，并与不

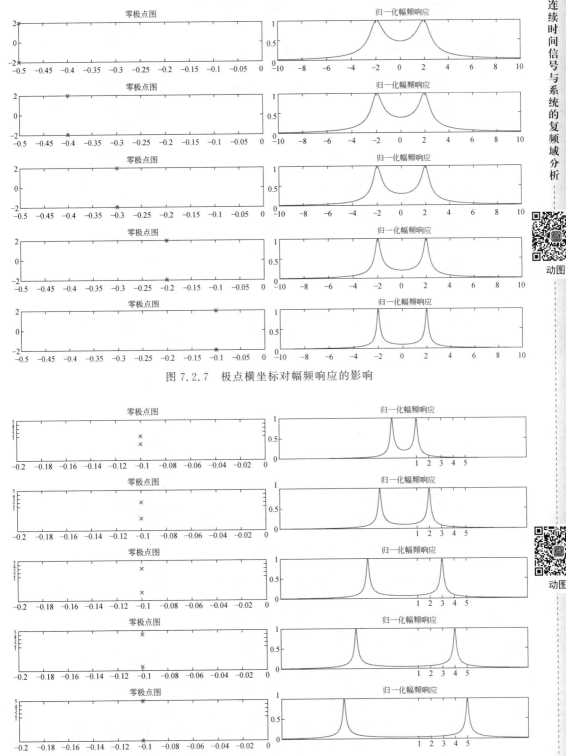

图 7.2.7　极点横坐标对幅频响应的影响

图 7.2.8　极点纵坐标对幅频响应的影响

动图

动图

存在零点时的幅频响应进行比较，MATLAB 源代码如下

```
clear all; clc; close all;
%%%%%%%% 横坐标对|H(jw)|的影响 %%%%%%%%%%%%%
p = [-1+5*j, -1-5*j];                              %极点
zx = -3:0;                                          %零点横坐标
zy = 2;                                             %零点纵坐标
z = [zx;zx] + j*[zy; -zy]*ones(size(zx));           %组成共轭零点
t = 0:0.001:20;                                     %时域自变量
w = -10:0.01:10;                                    %频域自变量
[b,a] = zp2tf([],p,1);                              %不存在零点时的系数向量
Hjw_abs = abs(freqs(b,a,w));
subplot(length(z)+1,2,1);
plot(real(p),imag(p),'x');title('零极点图');
xlim([-4 0])
subplot(length(z)+1,2,2); plot(w,Hjw_abs/max(Hjw_abs));
title('归一化幅频响应')
for i = 1:length(z)
  [b,a] = zp2tf(z(:,i),p,1);                        %系数向量
  Hjw_abs = abs(freqs(b,a,w));
  subplot(length(z)+1,2,2*i+1);
  plot(real(p),imag(p),'x',real(z(:,i)),imag(z(:,i)),'o');title('零极点图');
  xlim([-4 0]); yticks([-5 -2 0 2 5])
  subplot(length(z)+1,2,2*i+2); plot(w,Hjw_abs/max(Hjw_abs));
  title('归一化幅频响应')
end


%%%%%%%%% 纵坐标对|H(jw)|的影响 %%%%%%%%%%%%%%
p = [-1+5*j, -1-5*j];                              %极点
zy = [-8 -6 -4 -2];                                %零点纵坐标
zx = -0.5;                                          %零点横坐标
z = [zx;zx]*ones(size(zy)) + j*[zy; -zy];           %组成共轭零点
figure;
[b,a] = zp2tf([],p,1);                              %不存在零点时的系数向量
Hjw_abs = abs(freqs(b,a,w));
subplot(length(z)+1,2,1);
plot(real(p),imag(p),'x'); title('零极点图');
xlim([-4 0])
subplot(length(z)+1,2,2); plot(w,Hjw_abs/max(Hjw_abs));
title('归一化幅频响应')
for i = 1:length(z)
  [b,a] = zp2tf(z(:,i),p,1);                        %系数向量
  Hjw_abs = abs(freqs(b,a,w));
  subplot(length(z)+1,2,2*i+1);
  plot(real(p),imag(p),'x',real(z(:,i)),imag(z(:,i)),'o');title('零极点图');
  subplot(length(z)+1,2,2*i+2); plot(w,Hjw_abs/max(Hjw_abs));
  title('归一化幅频响应')
end
```

程序运行结果分别如图 7.2.9 和图 7.2.10 所示，动态结果请扫描二维码。观察发现：

(1) 若在 $a \pm jw_0$ 处放置一对共轭零点，系统幅频响应将在 w_0 处附近出现极小值。

（2）|a|越小,零点对幅频响应的衰减效果越明显。

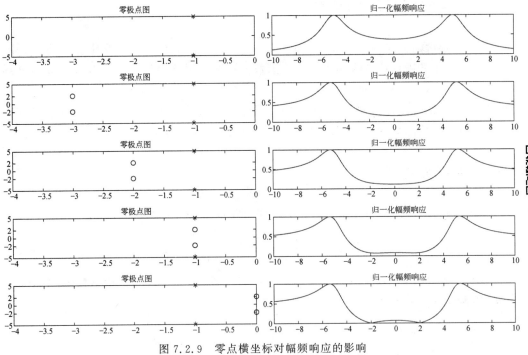

图 7.2.9 零点横坐标对幅频响应的影响

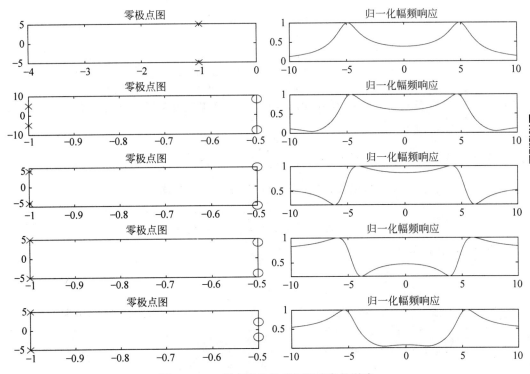

动图

图 7.2.10 零点纵坐标对幅频响应的影响

7.3 连续时间系统的模拟

在进行连续时间系统设计时,首先经过理论分析获得满足系统设计要求的系统函数,然后用一定的硬件设备来实现该系统函数。一般情况下系统函数可以分解成一组基本运算单元的组合。从系统函数得到由一组基本运算单元构成的网络,这一过程就称为系统模拟。常常选用加法器、标量乘法器和积分器作为基本运算单元。因此在进行系统模拟时,要将系统函数的分子、分母多项式转换成 s 的负幂形式。

7.3.1 级联实现

经过整理,系统函数可写成式(7.18)表示的级联结构系统函数

$$H(s) = G \prod_{k=1}^{K} \frac{1 + \beta_{1k}s^{-1} + \beta_{2k}s^{-2}}{1 + \alpha_{1k}s^{-1} + \alpha_{2k}s^{-2}} \tag{7.18}$$

MATLAB 信号处理工具箱中提供了 tf2sos 函数,可实现将系统函数转换为二阶基本节的级联结构,调用格式为

```
[sos,G] = tf2sos(b,a)
```

其中,b、a 分别为系统函数的分子、分母系数向量(按 s^{-1} 升幂排列),sos 为

$$sos = \begin{vmatrix} 1 & \beta_{11} & \beta_{21} & 1 & \alpha_{11} & \alpha_{21} \\ 1 & \beta_{12} & \beta_{22} & 1 & \alpha_{12} & \alpha_{22} \\ \vdots & \vdots & \vdots & \vdots & \vdots & \vdots \\ 1 & \beta_{1K} & \beta_{2K} & 1 & \alpha_{1K} & \alpha_{2K} \end{vmatrix} \tag{7.19}$$

式中的每一行代表一个二阶基本节,前 3 项为分子系数,后 3 项为分母系数。若 β_{2i} 和 α_{2i} 为零,则得到的是一阶节。

例 7.3.1 已知系统函数 $H(s) = \dfrac{5s+7}{s^3 + 5s^2 + 5s + 4}$,求其级联实现形式。

解:先对系统函数进行整理,将分子、分母变成 s 的负幂次方

$$H(s) = \frac{5s^{-2} + 7s^{-3}}{1 + 5s^{-1} + 5s^{-2} + 4s^{-3}} \tag{7.20}$$

MATLAB 源代码如下

```
clc; clear all; close all;
a = [1 5 5 4];
b = [0 0 5 7];                              %注意,b必须与a项数一致
[sos,G] = tf2sos(b,a)
```

命令窗口运行结果为

```
sos =
```

```
     0      1.0000       0       1.0000     4.0000       0
     0      1.0000    1.4000    1.0000     1.0000     1.0000
G =
     5
```

根据式(7.18)和式(7.19),即可得级联实现形式为: $H(s) = 5 \dfrac{s^{-1}}{1+4s^{-1}} \dfrac{s^{-1}+1.4s^{-2}}{1+s^{-1}+s^{-2}}$。

7.3.2 并联实现

由系统函数得到并联结构的思路是:先对系统函数进行部分分式展开,由于实际系统的系数均为实数,所以若有共轭复根,则必须将这组共轭复根组合成实系数的二阶基本节。

例 7.3.2 已知系统函数 $H(s) = \dfrac{5s+7}{s^3+5s^2+5s+4}$,求其并联实现形式。

解:MATLAB 源代码如下

```
clc; clear all; close all;
a = [1 5 5 4];                                  % s 的正幂多项式分母系数
b = [5 7];                                      % s 的正幂多项式分子系数
[r,p,k] = residue(b,a)
```

命令窗口运行结果为

```
r =
 -1.0000 + 0.0000i
  0.5000 - 0.8660i
  0.5000 + 0.8660i
p =
 -4.0000 + 0.0000i
 -0.5000 + 0.8660i
 -0.5000 - 0.8660i
k =
     []
```

可以注意到 p 中有一对共轭极点,在程序末尾增加下列语句,即可得实系数的二阶基本节

```
[b1,a1] = residuez(r(2:end),p(2:end),[])
```

命令窗口运行结果为

```
b1 =
  1.0000    2.0000
a1 =
  1.0000    1.0000    1.0000
```

因此并联实现形式为

$$H(s) = \frac{-1}{s+4} + \frac{s+2}{s^2+s+1} = -\frac{s^{-1}}{1+4s^{-1}} + \frac{s^{-1}+2s^{-2}}{1+s^{-1}+s^{-2}}$$

7.4 连续时间系统的响应

7.4.1 指数信号通过系统的响应

与频域分析类似,复频域分析的基本信号 $e^{s_0 t}$ 通过线性时不变系统后,若系统函数的收敛域包含 s_0,则输出可表示为

$$e^{s_0 t} \rightarrow H(s) \mid_{s=s_0} e^{s_0 t} \tag{7.21}$$

例 7.4.1 将 e^t 通过微分方程为 $y''(t) + 3y'(t) + 2y(t) = x(t)$ 的因果系统,求输出,并验证式(7.21)。

解:该系统的收敛域为 $\mathrm{Re}[s] > -1$,包含 $s_0 = 1$。MATLAB 源代码如下

```
close all; clc;clear all;
a = [1 3 2];                              %分母多项式系数
b = [1];                                  %分子多项式系数
t = -2:0.001:10;                          %时域自变量
x = exp(t);                               %输入信号
%%%%%%%%数值计算得到输出%%%%%%%%%%%%
sys = tf(b,a);                            %得到系统表示
y1 = lsim(sys,x,t)';
%%%%%%%%%理论上的输出%%%%%%%%%%%%%%%
s0 = 1;
H = polyval(b,s0)/polyval(a,s0);          %分子多项式在 s0 处的值除以分母多项式在 s0 处的值
y2 = H * x;
subplot(2,1,1); plot(t,y1);
title('e^{t}通过系统计算得到的输出');
subplot(2,1,2); plot(t,y2);
title('e^{t}通过系统理论上的输出');
idx = t>0;
max(abs(y1(idx) - y2(idx)))
```

程序运行结果如图 7.4.1 所示。观察发现,计算得到的指数信号通过系统后的输出与理论结果几乎一致,根据命令窗口的输出结果,0 时刻以后,二者最大相差 0.0083。

7.4.2 利用状态方程求解系统全响应

若系统是一个一元高阶微分方程,必然可以化成两个多元一阶微分方程组,其中一个描述系统状态在输入信号作用下的变化,称为状态方程

$$\dot{v}(t) = Av(t) + Bx(t) \tag{7.22}$$

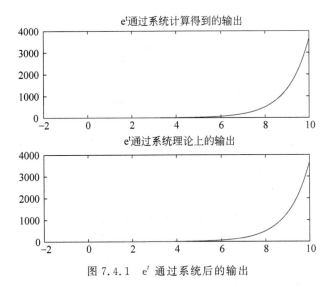

图 7.4.1　e^t 通过系统后的输出

另一个描述输出信号和系统状态以及输入信号的关系,称为输出方程

$$y(t) = Cv(t) + Dx(t) \tag{7.23}$$

MATLAB 提供了 tf2ss 函数,实现从微分方程到状态方程的转换,调用格式为

```
[A,B,C,D] = tf2ss(b,a)
```

其中,b、a 分别为系统函数的分子、分母多项式系数向量,返回值 A、B、C、D 为状态方程矩阵。

例 7.4.2　某因果系统的微分方程为 $y''(t) + 3y'(t) + 2y(t) = x(t)$,求该系统的状态方程。

解:MATLAB 源代码如下

```
clc; clear all; close all;
a = [1 3 2];                              %分母多项式系数
b = [1];                                  %分子多项式系数
[A,B,C,D] = tf2ss(b,a)                    %将系统函数转换成状态方程
```

命令窗口运行结果为

```
A =
  - 3    - 2
    1     0
B =
    1
    0
C =
    0     1
D =
    0
```

所以系统的状态方程为

$$\begin{bmatrix} y''(t) \\ y'(t) \end{bmatrix} = \begin{bmatrix} -3 & -2 \\ 1 & 0 \end{bmatrix} \begin{bmatrix} y'(t) \\ y(t) \end{bmatrix} + \begin{bmatrix} 1 \\ 0 \end{bmatrix} x'(t)$$

输出方程为

$$y(t) = \begin{bmatrix} 0 & 1 \end{bmatrix} \begin{bmatrix} y'(t) \\ y(t) \end{bmatrix}$$

对于状态方程和输出方程描述的系统模型，MATLAB 提供了 ss 函数来建立系统，调用格式为

sys = ss(a,b,c,d)

其中，a、b、c、d 为状态方程矩阵，返回值 sys 表示该系统的模型。

接着可利用 4.5.2 节介绍的 lsim 函数获得状态方程的数值解。

例 7.4.3 对于例 7.4.2 中的系统，当输入信号 $x(t) = e^{-3t}u(t)$，初始状态 $y(0^-) = 0$，$y'(0^-) = 1$，分别求零输入响应、全响应。

解：该系统零输入响应、全响应的理论值分别为

$$y_{zi}(t) = e^{-t}u(t) - e^{-2t}u(t) \tag{7.24}$$

$$y(t) = 1.5e^{-t}u(t) - 2e^{-2t}u(t) + 0.5e^{-3t}u(t) \tag{7.25}$$

用 MATLAB 求解其数值解，并将该结果与式(7.24)和式(7.25)中的理论值进行比较，MATLAB 源代码如下

```
close all; clc;clear all;
A = [ - 3 - 2;1 0];
B = [1;0];
C = [0 1];
D = 0;
sys = ss(A,B,C,D);                               %根据状态方程建立系统
t = 0:0.001:10;                                  %时域自变量
x = exp( - 3 * t);                               %输入信号
v0 = [1 0];                                      %初始状态
yzi = lsim(sys,zeros(size(t)),t,v0)';            %将输入信号置 0,求零输入响应
y = lsim(sys,x,t,v0)';                           %全响应
subplot(2,1,1); plot(t,yzi); title('零输入响应')
subplot(2,1,2); plot(t,y); title('全响应')
figure;
yzi_r = exp( - t) - exp( - 2 * t);               %零输入响应理论值
y_r = 1.5 * exp( - t) - 2 * exp( - 2 * t) + 0.5 * exp( - 3 * t);   % 全响应理论值
subplot(2,1,1); plot(t,yzi - yzi_r); title('零输入响应数值解误差')
subplot(2,1,2); plot(t,y - y_r); title('全响应数值解误差')
```

程序运行结果分别如图 7.4.2 和图 7.4.3 所示。观察发现误差很小，近似可以忽略不计。

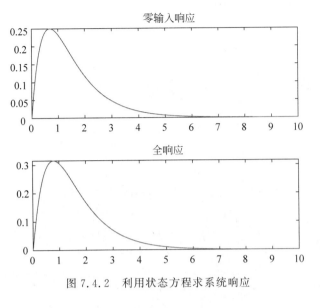

图 7.4.2　利用状态方程求系统响应

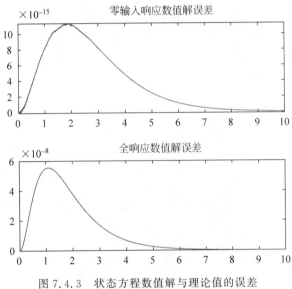

图 7.4.3　状态方程数值解与理论值的误差

第8章

离散时间信号与系统的 z 域分析

本章首先介绍离散时间序列的 z 变换,再介绍离散时间系统函数的零极点分布及其应用,最后介绍 z 变换在全响应求解中的应用。

8.1 序列的 z 变换

单边 z 变换定义为

$$X(z) = \sum_{n=0}^{\infty} x(n) z^{-n} \tag{8.1}$$

单边 z 反变换定义为

$$x(n) = \left[\frac{1}{2\pi j} \oint_c X(z) z^{n-1} \mathrm{d}z \right] u(n) \tag{8.2}$$

8.1.1 符号函数求解单边 z 变换

与拉普拉斯变换类似,MATLAB 提供了符号函数 ztrans 求解序列的单边 z 变换,调用格式如下。

ztrans(x):对默认变量为 n 的符号表达式求单边 z 变换,默认返回关于 z 的函数。

ztrans(x,w):对默认自变量为 n 的符号表达式求单边 z 变换,返回关于 w 的函数。

ztrans(x,k,w):对 x(k) 求单边 z 变换,返回关于 w 的函数。

例 8.1.1 求 $2^n u(n)$、$2^n \cos\left(\dfrac{\pi n}{3}\right) u(n)$、$nu(n)$ 的 z 变换。

解:MATLAB 源代码如下

```
clear all; clc;
syms n;                          % 声明符号变量
x1 = 2^n * heaviside(n);         % x1(n)
x2 = 2^n * cos(pi/3 * n);        % x2(n)
x3 = n;                          % x3(n)
X1 = ztrans(x1)
X2 = ztrans(x2)
X3 = ztrans(x3)
```

命令窗口运行结果为

```
X1 =
2/(z - 2) + 1/2
X2 =
(z * (z/2 - 1/2))/(2 * (z^2/4 - z/2 + 1))
X3 =
z/(z - 1)^2
```

下面对结果进行分析:

(1) $X_1 = \dfrac{2}{z-2} + \dfrac{1}{2}$,与 $2^n u(n) \overset{\mathcal{z}}{\longleftrightarrow} \dfrac{z}{z-2}$ 矛盾,分析其原因,MATLAB 中 heaviside

函数在 $n=0$ 时值为 0.5 而非 1。

（2）X_2 返回结果不够简化。

（3）X_3 返回结果正确。

对上述程序进行修改如下：

```
syms n;                            % 声明符号变量
x1 = 2^n;                          % x1(n)
x2 = 2^n * cos(pi/3 * n);          % x2(n)
X1 = ztrans(x1)                    % 计算 x1 的单边 z 变换
X2 = simplify(ztrans(x2))          % 对结果进行化简
```

此时命令窗口程序运行结果为

```
X1 =
z/(z - 2)
X2 =
(z * (z - 1))/(z^2 - 2 * z + 4)
```

8.1.2　符号函数求解单边 z 反变换

MATLAB 提供了符号函数 iztrans 求解信号的单边 z 反变换，调用格式如下。

iztrans(X)：对默认变量为 z 的符号函数表达式求单边 z 反变换，默认返回关于 n 的函数。

iztrans(X,k)：对默认变量为 z 的符号函数表达式求单边 z 反变换，返回关于 k 的函数。

iztrans(X,w,k)：对 X(w) 求单边 z 反变换，返回关于 k 的函数。

例 8.1.2　求 $-2z^{-2}+1$、$\dfrac{z}{(z-1)^2(z-2)}$ 的单边 z 反变换。

解：MATLAB 源代码如下

```
clear all; clc;
syms z;                            % 声明符号变量
Z1 = -2 * z^(-2) + 1;              % X1(z)
Z2 = z/(z-1)^2/(z-2);              % X2(z)
x1 = iztrans(Z1)
x2 = iztrans(Z2)
```

命令窗口运行结果为

```
x1 =
kroneckerDelta(n, 0) - 2 * kroneckerDelta(n - 2, 0)
x2 =
2^n - n - 1
```

kroneckerDelta(n,m) 函数表示 $\delta(n-m)$，对运行结果进行整理：

$$x_1(n)=\delta(n)-2\delta(n-2)$$

$$x_2(n)=2^n u(n)-nu(n)-u(n)$$

8.1.3 部分分式展开法求解 z 反变换

$X(z)$ 一般可以写成分式的形式

$$X(z) = \frac{b_0 + b_1 z^{-1} + \cdots + z_m z^{-m}}{1 + a_1 z^{-1} + \cdots + a_n z^{-n}} \tag{8.3}$$

其中，m 和 n 都是正整数，且系数均为实数。

与拉普拉斯变换类似，用符号函数可以快速得到 z 反变换，但这种方法无法加深对概念的理解。对于求解分式形式的 z 反变换，推荐用部分分式展开法。MATLAB 提供了 residuez 函数实现部分分式展开，调用格式为

```
[r,p,k] = residuez(b,a)
```

其中，b、a 分别为式(8.3)中 z 变换的分子、分母多项式系数向量。r 为部分分式展开式的系数向量，p 为所有极点的位置向量，k 为有理多项式的系数向量。

也就是说，借助 residuez 函数，可将式(8.3)展开为

$$X(z) = \frac{r(1)}{1 - p_1 z^{-1}} + \cdots + \frac{r(n)}{1 - p_n z^{-1}} + k(1) + \cdots + k^{m-n+1} z^{-(m-n)} \tag{8.4}$$

例 8.1.3 用部分分式展开法求 $\dfrac{10}{(1 - 0.5 z^{-1})(1 - 0.25 z^{-1})}$ 的单边 z 反变换。

解：MATLAB 源代码如下

```
clear all; clc;
b = [10];                          % X(z)的分子多项式系数
a1 = [1 - 0.5];                    % X(z)的分母1多项式系数
a2 = [1 - 0.25];                   % X(z)的分母2多项式系数
a = conv(a1,a2);                   % X(z)的分母多项式系数
[r,p,k] = residuez(b,a)
```

命令窗口运行结果为

```
r =
    20
   -10
p =
    0.5000
    0.2500
k =
    []
```

多项式分解后可表示为

$$X(z) = \frac{20}{1 - 0.5 z^{-1}} + \frac{-10}{1 - 0.25 z^{-1}} \tag{8.5}$$

然后由基本的 z 变换对可知，单边 z 反变换为

$$x(n) = 20 \cdot 0.5^n u(n) - 10 \cdot 0.25^n u(n) \tag{8.6}$$

例 8.1.4 用部分分式展开法实现例 8.1.2 中 $\dfrac{z}{(z-1)^2(z-2)}$ 的单边 z 反变换。

解：首先需要将原式写成标准形式 $\dfrac{z^{-2}}{(1-z^{-1})^2(1-2z^{-1})}$，此时分母不是 z^{-1} 多项式，可利用 conv 函数将因子相乘的形式转换成多项式的形式，MATLAB 源代码如下

```
clear all; clc;
b = [0 0 1];                              % X(z)的分子多项式系数
a1 = [1 -1];                              % X(z)的分母1多项式系数
a2 = [1 -2];                              % X(z)的分母2多项式系数
a = conv(conv(a1,a1),a2);                 % X(z)的分母多项式系数
[r,p,k] = residuez(b,a)
```

命令窗口运行结果为

```
r =
   1.0000 + 0.0000i
   0.0000 - 0.0000i
  -1.0000 - 0.0000i
p =
   2.0000 + 0.0000i
   1.0000 + 0.0000i
   1.0000 - 0.0000i
k =
    []
```

分母多项式有重根，residuez 输出结果中重根对应的多项式以升幂进行排列，即

$$X(z) = \frac{1}{1-2z^{-1}} + \frac{-1}{(1-z^{-1})^2} \tag{8.7}$$

然后由基本的 z 变换对可知，单边 z 反变换为

$$x(n) = 2^n u(n) - (n+1)u(n) \tag{8.8}$$

上述反变换结果与例 8.1.2 的结果一致。

8.2 离散时间系统的零极点分析

与连续时间系统类似，离散时间线性时不变系统的系统函数 $H(z)$ 通常是有理分式，将 $H(z)$ 的分子、分母表示成 z 的正幂次方，使得分母多项式等于零的根称为极点（即特征根），分子多项式等于零的根称为零点。

8.2.1 离散时间系统函数的零极点

与连续情况一样，若只是求出零极点，MATLAB 提供了 roots 函数求多项式的根、tf2zp 函数求零极点；若需要画出系统的零极点分布，MATLAB 提供了 pzmap、zplane 函数，二者的区别在于 zplane 会在图中标出单位圆。

例 8.2.1 已知某离散时间线性时不变系统的系统函数 $H(z) = \dfrac{z}{z - \dfrac{1}{4} - \dfrac{1}{8}z^{-1}}$，试

画出其零极点分布图。

解：首先将分式的分子、分母写出 z 的正幂次方

$$H(z) = \frac{z^2}{z^2 - \frac{1}{4}z - \frac{1}{8}} \tag{8.9}$$

MATLAB 源代码如下

```
clear all; clc; close all;
a = [1  -1/4  -1/8];                        %分母多项式系数向量
b = [1 0 0];                                %分子多项式系数向量
zplane(b,a)
```

程序运行结果如图 8.2.1 所示。

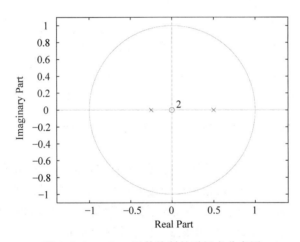

图 8.2.1　zplane 函数绘制的零极点分布图

例 8.2.2 已知某离散时间线性时不变系统的单位样值响应 $h(n) = 0.5^n[u(n) - u(n-10)]$，试画出其零极点分布图。

解：MATLAB 源代码如下，程序运行结果如图 8.2.2 所示。观察发现，虽然 $0.5^n u(n)$、$0.5^n u(n-10)$ 均有极点在 0.5 处，但二者相减后并没有在 0.5 处出现极点。究其原因，是因为系统函数在 0.5 处存在零点，出现了零极点对消。

```
clear all; clc; close all;
syms n ;
%声明时域序列
hn = 0.5^n * (heaviside(n) + 0.5 * kroneckerDelta(n) − heaviside(n − 10) − 0.5 *
kroneckerDelta(n,10));
H = simplify(ztrans(hn));                    %求 z 变换
%提取符号函数的分子、分母多项式系数
```

```
[n,d] = numden(H);
b = sym2poly(n);
a = sym2poly(d);
% 根据分子、分母多项式画图
zplane(b,a); title('零极点图')
```

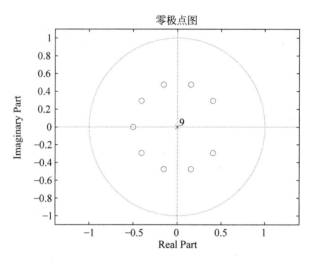

图 8.2.2　根据单位样值响应绘制的零极点分布图

8.2.2　零极点分布对因果系统单位样值响应的影响

本节主要以一阶、二阶系统为例讨论极点、零点位置对单位样值响应的影响。

例 8.2.3　对于一阶系统，讨论极点位置对单位样值响应的影响。

解：由于系统函数的分子、分母多项式系数一般是有理的，所以一阶系统的极点都在实轴上，分别考虑极点在单位圆内、单位圆上、单位圆外的情况。MATLAB 源代码如下

```
clear all; clc; close all
p = [-1 0.5 1 1.5];                      % 不同的极点位置
z = [];
n = 0:30;                                % 时域自变量
for i = 1:length(p)
  [b,a] = zp2tf([],p(i),1);              % 系数向量
  hn = impz(b,a,n);                      % 求单位样值响应
  subplot(length(p),2,2*i-1); zplane(b,a);     % 画零极点图
  subplot(length(p),2,2*i); stem(n,hn,'filled'); title('单位样值响应')
end
```

程序运行结果如图 8.2.3 所示。与连续时间系统不同的是，只要极点在单位圆内部，单位样值响应衰减；若极点在单位圆上，单位样值响应为等幅振荡；若极点在单位圆外，单位样值响应发散，动态结果请扫描二维码。

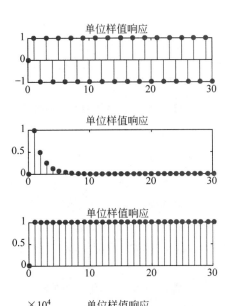

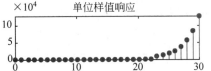

图 8.2.3　一阶系统中极点对单位样值响应的影响

例 8.2.4　对于二阶系统,讨论极点位置对单位样值响应的影响。

解:二阶系统要么有两个实根,要么有两个共轭复根。若为两个实根,它们对单位样值响应的影响就是例 8.2.3 结果的叠加,这里讨论共轭复根对单位样值响应的影响。分别考查共轭复根的模、幅角对单位样值响应的影响。MATLAB 源代码如下

```
clear all; clc; close all;
%%%%%%%模对 h(n)的影响 %%%%%%%%%%%%%%
p_r = [0.2 0.6 1 1.4 1.8];                               % 极点模
p_angle = pi/4;                                          % 极点幅角
p = [p_r;p_r]. * exp(j * [p_angle; - p_angle] * ones(size(p_r)));    % 组成共轭极点
z = [];
n = 0:40;                                                % 时域自变量
for i = 1:length(p)
  [b,a] = zp2tf([],p(:,i),1);                            % 系数向量
  hn = impz(b,a,n);                                      % 求单位样值响应
  subplot(length(p),2,2 * i - 1);
  zplane(b,a)                                            % 画零极点图
  subplot(length(p),2,2 * i); stem(n,hn,'filled');
  title('单位样值响应')
end
%%%%%%%幅角对 h(n)的影响 %%%%%%%%%%%%%%%
p_r = 1;                                                 % 极点模
p_angle = [pi/6 pi/4 pi/2 2 * pi/3 5 * pi/6];            % 极点幅角
p = p_r * ones(2,length(p_angle)). * exp(j * [p_angle; - p_angle]);   % 组成共轭极点
```

```
figure;
for i = 1:length(p)
  [b,a] = zp2tf([],p(:,i),1);              % 系数向量
  hn = impz(b,a,n);                        % 求单位样值响应
  subplot(length(p),2,2*i-1);
  zplane(b,a)                              % 画零极点图
  subplot(length(p),2,2*i); stem(n,hn,'filled');
  title('单位样值响应')
end
```

程序运行结果分别如图 8.2.4 和图 8.2.5 所示,动态结果请扫描二维码。观察发现:

(1) 与例 8.2.3 结论一样,随着极点由单位圆内移动到单位圆外,响应由衰减变发散;

(2) 若存在共轭极点,单位样值响应振荡;

(3) 极点幅角会影响振荡速度,但不是幅角越大振荡越快。

总体来说,单位样值响应衰减程度由极点的模决定,振荡程度由极点的幅角决定。

综合例 8.2.3 和例 8.2.4,对于因果系统,若极点在单位圆内,则单位样值响应衰减,系统稳定;若有极点在单位圆外,则单位样值响应发散,系统不稳定;若均在单位圆上,则单位样值响应不增不减,但不满足绝对可和的条件,系统同样不稳定。

动图

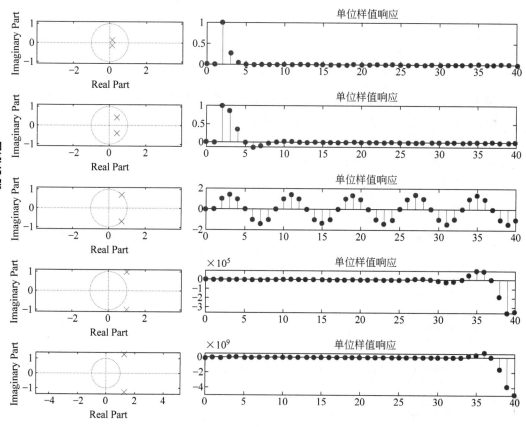

图 8.2.4　共轭极点的模对单位样值响应的影响

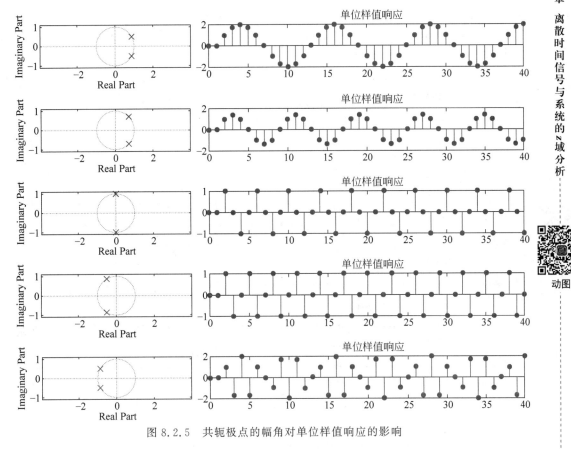

图 8.2.5　共轭极点的幅角对单位样值响应的影响

例 8.2.5　对于一阶系统,讨论零点位置对单位样值响应的影响。

解:一阶系统最多有一个零点,且该零点一定在实轴上,分别考虑零点在单位圆内、单位圆上、单位圆外的情况。MATLAB 源代码如下

```
clear all; clc; close all;
z = [-1.5 -0.5 0.5 1 1.5];                    % 不同的零点位置
p = [1];                                       % 极点位置固定
n = 0:30;                                       % 时域自变量
for i = 1:length(z)
  [b,a] = zp2tf(z(i),p,1);                      % 系数向量
  hn = impz(b,a,n);
  subplot(length(z),2,2*i-1); zplane(b,a);      % 画零极点图
  subplot(length(z),2,2*i);  stem(n,hn,'filled');
    title('单位样值响应')
end
```

程序运行结果如图 8.2.6 所示。观察发现,除非零极点对消,否则零点位置只会对单位样值响应的系数产生影响,不能改变衰减或增长的趋势。分析其原因,在用部分分式展开法求系统函数的反变换、得到单位样值响应时,零点只能影响分式的系数,除非零极点对消,否则影响不了分式的分母,改变不了系统特征根。动态结果请扫描二维码。

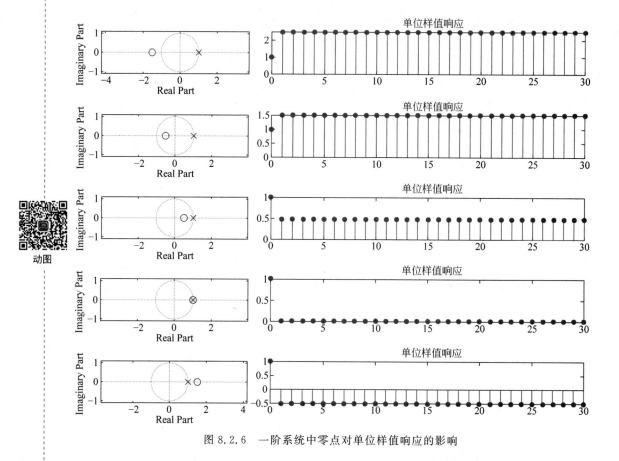

图 8.2.6 一阶系统中零点对单位样值响应的影响

8.2.3 零极点分布对稳定系统频率响应的影响

MATLAB 提供了 zp2tf 函数实现根据零极点分布得到系统传递函数,freqz 函数实现根据系统传递函数得到系统频率响应。

例 8.2.6 分析二阶系统中极点分布对幅频响应的影响。

解:选取一对共轭极点,分别考查共轭复根的模、幅角对幅频响应的影响。MATLAB源代码如下

```
%%%%%%%%模对|H(Ω)|的影响%%%%%%%%%%%%%%
clc; clear all; close all;
p_r = 0.6:0.1:0.9;                              % 极点模
p_angle = 2;                                    % 极点幅角
p = [p_r;p_r]. * exp(j * [p_angle; - p_angle] * ones(size(p_r)));  % 组成共轭极点
z = [];
w = - pi:0.01:pi;                               % 频域自变量
for i = 1:length(p)
  [b,a] = zp2tf([],p(:,i),1);                   % 系数向量
  hw_abs = abs(freqz(b,a,w));                   % 求幅频响应
```

```
subplot(length(p),2,2 * i - 1);    zplane(b,a)              % 画零极点图
subplot(length(p),2,2 * i); plot(w,hw_abs/max(hw_abs));
xlim([ - pi pi]); title('归一化幅频响应')
end
%%%%%%%% 幅角对|H(Ω)|的影响 %%%%%%%%%%%%%%%
p_r = 0.9;                                                  % 极点模
p_angle = [0 1 2 2.5];                                      % 极点幅角
p = p_r * ones(2,length(p_angle)). * exp(j * [p_angle; - p_angle]);   % 组成共轭极点
figure;
for i = 1:length(p)
    [b,a] = zp2tf([],p(:,i),1);                             % 系数向量
    hw_abs = abs(freqz(b,a,w));                             % 求幅频响应
    subplot(length(p),2,2 * i - 1);
    zplane(b,a)                                             % 画零极点图
    subplot(length(p),2,2 * i); plot(w,hw_abs/max(hw_abs));
    xlim([ - pi pi]); title('归一化幅频响应')
end
```

程序运行结果分别如图 8.2.7 和图 8.2.8 所示,动态结果请扫描二维码。观察发现:

(1) 若在 $re^{\pm j\Omega_0}$ 处放置一对共轭极点,系统幅频响应将在 Ω_0 处附近出现极大值。

(2) r 越接近 1,极点对幅频响应的增强效果越明显。

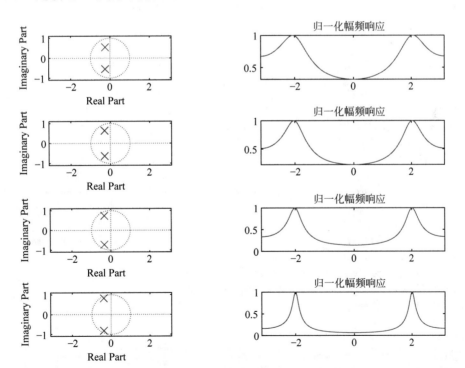

图 8.2.7　极点的模对幅频响应的影响

动图

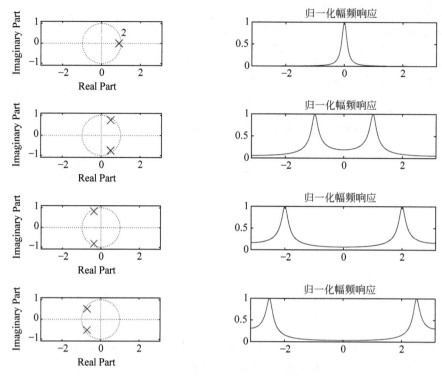

图 8.2.8　极点的幅角对幅频响应的影响

例 8.2.7　分析二阶系统中零点分布对幅频响应的影响。

解：选取一对共轭零点,分别考查零点的模、幅角改变时的幅频响应,并与不存在零点时的幅频响应进行比较,MATLAB 源代码如下

```
clear all; clc; close all;
%%%%%%%% 模对|H(Ω)|的影响 %%%%%%%%%%%%%%
p = 1.2 * exp(j * [1; -1]);                          % 极点
z_r = [0.4 0.6 0.8 1];                               % 零点模
z_angle = 1.5;                                       % 零点幅角
z = [z_r;z_r]. * exp(j * [z_angle * ones(1,length(z_r)); - z_angle * ones(1,length(z_
r))]);                                               % 组成共轭极点
w = - pi:0.01:pi;                                    % 频域自变量
[b,a] = zp2tf([],p,1);                               % 不存在零点时的系数向量
Hw_abs = abs(freqz(b,a,w));
subplot(length(z) + 1,2,1); zplane(b,a);
subplot(length(z) + 1,2,2); plot(w,Hw_abs/max(Hw_abs));
title('归一化幅频响应')
for i = 1:length(z)
  [b,a] = zp2tf(z(:,i),p,1);                         % 系数向量
  Hw_abs = abs(freqz(b,a,w));
  subplot(length(z) + 1,2,2 * i + 1);zplane(b,a)
  subplot(length(z) + 1,2,2 * i + 2); plot(w,Hw_abs/max(Hw_abs));
  xlim([ - pi pi]);   title('归一化幅频响应')
```

```
end

%%%%%%%%%% 幅角对 |H(Ω)| 的影响 %%%%%%%%%%%%%%
z_r = 1;                                              % 零点模
z_angle = [0.5 1 1.5 2];                              % 零点幅角
z = z_r * ones(2,length(z_angle)) .* exp(j * [z_angle; - z_angle]); % 组成共轭极点
[b,a] = zp2tf([],p,1);                                % 不存在零点时的系数向量
Hw_abs = abs(freqz(b,a,w));
figure; subplot(length(z) + 1,2,1); zplane(b,a);
subplot(length(z) + 1,2,2); plot(w,Hw_abs/max(Hw_abs));
title('归一化幅频响应')
for i = 1:length(z)
  [b,a] = zp2tf(z(:,i),p,1);                          % 系数向量
  Hw_abs = abs(freqz(b,a,w));
  subplot(length(z) + 1,2,2 * i + 1); zplane(b,a)
  subplot(length(z) + 1,2,2 * i + 2); plot(w,Hw_abs/max(Hw_abs));
  xlim([ - pi pi]);  title('归一化幅频响应')
end
```

程序运行结果如图 8.2.9 和图 8.2.10 所示。观察发现：

（1）若在 $re^{\pm j\Omega_0}$ 处放置一对共轭零点，系统幅频响应将在 Ω_0 处附近出现极小值。

（2）r 越接近 1，零点对幅频响应的衰减效果越明显。动态结果请扫描二维码。

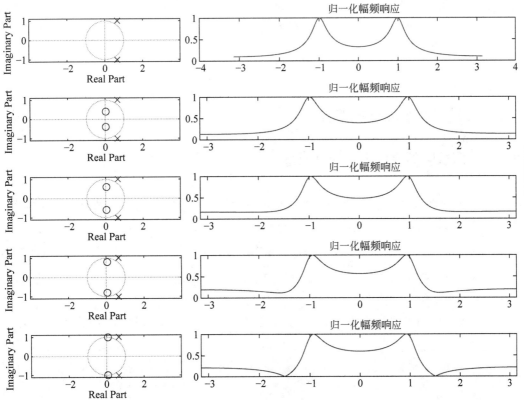

动图

图 8.2.9 零点的模对幅频响应的影响

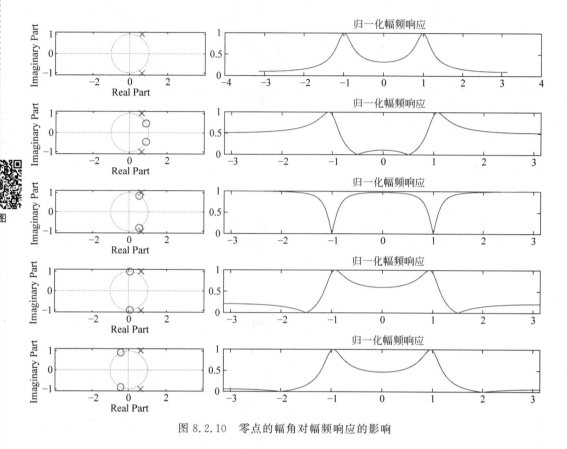

图 8.2.10　零点的幅角对幅频响应的影响

8.3　离散时间系统的响应

8.3.1　指数序列通过系统的响应

与频域分析类似，z 域分析的基本信号 z_0^n 通过线性时不变系统后，若系统函数的收敛域包含 z_0，输出可表示为

$$z_0^n \rightarrow H(z)\Big|_{z=z_0} z_0^n \tag{8.10}$$

例 8.3.1　将 $(-0.8)^n$ 通过差分方程为 $y(n)+0.1y(n-1)-0.02y(n-2)=x(n)$ 的因果系统，求输出，并验证式(8.10)。

解：该系统函数的收敛域为 $|z|>0.2$，包含 $z_0=-0.8$。MATLAB 源代码如下

```
close all; clc;clear all;
a = [1 0.1 - 0.02];                        % 分母多项式系数
b = [1];                                    % 分子多项式系数
n = - 10:30;                                % 时域自变量
x = ( - 0.8).^n;                            % 输入序列
```

```
%%%%%%%%% 数值计算得到输出 %%%%%%%%%%%%%%
y1 = filter(b,a,x);                          % 计算得到系统响应
%%%%%%%%% 理论上的输出 %%%%%%%%%%%%%%%%%
z0 = -0.8;
% 求 H(z0),由于 a、b 是 z 的负幂对应的多项式系数,要做一定的整理
H = polyval(fliplr(b),1/z0)/polyval(fliplr(a),1/z0);
y2 = H * x;
subplot(2,1,1); stem(n,y1,'filled');
xlim([0 30]); title('(-0.8)^{n}通过系统计算得到的输出');
subplot(2,1,2); stem(n,y2,'filled');
xlim([0 30]); title('(-0.8)^{n}通过系统理论上的输出');
idx = n > 0;
max(abs(y1(idx) - y2(idx)))
```

程序运行结果如图 8.3.1 所示。观察发现:计算得到的指数序列通过系统的响应与理论结果几乎一致,根据命令窗口的输出结果,0 时刻以后,二者最大相差 $4\mathrm{e}^{-8}$,可忽略不计。

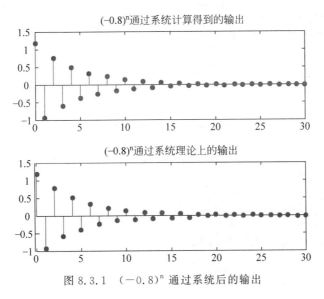

图 8.3.1　$(-0.8)^{n}$ 通过系统后的输出

8.3.2　利用 z 变换求解差分方程

在 MATLAB 中,求解差分方程可采用时域迭代实现,但这样只能得到数值解。若需要得到闭式解(解析解),只能用符号运算。

例 8.3.2　某因果系统的差分方程为 $y(n)-\dfrac{3}{2}y(n-1)+\dfrac{1}{2}y(n-2)=x(n)$,初始条件为 $y(-1)=0,y(-2)=1,x(n)=\left(-\dfrac{1}{2}\right)^{n}u(n)$,分别求零输入响应、零状态响应、全响应。

解：对等式两边进行单边 z 变换，可得

$$Y(z) - \frac{3}{2}\left[z^{-1}Y(z) + y(-1)\right] + \frac{1}{2}\left[z^{-2}Y(z) + z^{-1}y(-1) + y(-2)\right] = X(z)$$

$$(8.11)$$

代入初始条件得到

$$Y(z) = \frac{z^2}{z^2 - \frac{3}{2}z + \frac{1}{2}}X(z) + \frac{-\frac{1}{2}z^2}{z^2 - \frac{3}{2}z + \frac{1}{2}} \tag{8.12}$$

根据式(8.12)进行编程，MATLAB 源代码如下

```
close all; clc;clear all;
syms n z;
X = ztrans((-0.5)^n);                        %计算输入序列 z 变换
Yzi = -0.5*z^2/(z^2-1.5*z+0.5);              %零输入响应 z 变换
Yzs = X*z^2/(z^2-1.5*z+0.5);                 %零状态响应 z 变换
yzi = simplify(iztrans(Yzi))                  %反变换
yzs = simplify(iztrans(Yzs))                  %反变换
y = yzi+yzs
```

命令窗口运行结果为

```
yzi =
(1/2)^n/2 - 1
yzs =
(-1/2)^n/6 - (1/2)^n/2 + 4/3
y =
(-1/2)^n/6 + 1/3
```

iztrans 函数默认进行单边反变换，对结果乘以 $u(n)$，从而得到

$$y_{zi}(n) = \left(\frac{1}{2}\right)^{n+1}u(n) - u(n) \tag{8.13}$$

$$y_{zs}(n) = \frac{1}{6}\left(-\frac{1}{2}\right)^n u(n) - \left(\frac{1}{2}\right)^{n+1}u(n) + \frac{4}{3}u(n) \tag{8.14}$$

$$y(n) = \frac{1}{6}\left(-\frac{1}{2}\right)^n u(n) + \frac{1}{3}u(n) \tag{8.15}$$

基本实验篇

第**9**章

仿真实验

9.1　信号的产生与可视化

一、实验目的

1. 掌握用 MATLAB 产生连续、离散时间信号。
2. 掌握用 MATLAB 绘制连续、离散时间信号。

二、实验原理

连续时间信号是指在连续时间范围内有定义的信号，一般用 $x(t)$ 表示。严格意义上讲，利用 MATLAB 并不能直接产生连续时间信号，因为计算机处理的都是数字信号，即时间和取值都离散的信号。用 MATLAB 表示连续时间信号的方法是用等时间间隔（也称抽样间隔）的样本点近似表示，但需要样本点足够密（抽样间隔足够小、抽样频率足够高）。

离散时间信号只在一些离散时刻才有定义，而在其他时刻没有定义。一般来说，离散时刻的间隔是恒定的，记作 T_s，因此可以用 $x(nT_s)$ 表示离散时间信号。为便于表示，通常将 $x(nT_s)$ 记作 $x(n)$，n 表示各函数值在序列中出现的序号。

三、实验涉及的 MATLAB 函数

1. stepfun

功能：产生单位阶跃信号。
调用格式：xt＝stepfun(t,t0)；产生 u(t－t0)，xt 在 t0 时刻取值为 1。

2. square

功能：产生周期矩形波。
调用格式：xt＝square(t,duty)；产生周期为 2π 的矩形脉冲信号，取值为 ±1。duty 用于表示一个周期内信号为正的部分所占的比例，取值范围是 0～100。

3. sinc

功能：产生类似 Sa 函数的波形。
调用格式：xt＝sinc(t)；sinc(t)＝Sa(πt)。

四、实验内容

1. 编写 MATLAB 程序产生以下连续时间信号，并绘制其波形，t 取 -12～12。

(1) $x(t)=u(t+1)-2u(t-2)+u(t-6)$

(2) $x(t)=\sin(\omega_0 t)$，$\omega_0=\dfrac{\pi}{4},\dfrac{3\pi}{4},\dfrac{5\pi}{4},\dfrac{7\pi}{4}$

(3) $x(t)$ 如图 9.1.1 所示。

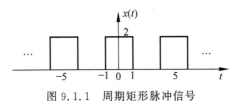

图 9.1.1　周期矩形脉冲信号

(4) $x(t)=\mathrm{Sa}(10\pi t)$

(5) $x(t)=\mathrm{e}^{-t}\sin(10\pi t)$

(6) $x(t)=\mathrm{e}^{(-1+\mathrm{j}10\pi)t}$

2. 编写 MATLAB 程序产生以下离散时间信号，并绘制其波形，n 取 $-12\sim12$。

(1) $x(n)=\sin(\Omega_0 n)$，$\Omega_0=\dfrac{\pi}{4},\dfrac{3\pi}{4},\dfrac{5\pi}{4},\dfrac{7\pi}{4},2\pi$

(2) $x(n)=u(n+1)-2u(n-2)+u(n-6)$

五、思考题

1. 抽样间隔 T_{s}、自变量取值范围和抽样点数有什么样的联系？这些参数选择不当会有何影响？

2. 比较实验内容 1 中第(2)小题和实验内容 2 中第(1)小题的实验结果，分析二者的联系以及区别。

9.2　信号的基本运算

一、实验目的

1. 掌握用 MATALB 实现连续时间信号的基本运算。
2. 掌握用 MATLAB 实现离散时间信号的基本运算。

二、实验原理

信号的和、差、积是指将同一时刻的信号取值进行相加、相减或者相乘构成一个新的信号。在 MATLAB 中，序列相加、相减、相乘分别用运算符"＋"、"－"和"．＊"实现。需要注意的是，进行上述运算的序列起点、终点和长度必须完全相同。

信号的翻转、展缩和平移，实际上是信号自变量的运算，而信号的取值范围保持不变。在对离散时间信号进行展缩时要特别注意,压缩会丢失样本点,而扩展也不会增加非零样本点。

对连续时间信号的微分运算,可以通过对样本点进行差分后除以抽样间隔来近似;而积分运算可以通过对样本点进行累加后乘以抽样间隔来近似。

信号 $x(t)$ 的奇分量 $x_o(t)$ 和偶分量 $x_e(t)$ 分别等于

$$x_o(t) = \frac{1}{2}[x(t) - x(-t)] \tag{9.1}$$

$$x_e(t) = \frac{1}{2}[x(t) + x(-t)] \tag{9.2}$$

可通过将信号翻转后与原信号分别相加、相减来实现信号的奇偶分解。

三、实验涉及的 MATLAB 函数

1. fliplr

功能:对信号进行左右翻转。

调用格式:B=fliplr(A);对 A 的每一行进行左右翻转后保存到 B。

2. diff

功能:对序列进行差分。

调用格式:

Y=diff(X);对 X 按列求一阶差分。

Y=diff(X,n);对 X 按列求 n 阶差分。

Y=diff(X,n,dim);对 X 沿 dim 指定的维计算 n 阶差分。

3. cumsum

功能:计算累加。

调用格式:B=cumsum(A);按列返回 A 的累加结果。

四、实验内容

1. 编写程序产生以下信号,并绘制其波形。

(1) $x(t) = \mathrm{Sa}(t)\sin(2\pi t)$, t 取 $-12 \sim 12$。

(2) $x(t) = \mathrm{Sa}(t) + \sin(2\pi t)$, t 取 $-12 \sim 12$。

2. 已知 $x(t) = (t+1)[u(t) - u(t-4)]$,编写程序产生以下信号,并绘制其波形。

(1) $x(t)$, $x(-t)$, $x(0.5t)$, $x(3-2t)$

(2) $[x(t) + 5u(t-4)]'$, $x^{(-1)}(t)$

(3) $x(t)$ 的奇分量 $x_o(t)$ 和偶分量 $x_e(t)$

3. 离散时间信号 $x(n)$ 如图 9.2.1 所示,编写程序产生以下序列,并绘制其波形。

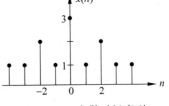

图 9.2.1　离散时间序列

(1) $x(n),x(2n),x(n/2),x(3-0.5n)$

(2) $x(n)-x(n-1),\displaystyle\sum_{k=-\infty}^{n} x(k)$

五、思考题

1. 比较抽样间隔 T_s 对实验内容 2 中第(2)小题微分结果的影响。
2. 比较连续、离散时间信号的翻转、展缩和平移的异同。

9.3　卷积积分与卷积和

一、实验目的

1. 掌握用 MATLAB 实现卷积积分。
2. 掌握用 MATLAB 实现卷积和。
3. 掌握用 MATLAB 实现解卷积。

二、实验原理

两个信号 $x(t)$ 和 $h(t)$ 的卷积积分定义为

$$y_{zs}(t) = x(t) * h(t) = \int_{-\infty}^{\infty} x(\tau)h(t-\tau)\mathrm{d}\tau \tag{9.3}$$

将连续时间信号 $x(t)$ 和 $h(t)$ 以相同时间间隔 T_s 进行抽样,得到离散时间序列 $x(nT_s)$ 与 $h(nT_s)$,简记为 $x(n)$、$h(n)$。卷积积分可近似为

$$y_{zs}(t) \approx \left[\sum_{k=-\infty}^{\infty} x(k)h(n-k) \right] T_s \tag{9.4}$$

两个序列的卷积和定义为

$$y_{zs}(n) = \sum_{k=-\infty}^{\infty} x(k)h(n-k) \tag{9.5}$$

三、实验涉及的 MATLAB 函数

1. conv

功能：求两个序列的卷积和。

调用格式：y＝conv(x,h)；求解有限长序列 x 和 h 的卷积和,y 的长度等于 x 与 h 的

长度之和减 1。

2. deconv

功能：解卷积。

调用格式：[x,e]=deconv(y,h)；已知两序列的卷积和以及其中一个序列,求另一个序列。y=conv(x,h)+e。

四、实验内容

1. $x(t)=\begin{cases}1, & 1\leqslant t\leqslant 3\\0, & 其他\end{cases}$，$h(t)=\begin{cases}t-1, & 1\leqslant t\leqslant 3\\0, & 其他\end{cases}$，计算 $x(t)*h(t)$ 并绘制波形。

2. 计算 $u(n)*u(n)$ 并绘制波形。

3. 已知 $x(n)=\begin{cases}n, & 0\leqslant n\leqslant 5\\0, & 其他\end{cases}$，$h(n)=\begin{cases}1, & 0\leqslant n\leqslant 5\\0, & 其他\end{cases}$，分别计算 $x(n)*h(n)$ 和 $x(n-1)*h(n+3)$，并绘制波形。

4. 已知 $x(n)=\{3,7,5,4\}_1$，$x(n)*h(n)=\{6,23,46,82,93,60,32\}_2$，计算 $h(n)$ 并绘制波形。

五、思考题

1. 比较抽样间隔 T_s 对实验内容 1 结果的影响。
2. 比较实验内容 3 中两个结果的区别,并分析原因。

9.4 连续时间系统的时域分析

一、实验目的

1. 掌握用 MATLAB 求解连续时间系统的零输入响应。
2. 掌握用 MATLAB 求解连续时间系统的冲激响应、阶跃响应。
3. 掌握用 MATLAB 求解连续时间系统的零状态响应。

二、实验原理

n 阶连续时间线性时不变系统,其微分方程一般表示为

$$\frac{d^n}{dt^n}y(t)+a_{n-1}\frac{d^{n-1}}{dt^{n-1}}y(t)+\cdots+a_0y(t)$$

$$=b_m\frac{d^m}{dt^m}x(t)+b_{m-1}\frac{d^{m-1}}{dt^{m-1}}x(t)+\cdots+b_0x(t) \tag{9.6}$$

对于一个有记忆系统而言,全响应 $y(t)$ 不仅与激励 $x(t)$ 有关,而且与系统的初始状态有关。对于线性系统来说,全响应 $y(t)$ 等于零输入响应加上零状态响应。对于低阶系统,一般可以通过解析的方法得到响应;而对于高阶系统,解析的方法一般比较困难,利用 MATLAB 强大的数值计算功能可以得到系统的冲激响应、阶跃响应和零状态响应。

三、实验涉及的 MATLAB 函数

1. tf

功能:系统的表示。

调用格式:sys=tf(b,a);b 和 a 分别为微分方程输入和输出对应的多项式系数向量,sys 为线性时不变系统的模型。

2. lsim

功能:求解零状态响应。

调用格式:yzs=lsim(sys,xt,t);sys 是系统模型,t 为时域自变量,xt 为输入信号在 t 上的取值,yzs 是零状态响应。

3. impulse

功能:求解连续时间系统的冲激响应。

调用格式:

impulse(sys);计算并绘制连续时间系统冲激响应的波形,将自动选取自变量。

impulse(sys,t);可由用户指定自变量 t。若 t 为实数,则绘制连续时间系统在 $0 \sim t$ 秒内的冲激响应波形;若 t 为数组,则绘制连续时间系统冲激响应在 t 上的波形。

ht=impulse(sys,t);将冲激响应存入 ht,不直接绘制波形。

4. step

功能:求解连续时间系统的阶跃响应。

调用格式:与 impulse 函数类似。

5. dsolve

功能:求解连续时间系统响应的解析解。

调用格式:y=dsolve(equ,cond);equ 是描述系统的符号表达式,cond 为系统的初始条件,y 是响应的解析表达式。

6. fplot

功能:根据符号表达式画图。

调用格式：

fplot(f)；默认自变量取值为$[-5\ 5]$，画出 f 表达式对应的波形。

fplot(f,x)；根据 x 确定的区间，画出 f 表达式对应的波形，注意 x 应是$[xmin\ xmax]$形式。

注意：有些低版本 MATLAB 相应的调用格式为 fplot(inline(f))。

四、实验内容

1. 已知某因果系统的微分方程为$y''(t)+5y'(t)+6y(t)=6x(t)$，初始条件$y(0^-)=1$，$y'(0^-)=0$，求系统零输入响应的解析解，并绘制其波形。

2. 已知某因果系统的微分方程为$y''(t)+5y'(t)+6y(t)=6x(t)$，当输入信号$x(t)=e^{-t}u(t)$时，求系统冲激响应、阶跃响应、零状态响应的数值解，并分别绘制其波形。

3. 已知某因果系统的微分方程为$y''(t)-5y'(t)+6y(t)=6x(t)$，初始条件$y(0^-)=1$，$y'(0^-)=0$，求系统零输入响应的解析解，并绘制其波形。

4. 已知某因果系统的微分方程为$y''(t)-5y'(t)+6y(t)=6x(t)$，当输入信号$x(t)=e^{-t}u(t)$时，求系统的冲激响应、阶跃响应、零状态响应的数值解，并分别绘制其波形。

五、思考题

1. 冲激响应和阶跃响应有何联系？

2. 若系统零输入响应发散，零状态响应一定发散吗？

3. 如何根据冲激响应判断连续时间系统的稳定性？

9.5 离散时间系统的时域分析

一、实验目的

1. 掌握用 MATLAB 求解离散时间系统的零输入响应。

2. 掌握用 MATLAB 求解离散时间系统的样值响应、阶跃响应。

3. 掌握用 MATLAB 求解离散时间系统的零状态响应。

二、实验原理

k 阶离散时间线性时不变系统，其后向形式差分方程一般表示为

$$y(n)+a_1y(n-1)+\cdots+a_ky(n-k)=b_0x(n)+b_1x(n-1)+\cdots+b_mx(n-m)$$

$$(9.7)$$

其中，$x(n)$为输入，$y(n)$为输出。

求解常系数线性差分方程可以采用迭代法和直接计算法。

1．迭代法

由于系统的输出与过去的输出有关，它们之间存在着迭代或递归的关系，因此对差分方程的求解可以采用迭代的办法。式(9.7)需整理为

$$y(n)=b_0x(n)+b_1x(n-1)+\cdots+b_mx(n-m)-a_1y(n-1)-\cdots-a_ky(n-k)$$

$$(9.8)$$

2．直接计算法

也可以直接利用 MATLAB 函数来求解响应。

三、实验涉及的 MATLAB 函数

1．filter

功能：计算离散时间系统的输出。

调用格式：

y＝filter(b,a,x)；b、a 分别表示差分方程的输入、输出多项式系数向量，x 为输入序列，返回值 y 为系统的零状态响应。

y＝filter(b,a,x,zi)；将初始条件 zi 用于滤波器延迟（可以认为 zi 是状态方程的初始状态），返回值 y 为系统的全响应。

2．filtic

功能：得到 filter 函数初始状态。

调用格式：

zi＝filtic(b,a,y)；输入为 0，得到传递函数的初始状态 y 对应的 filter 函数的初始状态 zi。

zi＝filtic(b,a,y,x)；输入为 x，得到传递函数的初始状态 y 对应的 filter 函数的初始状态 zi。

3．impz

功能：计算离散时间系统的样值响应。

调用格式：

h＝impz(b,a)；计算并绘制离散时间系统样值响应的波形，将自动选取自变量。

h＝impz(b,a,n)；可由用户指定自变量 n。若 n 为正整数，则绘制 0～n-1 上的样值响应波形；若 n 为数组，则绘制 n 上的样值响应波形。

hn＝impz(b,a,n)；将样值响应存入 hn，不直接绘制波形。

4．stepz

功能：求解离散时间系统的阶跃响应。

调用格式：与 impz 函数类似。

四、实验内容

已知某因果系统的差分方程为 $y(n) - 0.7y(n-1) + 0.1y(n-2) = 2x(n) - 3x(n-2)$，若输入 $x(n) = u(n)$，初始状态 $y(-1) = -26$，$y(-2) = -202$。

（1）用迭代法求该系统的全响应；

（2）用 MATLAB 函数求该系统的零输入响应、样值响应、阶跃响应、零状态响应。

五、思考题

1. 样值响应与阶跃响应有何联系？

2. 如何根据样值响应判断离散时间系统的稳定性？

9.6 连续时间周期信号的频域分析

一、实验目的

1. 掌握用 MATLAB 计算周期信号的傅里叶级数。

2. 观察信号的分解与合成，加深对傅里叶级数的理解。

二、实验原理

满足狄利克雷（Dirichlet）条件的周期为 T 的信号 $x(t)$ 可进行三角函数形式的傅里叶级数展开

$$x(t) = c_0 + \sum_{k=1}^{\infty} c_k \cos(k\omega_0 t + \varphi_k), \quad \omega_0 = \frac{2\pi}{T} \tag{9.9}$$

c_0 表示周期信号的直流分量，$c_k \cos(k\omega_0 t + \varphi_k)$ 称为第 k 次谐波。

如果以角频率为横轴，分别以 c_k、φ_k 为纵轴，就可以直接观察出各频率分量的振幅和初相，得到的图形称为信号的幅度频谱图和相位频谱图，统称为频谱图。c_k、φ_k 的计算比较复杂，一般采用指数形式的傅里叶级数进行计算

$$x(t) = \sum_{k=-\infty}^{\infty} X_k e^{jk\omega_0 t} \tag{9.10}$$

其中

$$X_k = \frac{1}{T} \int_{t_0}^{t_0+T} x(t) e^{-jk\omega_0 t} dt \tag{9.11}$$

如果以角频率为横轴，以 $|X_k|$、$\angle X_k$ 为纵轴，则可以画出信号的频谱图，因为这时

角频率取值有正有负,该频谱图称为双边谱,三角函数形式对应的频谱图称为单边谱。若 X_k 为实数,则可以直接以 X_k 为纵轴画出频谱图。

为实现计算机编程,需要对式(9.11)中的 $x(t)$ 进行抽样。设一个周期内得到了 N 个样本点,则抽样间隔 $T_s = \dfrac{T}{N}$,抽样得到的序列可以记作 $x(t_0 + nT_s)$,式(9.11)可表示为

$$X_k \approx \frac{T_s}{T} \sum_{n=0}^{N-1} x(t_0 + nT_s) e^{-jk\omega_0(t_0 + nT_s)} \tag{9.12}$$

对于实信号,X_k 和 c_k、φ_k 具有下列关系

$$|X_k| = \begin{cases} \dfrac{c_{|k|}}{2}, & k \neq 0 \\ c_0, & k = 0 \end{cases}, \quad \angle X_k = \begin{cases} \varphi_k, & k \geqslant 0 \\ -\varphi_{|k|}, & k < 0 \end{cases} \tag{9.13}$$

三、实验内容

1. 连续时间周期三角脉冲信号如图 9.6.1 所示。

(1) 计算其指数形式傅里叶级数;

(2) 画出其双边谱;

(3) 分别画出其前 9 次谐波;

(4) 分别将前 5、前 7、前 9 次谐波参与合成,并对合

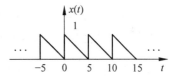

图 9.6.1 连续时间周期三角脉冲信号

成结果进行比较。

2. 将如图 9.6.1 所示的周期三角脉冲信号保持脉冲宽度不变,周期由 5 变为 10,画出双边谱,并与实验内容 1 的第(2)小题的结果进行比较,分析二者的异同。

3. 将如图 9.6.1 所示的周期三角脉冲信号保持周期不变,脉冲宽度由 5 变为 2,画出双边谱,并与实验内容 1 的第(2)小题的结果进行比较,分析二者的异同。

四、思考题

1. 比较抽样间隔对实验内容 1 第(1)小题结果的影响。
2. 为何周期三角脉冲信号合成时未出现 Gibbs 现象?
3. 实验内容 1 中脉冲宽度、周期对频谱的影响分别是什么?

9.7 连续时间非周期信号的频域分析

一、实验目的

1. 掌握用 MATLAB 计算傅里叶变换。
2. 掌握用 MATLAB 计算傅里叶反变换。
3. 通过频谱分析进一步加深对傅里叶变换性质的理解。

二、实验原理

傅里叶变换定义为

$$X(\mathrm{j}\omega) = \int_{-\infty}^{\infty} x(t)\mathrm{e}^{-\mathrm{j}\omega t}\,\mathrm{d}t \tag{9.14}$$

傅里叶反变换定义为

$$x(t) = \frac{1}{2\pi}\int_{-\infty}^{\infty} X(\mathrm{j}\omega)\mathrm{e}^{\mathrm{j}\omega t}\,\mathrm{d}\omega \tag{9.15}$$

为实现计算机编程,需对式(9.14)中的 $x(t)$ 进行抽样。假设在非周期信号的主要取值区间 $[t_1, t_2]$ 内抽样了 N 个点,则抽样间隔 $T_s = \dfrac{t_2 - t_1}{N}$,

$$X(\mathrm{j}\omega) \approx T_s \sum_{n=0}^{N-1} x(t_1 + nT_s)\mathrm{e}^{-\mathrm{j}\omega(t_1 + nT_s)} \tag{9.16}$$

用式(9.16)可以计算出任意频点的傅里叶变换值。

假设非周期信号频谱的主要取值区间为 $[\omega_1, \omega_2]$,在其间均匀抽样了 M 个值,则频谱抽样间隔 $\Delta\omega = \dfrac{\omega_2 - \omega_1}{M}$,可以采用同样的方法计算傅里叶反变换

$$x(t_1 + nT_s) \approx \frac{\Delta\omega}{2\pi}\sum_{m=0}^{M-1} X[\mathrm{j}(\omega_1 + m\Delta\omega)]\mathrm{e}^{\mathrm{j}(\omega_1 + m\Delta\omega)(t_1 + nT_s)} \tag{9.17}$$

三、实验涉及的 MATLAB 函数

1. syms

功能:声明符号变量。

调用格式:syms x,y;声明 x、y 为符号变量。

2. fourier

功能:计算符号函数的傅里叶变换。

调用格式:fourier(f);计算符号函数 f 的傅里叶变换。

3. ifourier

功能:计算符号函数的傅里叶反变换。

调用格式:ifourier(F);计算符号函数 F 的傅里叶反变换。

4. integral

功能:计算函数的数值积分。

调用格式：q＝integral(fun,xmin,xmax)；计算函数 fun 在[xmin,xmax]上的数值积分。

5. angle

功能：求幅角。

调用格式：P＝angle(Z)；计算复数 Z 的幅角,返回结果在[−π,π]区间。

四、实验内容

1. 分别利用符号函数和数值计算方法求下列信号的傅里叶变换,分别绘制幅度谱和相位谱、频谱实部和频谱虚部。观察不同信号的幅度谱和相位谱、频谱实部和虚部的特点。

(1) $G_4(t)$

(2) $\mathrm{Sa}(\pi t)$

(3) $e^{-t}u(t)$

(4) $\mathrm{sgn}(t)$

2. 分别利用符号函数和数值计算方法求 $G_4(\omega)$、$G_4(\omega)e^{-2j\omega}$ 的傅里叶反变换,绘制波形图,并对二者进行比较和分析。

3. 图 9.7.1 所示的周期矩形脉冲信号中,$E=1$,周期 $T=10$,脉冲宽度 $\tau=4$。分别截取 1、3、5、7、9、11 个完整的周期,试讨论脉冲个数对频谱的影响。

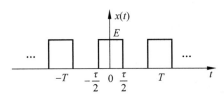

图 9.7.1　连续时间周期矩形脉冲信号

五、思考题

1. 怎样提高傅里叶变换的计算精度？

2. 如何通过 MATLAB 编程验证傅里叶变换的频域微分性质？

9.8　连续时间系统的频域分析

一、实验目的

1. 掌握用 MATLAB 分析系统的滤波特性。

2. 掌握用 MATLAB 验证时域抽样定理。

二、实验原理

连续时间线性时不变系统一般可以用常系数线性微分方程表示

$$\frac{\mathrm{d}^n}{\mathrm{d}t^n}y(t) + a_{n-1}\frac{\mathrm{d}^{n-1}}{\mathrm{d}t^{n-1}}y(t) + \cdots + a_0 y(t)$$

$$= b_m \frac{\mathrm{d}^m}{\mathrm{d}t^m}x(t) + b_{m-1}\frac{\mathrm{d}^{m-1}}{\mathrm{d}t^{m-1}}x(t) + \cdots + b_0 x(t) \tag{9.18}$$

式中，$x(t)$ 为输入信号，$y(t)$ 为输出信号。

对式(9.18)描述的连续时间线性时不变系统等式两边分别做傅里叶变换并进行整理，可得

$$H(\mathrm{j}\omega) = \frac{b_m(\mathrm{j}\omega)^m + b_{m-1}(\mathrm{j}\omega)^{m-1} + \cdots + b_0}{(\mathrm{j}\omega)^n + a_{n-1}(\mathrm{j}\omega)^{n-1} + \cdots + a_0} \tag{9.19}$$

式中，m 和 n 都是正整数，且系数均为实数。

$H(\mathrm{j}\omega)$ 称为系统的频率响应，简称频响。通过观察 $|H(\mathrm{j}\omega)|$ 的变化趋势，可以判断系统的滤波特性。

工程中，信号的抽样就是从连续时间信号 $x(t)$ 中抽取出一系列离散样本值。若抽样频率 $f_s \geqslant 2f_m$，其中 f_m 是被抽信号的最高频率，则抽样序列能够保留被抽信号的所有信息。

三、实验涉及的 MATLAB 函数

1. freqs

功能：计算连续时间系统的频率响应。
调用格式：
freqs(b,a)；在当前窗口绘制幅频和相频曲线。
[h,w]＝freqs(b,a)；自动设定 200 个频率点来计算频率响应 h，将 200 个频率点记录在 w 中。
[h,w]＝freqs(b,a,n)；设定 n 个频率点计算频率响应。
h＝freqs(b,a,w)；计算 w 上的频率响应。

2. audiorecorder

功能：创建用于录制音频的对象。
调用格式：
recorder＝audiorecorder；创建抽样频率为 8000Hz、8 位、1 通道的 audiorecorder 对象。

recorder＝audiorecorder(Fs,nBits,nChannels)；创建抽样频率为 Fs、n 位、n 通道的 audiorecorder 对象。

3．sound

功能：将信号数据矩阵转换为声音。

调用格式：

sound(y)；以默认抽样频率 8192Hz 向扬声器发送音频信号 y。

sound(y,Fs)；以抽样频率 Fs 向扬声器发送音频信号 y。

sound(y,Fs,nBits)；对音频信号 y 使用 Fs 抽样频率,并用 n 位抽样位数。

4．audiowrite

功能：写音频文件。

调用格式：audiowrite(filename,y,Fs)；以抽样频率 Fs 将音频数据矩阵 y 写入名为 filename 的文件,filename 还指定了输出文件格式。

四、实验内容

1．某因果系统的微分方程为 $y''(t)+y'(t)+y(t)=x'(t)$,分别画出它们的幅频和相频响应曲线。

2．已知某连续时间信号 $x(t)=\sin(2\pi t)+0.5\sin(6\pi t)$。

(1) 绘制该连续时间信号的波形；

(2) 绘制抽样频率为 3Hz、6Hz 和 12Hz 时的抽样信号波形；

(3) 绘制该连续时间信号的频谱；

(4) 绘制抽样频率为 3Hz、6Hz 和 12Hz 时的抽样信号频谱。

3．分别用 44.1kHz、22.5kHz、8kHz、4kHz 采集同一段音频信号并保存到音频文件中,再利用播放软件将其播放出来,试讨论抽样频率对播放效果的影响。

五、思考题

1．判断实验内容 1 对应系统的滤波特性并说明原因。

2．实验内容 2 中,若改变音频的播放频率,对播放效果有什么影响？

9.9　离散时间信号与系统的频域分析

一、实验目的

1．掌握用 MATLAB 实现离散时间序列的频域分析。

2．掌握用 MATLAB 实现离散时间系统的频域分析。

二、实验原理

周期为 N 的序列 $x(n)$，在任意 $[n_0, n_0+N]$ 区间，可以精确分解为以下形式的傅里叶级数

$$x(n) = \frac{1}{N} \sum_{k=<N>} X_k e^{jk\Omega_0 n}, \quad \Omega_0 = \frac{2\pi}{N} \tag{9.20}$$

其中，

$$X_k = \sum_{n=<N>} x(n) e^{-jk\Omega_0 n} \tag{9.21}$$

离散时间傅里叶变换的定义为

$$X(\Omega) = \sum_{n=-\infty}^{\infty} x(n) e^{-j\Omega n} \tag{9.22}$$

可以借助数值计算的方法求解离散时间傅里叶变换。假设非周期序列的主要取值区间为 $[n_1, n_2]$，可得

$$X(\Omega) \approx \sum_{n=n_1}^{n_2} x(n) e^{-j\Omega n} \tag{9.23}$$

用式(9.23)可以算出任意频点的傅里叶变换值。为便于计算机处理，需要将连续变量 Ω 离散化。假设 $X(\Omega)$ 在 $[\Omega_1, \Omega_2]$ 区间上均匀抽样了 M 个值，则抽样间隔 $\Delta\Omega = \frac{\Omega_2-\Omega_1}{M}$，由式(9.23)可得

$$X(\Omega_1 + m\Delta\Omega) \approx \sum_{n=n_1}^{n_2} x(n) e^{-j(\Omega_1+m\Delta\Omega)n} \tag{9.24}$$

对离散时间非周期因果序列进行频谱分析时可以采用快速傅里叶变换，需要注意的是，fft 函数返回的是 $[0, 2\pi]$ 区间上 $X(\Omega)$ 的抽样值。通过增加 fft 点数，能够使返回结果越来越接近连续频谱 $X(\Omega)$。

大部分离散时间线性时不变系统可以用常系数线性差分方程表示

$$y(n) + a_1 y(n-1) + \cdots + a_k y(n-k) = b_0 x(n) + b_1 x(n-1) + \cdots + b_m x(n-m) \tag{9.25}$$

式中，$x(n)$ 为输入，$y(n)$ 为输出。

对式(9.25)描述的系统等式两边分别做傅里叶变换并进行整理，可得

$$H(\Omega) = \frac{b_0 + b_1 e^{-j\Omega} + \cdots + b_m e^{-jm\Omega}}{1 + a_1 e^{-j\Omega} + \cdots + a_k e^{-jk\Omega}} \tag{9.26}$$

式中，m 和 k 都是正整数，且系数均为实数。

$H(\Omega)$ 称为离散时间系统的频率响应，简称频响。通过观察 $|H(\Omega)|$ 在 $[0, \pi]$ 区间内的变化趋势，可以判断离散时间系统的滤波特性。

三、实验涉及的 MATLAB 函数

1. fft

功能：快速傅里叶变换。

调用格式：

y＝fft(x)；利用 FFT 算法计算 x 的离散时间傅里叶变换。当 x 为矩阵时，y 为矩阵 x 每一列的 FFT。

y＝fft(x,n)；采用 n 点 FFT 算法。

2. ifft

功能：快速傅里叶反变换。

调用格式：与 fft 类似。

3. fftshift

功能：对 fft 的输出重新排列，将零频分量移到频谱的中心。

调用格式：y＝fftshift(x)。

4. freqz

功能：计算离散时间系统的频率响应。

调用格式：

freqz(b,a)；在当前窗口绘制幅频和相频在$[0,\pi]$区间的曲线。

h＝freqz(b,a,w)；用于计算 w 上的频率响应。

四、实验内容

1. 画出 $x(n)=2\cos 3.2\pi n$ 的傅里叶级数，并与 $x(t)=2\cos 3.2\pi t$ 的傅里叶级数进行比较。

2. 分别采用矩阵-向量乘法和 fft 函数求 $0.5^n R_8(n)$ 的频谱，并进行比较。

3. 某因果系统的差分方程为 $y(n)+0.8y(n-1)=x(n)$，画出该系统的幅频响应曲线并判断该系统的滤波特性。

五、思考题

1. 分析实验内容 1 结果的联系以及区别，并说明原因。

2. 分析矩阵-向量乘法和 fft 函数方法计算离散时间序列频谱的区别。

9.10 连续时间信号与系统的复频域分析

一、实验目的

1. 掌握用 MATLAB 计算信号的单边拉普拉斯变换和反变换。
2. 掌握用 MATLAB 绘制系统的零极点图并进行系统特性分析。

二、实验原理

单边拉普拉斯变换定义为

$$X(s) = \int_{0^-}^{\infty} x(t) e^{-st} \, dt \qquad (9.27)$$

由于拉普拉斯变换的自变量 s 为复数，因此其求解不适合采用数值计算的方法。但 MATLAB 提供了符号函数 laplace、ilaplace 求解信号的单边拉普拉斯变换和反变换。

连续时间线性时不变系统的系统函数 $H(s)$ 通常是有理分式，将分子、分母化成关于 s 的最简正幂多项式，使得分母多项式等于零的根称为极点（即特征根），分子多项式等于零的根称为零点。借助零极点可以进行系统特性的分析，比如系统的滤波特性。

三、实验涉及的 MATLAB 函数

1. laplace

功能：求符号函数的拉普拉斯变换。
调用格式：
X＝laplace(x)；求符号函数 x 的拉普拉斯变换。
X＝laplace(x,transVar)；求符号函数 x 的拉普拉斯变换，返回结果的变量由默认 s 变为 transVar。

2. ilaplace

功能：求符号函数的拉普拉斯反变换。
调用格式：
x＝ilaplace(X)；求符号函数 X 的拉普拉斯反变换。
x＝ilaplace(X,transVar)；求符号函数 X 的拉普拉斯反变换，返回结果的变量由默认 t 变为 transVar。

3. residue

功能：部分分式展开。

调用格式：

$[r\ p\ k] = \text{residue}(b,a)$

$[a\ b] = \text{residue}(r\ p\ k)$

r,p,k,b,a 各参数关系满足

$$X(s) = \frac{b_m s^m + b_{m-1} s^{m-1} + \cdots + b_0}{s^n + a_{n-1} s^{n-1} + \cdots + a_0} = \frac{r_n}{s - p_n} + \cdots + \frac{r_1}{s - p_1} + k(s)$$

4. pzmap

功能：绘制连续时间系统的零极点图。

调用格式：pzmap(b,a)；绘制由向量 b 和 a 构成的系统函数确定的零极点图。

音频

四、实验内容

1. 求 $x(t) = e^{-t} u(t)$ 的单边拉普拉斯变换 $X(s)$，并画出 $|X(s)|$。

2. 某连续时间线性时不变系统的系统函数 $H(s) = \dfrac{s^2 - 2s + 50}{s^2 + 2s + 50}$，试画出该系统的零极点图。

3. 设计一个二阶滤波器来抑制系统中频率为 50 Hz 的交流嗡嗡声，音频信号请扫描二维码。

五、思考题

1. 在实验内容 1 的画图结果中找出 $x(t) = e^{-t} u(t)$ 的幅度谱。

2. 分析零极点对连续时间系统幅频响应的影响。

9.11 离散时间信号与系统的 z 域分析

一、实验目的

1. 掌握用 MATLAB 计算信号的单边 z 变换和反变换。

2. 掌握用 MATLAB 绘制离散时间系统的零极点图并进行系统特性分析。

二、实验原理

单边 z 变换定义为

$$X(z) = \sum_{n=0}^{\infty} x(n) z^{-n} \tag{9.28}$$

由于 z 变换的自变量 z 为复数,因此其求解不适合采用数值计算的方法。但 MATLAB 提供了符号函数 ztrans、iztrans 求解信号的单边 z 变换和反变换。

离散时间线性时不变系统的系统函数 $H(z)$ 通常是有理分式,将分子、分母化成关于 z 的最简正幂多项式,使得分母多项式等于零的根称为极点(即特征根),分子多项式等于零的根称为零点。借助零极点可以进行系统特性的分析,比如系统的滤波特性。

三、实验涉及的 MATLAB 函数

1. ztrans

功能:计算符号函数的 z 变换。

调用格式:

X＝ztrans(x);求符号函数 x 的 z 变换。

X＝ztrans(x,transVar);求符号函数 x 的 z 变换,返回结果的变量由默认 z 变为 transVar。

2. iztrans

功能:求符号函数的 z 反变换。

调用格式:

x＝iztrans(X);求符号函数 X 的 z 反变换。

x＝iztrans(X,transVar);求符号函数 X 的 z 反变换,返回结果的变量由默认 n 变为 transVar。

3. residuez

功能:部分分式展开。

调用格式:

[r p k]＝residuez(b,a)

[a b]＝residuez(r p k)

其中,r,p,k,b,a 各参数关系如下式

$$X(z) = \frac{b_0 + b_1 z^{-1} + \cdots + z_m z^{-m}}{1 + a_1 z^{-1} + \cdots + a_n z^{-n}}$$

$$= \frac{r(1)}{1 - p_1 z^{-1}} + \cdots + \frac{r(n)}{1 - p_n z^{-1}} + k(1) + \cdots + k^{m-n+1} z^{-(m-n)}$$

4. zplane

功能:绘制离散时间系统的零极点图。

调用格式:zplane(b,a);绘制由向量 b 和 a 构成的系统函数确定的零极点图。

四、实验内容

1. 求 $x(n) = \left(\dfrac{1}{3}\right)^n u(n)$ 的 z 变换 $X(z)$，并画出 $|X(z)|$。

2. 某因果线性时不变系统可描述为 $y(n) = \dfrac{1}{2}\left[x(n) - x(n-1)\right]$，试画出该系统的零极点图和幅频响应曲线。

五、思考题

1. 在实验内容 1 的画图结果中找出 $x(n) = \left(\dfrac{1}{3}\right)^n u(n)$ 的幅度谱。

2. 分析零极点对离散时间系统幅频响应的影响。

第10章

实验箱及示波器

10.1 实验箱总体介绍

本书实验采用的实验箱是专门为"信号与系统"系列课程而设计的,提供了信号的时域、频域分析等实验手段,自带实验所需的电源、信号发生器、数字电压表、数字频率计等,并且采用了数字信号处理(Digital Signal Processing,DSP)技术,使模拟电路难以实现或结果不理想的实验能够准确地演示,并能生动地验证理论结果。

该实验箱结构如图 10.1.1 所示,共有 9 个模块。

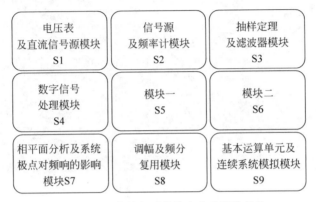

图 10.1.1 信号与系统综合实验箱的结构

使用实验箱前需注意:

- 实验箱箱体后侧设有 220V 交流电源三芯插座。
- 实验箱总电源开关位于箱体右侧,将开关按至 I 即可打开总电源,实验完成后应将开关置为 O。
- 打开实验箱后,为便于操作,可向右侧抽出实验箱盖板,实验完成后需将盖板还原。

10.2 实验箱主要模块

10.2.1 S2 信号源及频率计模块

S2 模块如图 10.2.1 所示。S2 模块可提供两部分输出:一部分为模拟信号源,另一部分为时钟信号源。模拟信号源主要技术指标如表 10.2.1 所示,输出模拟信号的幅度可由"W1 模拟输出幅度调节"旋钮控制,频率可由"ROL1 频率调节"旋钮控制。

当"S2 模式切换"开关向下拨选择"频率计"模式时,频率计可测量外部信号的频率,测量范围为 1Hz~99MHz;当"S2 模式切换"开关向上拨选择"信号源"模式时,频率计测量模拟信号源内部产生的模拟信号的频率,测量结果通过 6 位数码管显示。

彩图

图 10.2.1　S2 模块

表 10.2.1　模拟信号源主要技术指标

输出波形	正弦波、三角波、方波、可扫频的正弦波
输出幅度	0~5V 可调
输出频率范围	正弦波：10Hz~2MHz
	三角波、方波：10Hz~100kHz

S2 模块上各接口的功能如下：

P1——频率计输入端口。

P2——模拟信号输出端口（相应的观测点为 TP2）。

P3——64kHz 载波输出端口（相应的观测点为 TP3）。

P4——256kHz 载波输出端口（相应的观测点为 TP4）。

P5——时钟信号源输出端口（相应的观测点为 TP5）。

W1——模拟信号输出幅度调节旋钮。

S1——模块的供电开关。模块加电后，+5V、+12V、-12V 这 3 个电源指示灯亮。

S2——模式切换开关。开关向上拨选择"信号源"模式，开关向下拨选择"频率计"模式。

S3——扫频开关。当开关向上拨时，开始扫频；当开关向下拨时，停止扫频。只有信号波形为正弦波时，该开关才有效。

S4——波形切换开关。有正弦波、三角波、方波 3 种波形可供切换，选择其中一种波形后，该波形相应的指示灯会亮。在方波模式下，会涉及方波占空比的调节，具体方法如下：

（1）利用开关 S4 将波形切换到方波；

（2）在方波模式下，按下"ROL1 频率调节旋钮"约 1s 后松开，频率计上数码管会显示"dy"；

（3）当数码管显示"dy"和数字时，可以通过拨动 ROL1 旋钮来调节方波的占空比，其可调范围是 6%～93%，数码管后两位显示的数字为占空比。

S5——扫频设置按钮。当 S3 拨为"ON"时，即可通过 S5 在扫频上限、下限和分辨率 3 个参数之间切换，以分别设置这 3 个参数。当"上限"指示灯亮时，可通过 ROL1 旋钮改变扫描频率终止点（最高频率），调节的频率值在频率计的数码管上显示。当"下限"指示灯亮时，可通过 ROL1 旋钮改变扫描频率的起始点（最低频率）。当"分辨率"指示灯亮时，可完成从下限频率到上限频率扫描速度的设置。

S7——时钟频率设置。在此按钮旁边有 4 种时钟频率可供选择，分别为 1kHz、2kHz、4kHz、8kHz。选择其中一种频率时，相应的指示灯会亮。

ROL1——模拟信号频率调节。轻按旋钮可选择信号源频率步进。顺时针旋转增大频率，逆时针旋转减小频率。频率旋钮下有 3 个标有×10、×100、×1K 的指示灯指示频率步进，频率步进值的计算方法如表 10.2.2 所示。

表 10.2.2　频率步进的计算

亮的 LED	频 率 步 进	亮的 LED	频 率 步 进
×10	10Hz	×10×1K	10kHz
×100	100Hz	×100×1K	100kHz
×1K	1kHz	×10×100×1K	1MHz

可根据如下实验步骤进行信号波形的观测，并熟悉信号源的使用：

（1）给实验箱加电，打开实验箱总电源开关，打开 S2 模块的供电开关。

（2）S2 模块刚上电时默认输出正弦波，对应指示灯"SIN"亮。

（3）用示波器的信号输入端连接 TP2，接地端连接 GND，观察输出的模拟信号。

（4）调节 W1 信号幅度调节旋钮，在示波器上观察信号幅度的变化。

（5）按下 S4 按钮选择三角波，对应指示灯"TRI"亮，在示波器上可以观察到三角波。

（6）按下 S4 按钮选择方波，对应指示灯"SQU"亮，在示波器上可以观察到方波。还可在示波器上观察信号占空比的变化（调节方法见 S4 按钮的介绍）。

（7）调节 ROL1 信号频率调节旋钮，可在示波器上观察信号频率的变化，按下 ROL1，可以进行频率步进选择，改变频率的调节快慢。

10.2.2　S3 抽样定理及滤波器模块

S3 模块如图 10.2.2 所示。模拟滤波器部分提供多种有源、无源滤波器，包括无源低通滤波器、有源低通滤波器、无源高通滤波器、有源高通滤波器、无源带通滤波器、有源带通滤波器、无源带阻滤波器和有源带阻滤波器。

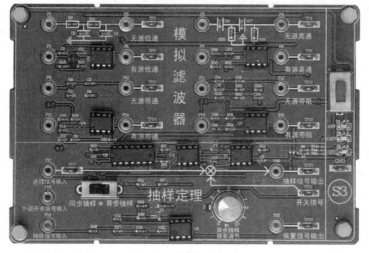

图 10.2.2　S3 模块

滤波器部分共提供了 8 个信号输入点：

P1——无源低通滤波器信号输入端口。

P5——有源低通滤波器信号输入端口。

P9——无源带通滤波器信号输入端口。

P13——有源带通滤波器信号输入端口。

P3——无源高通滤波器信号输入端口。

P7——有源高通滤波器信号输入端口。

P11——无源带阻滤波器信号输入端口。

P15——有源带阻滤波器信号输入端口。

滤波器部分还提供了 8 个信号输出端口及相应的信号观测点：

P2——无源低通滤波器信号输出端口（相应的观测点为 TP2）。

P6——有源低通滤波器信号输出端口（相应的观测点为 TP6）。

P10——无源带通滤波器信号输出端口（相应的观测点为 TP10）。

P14——有源带通滤波器信号输出端口（相应的观测点为 TP14）。

P4——无源高通滤波器信号输出端口（相应的观测点为 TP4）。

P8——有源高通滤波器信号输出端口（相应的观测点为 TP8）。

P12——无源带阻滤波器信号输出端口（相应的观测点为 TP12）。

P16——有源带阻滤波器信号输出端口（相应的观测点为 TP16）。

该模块还提供了抽样定理部分。通过该部分可观测到时域抽样、恢复过程中信号波形。模块上共有 3 个输入端口、2 个输出端口及 2 个信号观测点，分别为

P17——连续信号输入端口（相应的观测点为 TP17）。

P18——外部开关信号输入端口，提高同步抽样的抽样脉冲。

P19——抽样信号输入端口。

P20——连续信号经抽样后的输出端口(相应的观测点为 TP20)。

P22——恢复信号的输出端口(相应的观测点为 TP22)。

TP21——抽样脉冲的观测点。

模块上的调节点:

S1——模块的供电开关。模块加电后,+5V、+12V、-12V 这 3 个电源指示灯亮。

S2——同步抽样或异步抽样选择开关。开关拨向左边时选择同步抽样方式,拨向右边时选择异步抽样方式。

W1——异步抽样频率调节旋钮。

10.2.3 S4 数字信号处理模块

S4 模块如图 10.2.3 所示。该模块主要借助数字信号处理器(Digital Signal Processor, DSP)实现多种数字信号处理功能。

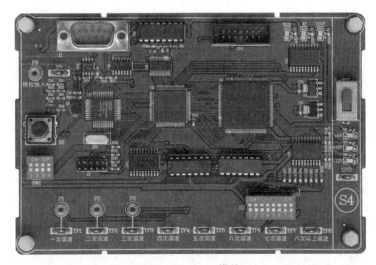

图 10.2.3 S4 模块

S4 模块上各接口的功能如下:

P9——模拟信号输入。

P1、P2、P3——1 次谐波、2 次谐波、3 次谐波的输出端口(对应的信号观测点分别为 TP1、TP2、TP3)。

TP4~TP7——4 次谐波、5 次谐波、6 次谐波、7 次谐波的观测点。

S3——8 位拨码开关。分别为 1 次谐波、2 次谐波、3 次谐波、4 次谐波、5 次谐波、6 次谐波、7 次谐波、8 次及以上谐波的叠加开关,合成波形从 TP8 输出。

SW1——4 位拨码开关。通过此开关(若为 8 位拨码开关则取后 4 位)的不同设置来选择不同的实验,如表 10.2.3 所示。

S1——模块的供电开关。模块加电后,+5V、+12V、-12V 这 3 个电源指示灯亮。

S2——复位开关。加电状态下改变 SW1 后,需将其按下将 DSP 复位,以重新加载 DSP 程序。

表 10.2.3　SW1 可选择的实验

开关设置	实 验 内 容	开关设置	实 验 内 容
0001	常规信号观测	1000	数字频率合成
0010	信号卷积	1001	数字滤波
0011	信号与系统卷积	1010	FDM 载波输出信号
0101	矩形脉冲信号合成与分解	1110	频谱分析
0110	相位对信号合成的影响	1111	信号采集
0111	数字抽样恢复		

10.2.4　S5 模块

S5 模块如图 10.2.4 所示。

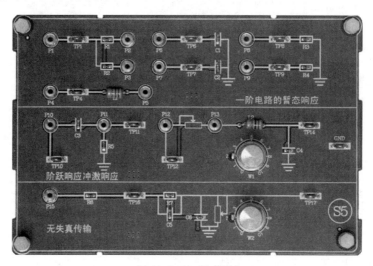

图 10.2.4　S5 模块

该模块包括一阶电路的暂态响应、阶跃响应冲激响应和无失真传输 3 部分。

1. 一阶电路的暂态响应部分

用户可以根据需要在此模块上搭建一阶电路,并观察信号波形。该部分各接口的功能如下:

P1、P4——信号输入端口(相应的观测点为 TP1、TP4)。

P2、P3、P5——电路连接端口。

P6、P7——一阶 RC 电路输出端口(相应的观测点为 TP6、TP7)。

P8、P9——一阶 RL 电路输出端口(相应的观测点为 TP8、TP9)。

2. 阶跃响应冲激响应部分

在此部分,用户接入适当的输入信号,可观测到输入信号的阶跃响应和冲激响应。该部分各接口的功能如下:

P10——冲激响应的信号输入端口(相应的观测点为 TP10)。

P11——冲激响应的信号输出端口(相应的观测点为 TP11)。

P12——阶跃响应的信号输入端口(相应的观测点为 TP12)。

TP14——阶跃响应的信号输出观测点。

3. 无失真传输部分

在此部分,用户可以通过调节滑动变阻器,将系统调整为无失真状态。该部分各接口的功能如下:

P15——信号输入端口。

TP16——信号经电阻衰减观测点。

TP17——信号输出观测点。

W2——滑动变阻器。

10.3 双踪示波器总体介绍

10.3.1 主要技术指标

实验采用的数字示波器主要技术指标如表 10.3.1 所示。

表 10.3.1 GDS-1102 示波器主要技术指标

性能		特性	
性能	100MHz 频宽	特性	存储和调出设定和波形
	双通道		6 位计频器
	250MSa/s 实时抽样率		多种语言功能选项
	25GSa/s 等效抽样率		数学运算:加、减、FFT
	每一信道 4k 点记录长度		边缘、视频、脉冲宽度触发
	峰值帧测达 10ns		内建 Help 辅助功能
			SD 卡接口以存储/读出数据
			外部触发输入

10.3.2 各按键用途及使用方法

数字示波器 GDS-1102 前面板如图 10.3.1 所示。

各部分的名称与作用如下:

彩图

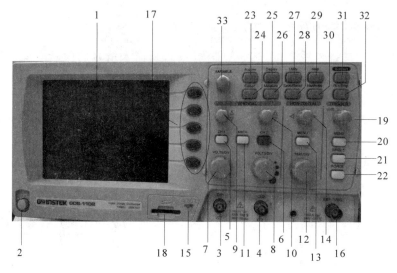

图 10.3.1　GDS-1102 数字示波器前面板

1——示波器屏幕显示。

2——电源开关。当 POWER 键按下时电源接通,屏幕亮起。

3——CH1 探头接入插孔。在 X-Y 模式中,为 X 轴的信号输入端。

4——CH2 探头接入插孔。在 X-Y 模式中,为 Y 轴的信号输入端。

5——按下时,屏幕显示第一路信号,此时示波器屏幕左下方第一行第一个字符是带填充的圆圈 1,此时可以选择第一路信号的耦合方式(直流耦合、交流耦合、接地)、是否反相、是否限制带宽、探头比例(×1、×10、×100)。需要注意的是,如果选择了×10,那么测量值将是真实值的 10 倍。再次按下,将关闭第一路信号的显示,此时字符 1 的填充和圆圈消失。

6——按下时,屏幕显示第二路信号,此时示波器屏幕左下方第二行第一个字符是带填充的圆圈 2;再次按下时关闭第二路信号的显示,此时字符 2 的填充和圆圈消失。

7——第一路信号垂直灵敏度调节旋钮,在示波器屏幕左下方第一行有相应的符号,如"①——500mV",表示一个纵向方格对应的第一路信号电压为 500mV。

8——第二路信号垂直灵敏度调节旋钮,在示波器屏幕左下方第二行有相应的符号,如"②——500mV",表示一个纵向方格对应的第二路信号电压为 500mV。

9——第一路信号位移旋钮。调节此旋钮,第一路信号波形上下移动。

10——第二路信号位移旋钮。调节此旋钮,第二路信号波形上下移动。

11——MATH 键,按下时对第一路信号和第二路信号做数学运算,包括 CH1＋CH2、CH1－CH2、FFT。再次按下关闭数学运算功能。

12——水平灵敏度调节旋钮,在示波器屏幕左下方第一行第二列有相应的符号,如 M 250us 表示一个横向方格对应的时间为 250μs。

13——MENU 键,按下可将示波器切换到主时基(T-Y 模式显示)、视窗设置、视窗拓展、滚动模式和 XY 显示等。

14——水平通道位移旋钮。调节此旋钮,两路信号波形左右移动。

15——示波器校准信号输出端,输出频率为 1kHz、峰峰值为 2V 的方波信号。

16——外部触发信号接入插孔。

17——5 个功能菜单操作键,用于操作示波器屏幕右侧的功能菜单及子菜单。

18——SD 卡插槽,可实现外部存储功能。

19——设定触发电平。

20——按 MENU 键进入触发设置界面,具体如图 10.3.2 所示。部分参数修改可通过旋转 33 号 VARIABLE 旋钮实现。

21——单次触发按键。当按下此按键后,第一次触发发生时会显示本次所取得的波形,然后波形停止更新,必须再按一次 Run/Stop 按键,示波器才会重新取样。

22——强制触发按键。使用强制触发键可对目前屏幕上的波形强制产生一个触发信号。

23——设定抽样模式。按下此键后,可以选择普通、平均(2、4、8 次等)或峰值检测(显示每个采用间隔里最低与最高的电压值),抽样率固定为 1MSa/s。

24——光标测量,如图 10.3.3 所示。通过按 Cursor 键进入光标测量状态,再利用 5 个功能菜单操作键和 VARIABLE 旋钮做相应操作。再次按下退出光标测量状态。

25——显示参数调整,如图 10.3.4 所示。通过按 Display 键进入显示参数调整状态。

26——自动测量。可自动测量两路信号的 19 个参数,如峰峰值、频率、占空比、平均值等,但只能显示 5 个测量结果。若需要改变屏幕右侧的显示参数,可按相应的功能菜单操作键,再旋转 VARIABLE 旋钮。

27——辅助系统功能设置。按此按键可以设置一些系统参数,如探棒补偿、语言、校正等。

28——示波器显示画面的存储与调出,如图 10.3.5 所示。通过按键切换存储和调出。

29——帮助,按下开启帮助,再次按下关闭帮助。

30——存储目前显示器的波形内容到 SD 卡。

31——自动设置,按下此按键,示波器会自动辨别输入波形的种类,然后自动调整输入信号到适当可显示的波形。

32——运行/停止波形抽样。进行波形抽样时,状态栏将显示 Auto;按下此键,停止波形抽样且屏幕右上角显示 Stop,

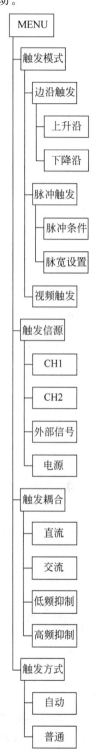

图 10.3.2　触发设置

再次按下该键,恢复波形抽样状态。

33——参数调整旋钮。

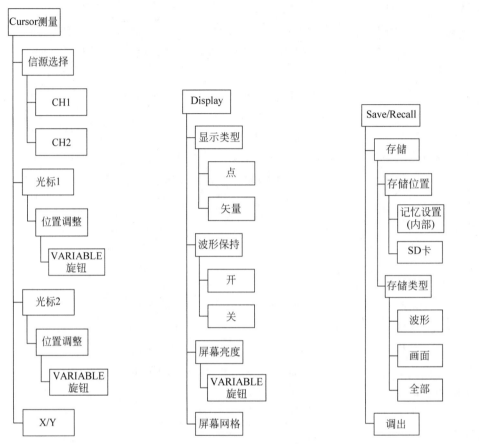

图 10.3.3 光标测量功能设置　　图 10.3.4 显示参数调整　　图 10.3.5 显示画面的存储与调出

10.4 示波器的典型应用

1. 自动设置

数字示波器有很多功能、参数,对于初学者来说,往往不知道从哪里开始操作,参数应该怎样设置。可以按下 Autoset 键,示波器会快速完成示波器设定,如将水平、垂直挡位设置到合适的参数。

2. 测量

按下 Measure 键,屏幕右侧功能菜单的位置会显示第一路、第二路信号的 5 个参数测量结果。如需测量其他参数,按下功能菜单操作键后利用 VARIABLE 旋钮即可改变测量参数。

3. 调整垂直挡位

如果输入的波形幅度偏大或偏小,那么可用对应通道的 VOLTS/DIV 旋钮调节垂直挡位,以更好地观察信号的细节。

4. 调整水平挡位

如果输入信号的尺度过大或过小,可利用 TIME/DIV 旋钮调节主时基,实现对信号时域显示的扩展或压缩,以便观察波形。

5. 打开/关闭通道

按下 CH1/CH2 按键,显示相应通道的耦合方式、探头比例等;再按一下,通道关闭。

6. 存储波形

按下 Save/Recall 键,弹出存储/调出菜单。通过该菜单及子菜单,可对示波器内部存储区和 SD 卡上的波形和设置文件等进行保存、调出等操作。

存储设定选择"SD card"时,数据将存储在 SD 卡中;选择记忆设置时,将存储在示波器内部存储区。

存储类型选择"存储波形"时,文件格式为 csv 格式的表格,excel 可以打开;选择"存储画面"时,文件格式为 bmp 图像;选择"存储全部"时,存储为 ALL 开头的文件夹,包含两个 csv 格式的表格、bmp 图像和 set 格式的文件。

存储过程中,面板会暂时锁定。例如,如果选择存储在 SD 卡、存储画面,按下"存储"对应的功能菜单操作键后,显示器下方会依次显示"Saving image to mmc:\DS ***. BMP""SD card busy now! Panel is locked""Image save to DS ***. BMP completed",该次存储结束。为防止 SD 卡损坏或插拔方式不对导致数据存储不成功,存储结束后需要用计算机查看 SD 卡中保存的数据。

7. 数学运算

按下 MATH 键后,可显示 CH1、CH2 相加、相减、FFT 的结果。MATH 波形垂直位置调整方法是按下垂直位置对应的功能菜单操作键,旋转 VARIABLE 旋钮。

8. 调节探头比例

为了配合探头衰减系数,需要在通道菜单中调整探头衰减比例。如探头衰减系数为 10∶1,示波器相应通道"探头"比例也应设置为×10,以免测量值错误;反之,如果探头衰减系数为 1∶1,示波器相应通道"探头"比例应设置为×1。

9. 排除示波器错误

示波器出现问题的可能性一般较小。若怀疑示波器自身出现问题或示波器探头出现问题,则可将示波器两个鳄鱼夹一端接地,一端连接示波器校正信号输出端,如图 10.4.1 所示。观察两路信号是否为峰峰值为 2V、频率为 1kHz 的方波。如满足要求,示波器、探头没有问题;如果信号不是方波,则更换示波器探头;如果更换探头后仍然不是方波,则需请专业人士检查。

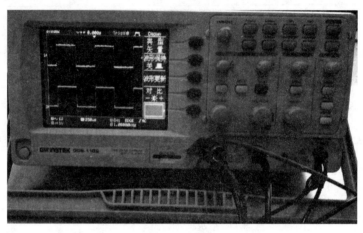

图 10.4.1　示波器校正

第 **11** 章

硬件实验

教学视频

11.1 周期矩形脉冲信号的分解与合成

一、实验目的

1. 进一步了解信号分解与合成原理。
2. 进一步掌握用傅里叶级数进行频谱分析的方法。
3. 了解周期矩形脉冲信号谐波分量的构成。
4. 观察相位在波形合成中的作用。

二、实验设备

1. 信号与系统实验箱一台,S2 模块和 S4 模块。
2. 双踪示波器一台。

三、实验原理

1. 信号的时域特性与频域特性

时域特性和频域特性是信号两种不同的描述方式。满足狄利克雷条件的周期信号,可以展开成三角函数形式或指数形式的傅里叶级数。由于三角函数形式的傅里叶级数物理含义比较明确,所以本实验利用三角函数形式实现对周期信号的分解。

一个周期为 T 的时域周期信号 $x(t)$,可以在任意 $(t_0, t_0 + T)$ 区间,精确分解为以下三角函数形式傅里叶级数

$$x(t) = a_0 + \sum_{k=1}^{\infty} (a_k \cos k\omega_0 t + b_k \sin k\omega_0 t) \tag{10.1}$$

式中,$\omega_0 = \dfrac{2\pi}{T}$ 称为基本角频率,简称基频。将式(10.1)中同频率的正余弦项合并,得到

$$x(t) = c_0 + \sum_{k=1}^{\infty} c_k \cos(k\omega_0 t + \varphi_k) \tag{10.2}$$

式中,$c_0 = a_0$,$c_k = \sqrt{a_k^2 + b_k^2}$,$\tan \varphi_k = \dfrac{-b_k}{a_k}$。$c_0$ 是周期信号 $x(t)$ 的直流分量;$c_k \cos(k\omega_0 t + \varphi_k)$ 称为第 k 次谐波,c_k 为第 k 次谐波的振幅,φ_k 为第 k 次谐波的初始相位。

信号的时域特性与频域特性之间有着密切的内在联系,这种联系可以用图 11.1.1 来形象地表示。其中图 11.1.1(a)是信号在幅度-时间-角频率三维坐标系统中的图形;图 11.1.1(b)是信号在幅度-时间坐标系统中的图形即波形图;图 11.1.1(c)是周期方波信号在幅度-角频率坐标系统中的图形即幅度谱,从幅度谱上可以直观地看出各频率分量的振幅。

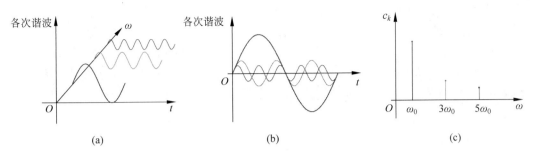

图 11.1.1　信号的时域特性和频域特性

2. 周期矩形脉冲信号的幅度谱

一般利用指数形式的傅里叶级数计算周期信号的幅度谱

$$x(t) = \sum_{k=-\infty}^{\infty} X_k \mathrm{e}^{\mathrm{j}k\omega_0 t} \tag{10.3}$$

式中，$X_k = \dfrac{1}{T}\displaystyle\int_{-T/2}^{T/2} x(t)\mathrm{e}^{-\mathrm{j}k\omega_0 t}\,\mathrm{d}t$。计算出指数形式的复振幅 X_k 后，再利用单边幅度谱

和双边幅度谱的关系：$c_k = \begin{cases} 2|X_k|, & k \neq 0 \\ |X_0|, & k = 0 \end{cases}$，即可求出第 k 次谐波的振幅。

幅度为 E，脉冲宽度为 τ，周期为 T 的周期矩形脉冲信号如图 11.1.2 所示。若该信号为偶信号，其复振幅

$$X_k = \frac{1}{T}\int_{-T/2}^{T/2} x(t)\mathrm{e}^{-\mathrm{j}k\omega_0 t}\,\mathrm{d}t = \frac{E\tau}{T}\mathrm{Sa}\,\frac{k\omega_0\tau}{2} \tag{10.4}$$

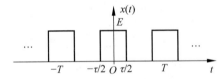

图 11.1.2　周期矩形脉冲信号

由式(10.4)可知，第 k 次谐波的振幅与 E、T、τ 有关。若被分解的周期矩形脉冲信号不是偶信号，利用傅里叶系数的时移性质，$x(t-t_0) \leftrightarrow X_k \mathrm{e}^{-\mathrm{j}k\omega_0 t_0}$，可以得出第 k 次谐波的振幅

$$c_k = 2\,|X_k| = \frac{2E\tau}{T}\left| \mathrm{Sa}\!\left(\frac{k\omega_0\tau}{2}\right) \right| \tag{10.5}$$

3. 信号的分解

信号分解可借助滤波器完成。当仅对信号的某些频率分量感兴趣时，可以利用选频滤波器，提取需要的部分，而将其他部分滤除。

数字滤波器与模拟滤波器相比具有许多优点，如灵活性高、精度和稳定性高、体积小、性能高、便于实现等，本实验采用数字滤波器组来实现信号分解。在"S4 数字信号处

理模块"中,采用 8 个滤波器(分别是 1 个低通滤波器、6 个带通滤波器、1 个高通滤波器)来得到 1 次谐波、2～7 次谐波,8 次及以上谐波,如图 11.1.3 所示。将它们的通带中心频率分别调到 f_0、$2f_0$、$3f_0$、$4f_0$、$5f_0$、$6f_0$、$7f_0$、$8f_0$。当被测信号同时加到所有滤波器上时,通带中心频率与信号所包含的某次谐波分量频率一致的滤波器便有输出。分解输出的 1～7 次谐波可以用示波器观察,测量点分别是 TP1～TP7。

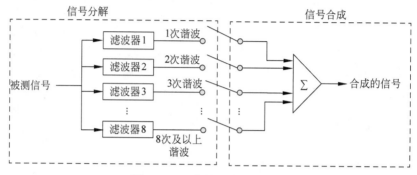

图 11.1.3　信号的分解与合成

4. 信号的合成

经过前面的信号分解得到各次谐波之后,可以选择多种组合进行波形合成,例如,可选择 1 次谐波和 3 次谐波合成,可选择 1 次谐波、3 次谐波和 5 次谐波合成,也可以将各次谐波全部参与信号合成。

"S4 数字信号处理模块"采用一个 8 位的拨码开关 S3 分别控制各滤波器输出的谐波是否参与信号合成。将拨码开关的第 1 位闭合,则 1 次谐波参与信号的合成;将第 2 位闭合,则 2 次谐波参与信号的合成;以此类推,若 8 位开关都闭合,则各次谐波全部参与信号合成。

信号合成同样利用 DSP 芯片完成,DSP 将参与合成的谐波相加后通过 TP8 输出。

四、实验预习

1. 周期矩形脉冲信号 1～7 次谐波振幅的理论值计算式是什么?
2. 当占空比为 50％时,周期矩形脉冲信号偶次谐波的振幅有何特点?
3. 简述示波器的使用方法。
4. 怎样观察 8 次及以上谐波?

教学视频

五、实验内容与步骤

1. 周期方波信号的分解

(1) 连接"S2 信号源及频率计模块"的模拟输出端口 P2 与"S4 数字信号处理模块"

的模拟输入端口 P9,用示波器的 CH1 观察 S2 模块的 TP2 观测点,CH2 备用。

（2）将"S4 数字信号处理模块"拨码开关 SW1 后 4 位调节到 0101(on 时为 1)。若上电后调节了拨码开关,则需按下 DSP 复位开关 S2 重新加载 DSP 程序。将 8 位拨码开关 S3 调节为 00000001。

（3）给仪器设备加电,并打开 S2、S4 模块的供电开关。

（4）调节 S2 模块各按键,使 P2 端口输出峰峰值为 4V、频率为 500Hz 的周期方波信号。

（5）利用示波器的 CH2 观测周期方波信号的各次谐波,并填写表 11.1.1。

表 11.1.1　周期方波信号的分解

被分解信号周期：_____ ms,被分解信号峰峰值：_____ V							
谐 波 次 数	1次	2次	3次	4次	5次	6次	7次	8次及以上
测量值(电压峰峰值/V)								

2. 周期矩形脉冲信号的分解

在不改变其他参数的条件下,按下 S2 模块的频率调节按钮 ROL1 约 1s 后松开,6 位数码管左边显示 dy,右边显示 50,表明此时周期矩形脉冲信号的占空比为 50%。旋转 ROL1,将占空比分别设为 25% 和 75%,利用示波器的 CH2 观测分解得到的各次谐波,并填写表 11.1.2,记录不同占空比条件下的测量结果。

表 11.1.2　周期矩形脉冲信号的分解

谐 波 次 数	1次	2次	3次	4次	5次	6次	7次	8次及以上
占空比为 25% 时的测量值 (电压峰峰值/V)								
占空比为 75% 时的测量值 (电压峰峰值/V)								

3. 方波的合成

（1）在不改变其他参数的条件下,将周期矩形脉冲信号的占空比调节为 50%。

（2）按照表 11.1.3 中的要求调节 S4 模块 8 位拨码开关 S3,观察不同谐波的合成情况,将示波器的显示画面存储在 SD 卡中。

表 11.1.3　周期方波信号各次谐波的合成

波形合成要求	合成的波形(SD 卡保存的图片)
1次谐波	
1次+2次谐波	

续表

波形合成要求	合成的波形(SD卡保存的图片)
1次+2次+3次谐波	
1次+3次+5次谐波	
1次+3次+5次+7次谐波	
3次+5次+7次谐波	
所有谐波参与合成	

4．相位对方波合成的影响

（1）在不改变其他参数的条件下，将 S4 模块的拨码开关 SW1 后 4 位调节为 0110，按下 DSP 复位开关 S2，DSP 将重新加载程序，改变各次谐波的初相。

（2）调节 8 位拨码开关 S3，使 TP8 输出 1 次谐波和 3 次谐波合成的信号，通过示波器观察并记录信号波形。

（3）利用示波器的 MATH 功能将 1 次谐波和 3 次谐波相加，并进行记录。

（4）根据表 11.1.4 的其他要求调整 8 位拨码开关 S3，观察并记录移相后不同谐波的合成情况。

表 11.1.4　　相位对方波合成的影响

波形合成要求(移相后)	合成后的波形(SD卡保存的图片)
1次+3次谐波(通过 TP8 观察)	
1次+3次谐波(利用示波器 MATH 功能)	
1次+3次+5次谐波	
1次+3次+5次+7次谐波	
所有谐波叠加	

六、注意事项

1．示波器首次观察 1 次谐波时，可使用示波器的 Autoset 按键以自动设置水平、垂直灵敏度等，观察其余谐波时尽量不再使用该按键，以免错失重要结论。

2．SD 卡不能带电插拔。

3．示波器 CH1 接 S2 模块的模拟信号输出端口，CH2 接观测信号。

七、实验要求

1．按要求记录各实验数据，可根据需要添加记录数据或图形。

2．对实验结果进行一定的分析与总结，比如将各次谐波峰峰值的实验数据与理论值进行比较和分析。

3. 回答实验思考题。

4. 撰写实验报告。

八、实验思考题

1. 周期方波信号在哪些谐波分量上振幅为零？请画出频率为 5kHz 的周期方波信号的幅度谱。

2. 1 次谐波＋3 次谐波合成的波形，与 1 次谐波＋3 次谐波＋5 次谐波合成的波形区别在哪里？为什么？

3. 若要提取周期矩形脉冲信号的 1 次、2 次、3 次谐波、4 次及以上谐波，你需要选用何种类型的滤波器？各需要几个？

11.2 信号的无失真传输

一、实验目的

1. 加深对无失真传输的理解。

2. 掌握系统是否失真的测试方法。

二、实验设备

1. 信号与系统实验箱一台，S2 模块和 S5 模块。

2. 双踪示波器一台。

三、实验原理

1. 无失真传输系统

从时域上看，若对于任意输入信号 $x(t)$，系统的输出 $y(t)$ 与 $x(t)$ 相比，都只出现了幅度等比例改变或增加了一定的延迟，而无波形上的变化，则该系统是无失真传输系统。数学表达式为

$$y(t) = Kx(t - t_0) \tag{10.6}$$

式中，K 是非 0 常数，t_0 为不小于 0 的实常数。

下面从频域角度讨论无失真传输系统对频率响应 $H(j\omega)$ 的要求。假设 $y(t)$ 与 $x(t)$ 的傅里叶变换分别为 $Y(j\omega)$ 与 $X(j\omega)$。利用傅里叶变换时移性质，根据式（10.6）可得

$$Y(j\omega) = KX(j\omega)e^{-j\omega t_0} \tag{10.7}$$

因此

$$H(\mathrm{j}\omega) = \frac{Y(\mathrm{j}\omega)}{X(\mathrm{j}\omega)} = K\,\mathrm{e}^{-\mathrm{j}\omega t_0} \tag{10.8}$$

从而

$$|H(\mathrm{j}\omega)| = K, \quad \angle H(\mathrm{j}\omega) = -\omega t_0 \tag{10.9}$$

若要保证系统是无失真传输系统,则要求系统的幅频特性是常数,相频特性是过原点且斜率非正的直线,如图 11.2.1 所示。

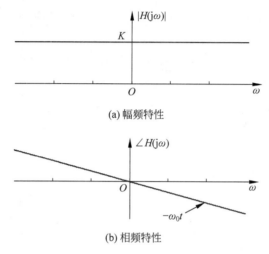

(a) 幅频特性

(b) 相频特性

图 11.2.1 无失真系统频率响应

2. 信号的无失真传输

前面从系统的角度讨论了无失真传输。实际上,满足式(10.9)的无失真传输系统不仅无法实现,而且也是不必要的。一方面,实际系统不可能在整个频率范围内保持恒定不变的幅频特性和与频率成正比的相频特性;另一方面,部分信号的频率范围有限或存在有效频带,其内集中了信号绝大部分的平均功率或能量。工程上若系统在被传输信号的频率范围内满足无失真条件,则认为该系统对此信号是无失真系统,如图 11.2.2 所示。

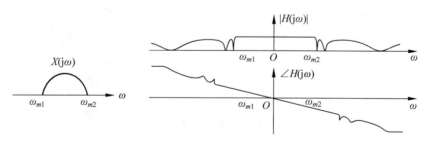

图 11.2.2 信号的无失真传输

3. 实验模块设计思路

本实验无失真传输系统设计思路如图 11.2.3 所示,其中 U_i 是输入信号,U_o 是输出信号,R_2 是可变电阻。

$$H(j\omega) = \frac{U_o(j\omega)}{U_i(j\omega)} = \frac{\dfrac{\dfrac{R_2}{j\omega C_2}}{R_2 + \dfrac{1}{j\omega C_2}}}{\dfrac{\dfrac{R_1}{j\omega C_1}}{R_1 + \dfrac{1}{j\omega C_1}} + \dfrac{\dfrac{R_2}{j\omega C_2}}{R_2 + \dfrac{1}{j\omega C_2}}} = \frac{\dfrac{R_2}{1 + j\omega R_2 C_2}}{\dfrac{R_1}{1 + j\omega R_1 C_1} + \dfrac{R_2}{1 + j\omega R_2 C_2}}$$

$$= \frac{R_2(1 + j\omega R_1 C_1)}{R_1(1 + j\omega R_2 C_2) + R_2(1 + j\omega R_1 C_1)}$$

$$= \frac{R_2(1 + j\omega R_1 C_1)}{(R_1 + R_2) + j\omega R_1 R_2(C_1 + C_2)} \tag{10.10}$$

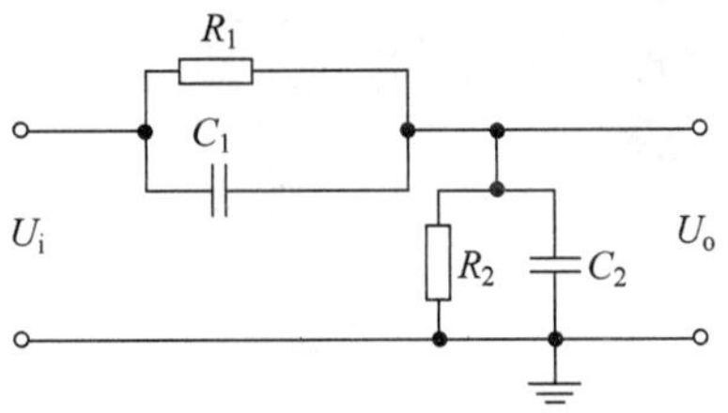

图 11.2.3 无失真传输系统设计思路

若 $R_1 C_1 = R_2 C_2$,则

$$H(j\omega) = \frac{R_2}{R_2 + R_1} \tag{10.11}$$

此时满足无失真传输系统的条件。

将大带宽信号通过系统,不断调整可变电阻 R_2,使得输出波形和输入波形相同,此时满足信号的无失真传输要求。由于输入信号带宽较大,所以可近似认为系统此时是无失真系统。

四、实验预习

1. 正弦信号通过线性时不变系统后,若存在输出,则一定不会发生改变的是(　　)。

　　A. 波形形状　　　　B. 峰峰值　　　　C. 初始相位　　　　D. 角频率

2. $G_\tau(t)$ 和 $\Lambda_{2\tau}(t)$ 的傅里叶变换分别为 _____ 和 _____,高频成分较多的是 _____。

教学视频

五、实验内容与步骤

1. 无失真传输系统

（1）连接"S2 信号源及频率计模块"的模拟输出端口 P2 与 S5 模块的模拟输入端口 P15，示波器的 CH1 连接 S5 模块的 TP16 观测点（系统输入信号），CH2 连接 TP17 观测点（系统输出信号）。

（2）给仪器设备加电，并打开 S2 模块的供电开关。调节 S2 模块各按键，使 P2 端口输出频率为 1kHz 的周期方波。

（3）观察并比较 S5 模块的输入、输出波形。调节 W2 旋钮，改变可变电阻 R_2 的阻值，使输入、输出波形一致，实现信号的无失真传输，并填写表 11.2.1。

（4）保持 W2 旋钮位置不变，观察并记录输入信号改变后，是否能够实现无失真传输，填写表 11.2.2。

表 11.2.1　实现无失真传输系统

系统达到无失真传输状态时 W2 电阻旋钮读数为_____，此时输入信号的峰峰值为_____，输出信号的峰峰值为_____，理论上此时传输延时为_____。
输入、输出波形（SD 卡保存的图片）

表 11.2.2　信号通过无失真传输系统

要　　求	输入、输出波形（SD 卡保存的图片）
改变输入周期方波的频率	
改变输入周期方波的幅度	
将输入波形切换为正弦波	
将输入波形切换为周期三角波	

2. 失真传输系统

（1）在不改变其他参数的条件下，将 W2 旋钮位置调至无失真传输刻度的一半，此时系统成为失真传输系统。填写表 11.2.3，观察并记录表中 3 种情况下的输入、输出信号波形，比较它们的失真程度。

（2）在不改变其他参数的条件下，将 W2 旋钮位置调至最大，此时系统仍是失真传输系统。填写表 11.2.4，观察并记录表中 3 种情况下的输入、输出信号波形，比较它们的失真程度。

表 11.2.3　信号通过失真传输系统 1

要　　求	输入、输出波形（SD 卡保存的图片）
将输入波形设置成频率为 1kHz 的周期方波	
将输入波形设置成频率为 1kHz 的周期三角波	
将输入波形设置成频率为 1kHz 的正弦波	
在以上波形中，＿＿＿＿＿失真最明显，＿＿＿＿＿失真最不明显	

表 11.2.4　　信号通过失真传输系统 2

要　　求	输入、输出波形（SD 卡保存的图片）
将输入波形设置为频率 1kHz 的周期方波	
将输入波形设置为频率 1kHz 的周期三角波	
将输入波形设置为频率 1kHz 的正弦波	
在以上波形中，＿＿＿＿＿失真最明显，＿＿＿＿＿失真最不明显	

六、注意事项

分析信号带宽时只考虑频率非负的部分。

七、实验要求

1. 按要求记录各实验数据，可根据需要添加记录数据或图形。
2. 对实验结果进行一定的分析与总结，比如哪种波形失真最明显？为什么？
3. 回答实验思考题。
4. 撰写实验报告。

八、实验思考题

1. 当系统处于失真传输状态时，正弦波通过该系统是否存在失真？为什么？
2. 为什么选择周期方波作为输入信号来测试系统是否达到无失真传输状态？能否改用正弦波或周期三角波？

11.3　信号的滤波

一、实验目的

1. 掌握采用正弦信号测量滤波器幅频特性的方法。
2. 了解低通、高通、带通、带阻滤波器对信号的滤波作用。

教学视频

二、实验设备

1. 信号与系统实验箱一台、S2 模块和 S3 模块。
2. 双踪示波器一台。

三、实验原理

1. RC 滤波器的基本特性

滤波器是一种能使指定频率范围内的信号通过,而同时抑制(或大幅度衰减)其他频率成分的装置,本实验采用的是模拟滤波器。20 世纪 60 年代以来,集成运算放大器获得了迅速发展,由它和 R、C 组成的有源滤波电路,具有不用电感、体积小、重量轻等优点。此外,由于集成运算放大器的开环电压增益和输入阻抗均很高,输出阻抗又低,构成有源滤波电路后还具有一定的电压放大和缓冲作用。但是,集成运算放大器的带宽有限,所以目前有源滤波电路的工作频率难以做得很高。

2. 滤波器的分类

根据幅频特性,把能够通过的信号频率范围定义为通带,而把受阻或衰减的信号频率范围称为阻带。滤波器的主要分类如图 11.3.1 所示。

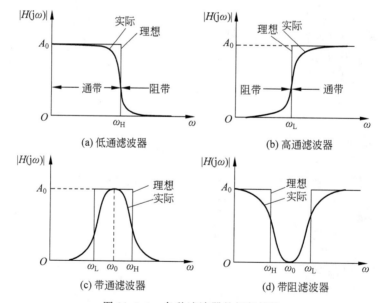

图 11.3.1　各种滤波器的幅频特性

3. 系统幅频特性测量方法

系统幅频特性的测量方法一般有两种:点频法和扫频法。点频法的原理是"逐点"测

量幅频特性。将正弦信号 $\cos(\omega_0 t + \varphi_0)$ 输入系统,则输出为

$$y(t) = \mid H(j\omega_0) \mid \cos(\omega_0 t + \varphi_0 + \angle H(j\omega_0)) \qquad (10.12)$$

将输出正弦信号的峰峰值除以输入信号的峰峰值,即可得出幅频响应在频点 ω_0 的取值。

点频法测量原理简单,需要的设备也不复杂。但由于需要逐点测量,操作繁琐费时,并且由于频率离散而不连续,若频点选择不当非常容易遗漏某些突变点。

扫频法的原理是在测试过程中,使输入信号的频率按特定规律自动连续并且周期性重复。本实验利用的扫频信号是线性调频信号,如图 11.3.2 所示,其主周期信号的解析式为

$$x(t) = A\sin\left(\omega_0 t + \frac{1}{2}kt^2\right) \qquad (10.13)$$

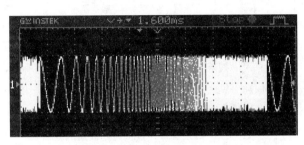

图 11.3.2　线性调频信号

通过比较输入、输出信号的幅度变化,得到系统的滤波特性。该方法可实现滤波特性的自动或半自动测量,如果扫频上下限、分辨率选择合适,不会出现由于点频法中的频率点选择不当而遗失细节的问题。

四、实验预习

1. 当输入的正弦信号角频率为 ω_0 时,若已知输入、输出信号的峰峰值,怎样计算该频点的幅度增益 $\mid H(j\omega_0) \mid$?

2. 以点频法测量时,怎样画出系统的幅频响应曲线?

3. 在利用扫频法判断系统滤波特性时,扫频信号的频率上下限对系统幅频特性判断有什么样的影响呢?

五、实验内容与步骤

教学视频

1. 低通滤波器

(1) 连接"S2 信号源及频率计模块"的模拟输出端口 P2 与"S3 抽样定理及滤波器模块"的有源低通输入端口 P5,通过示波器的 CH1 观察 S2 模块的 TP2 观测点(系统输入信号),并通过 CH2 观察 S3 模块的 TP6 观测点(系统输出信号)。

(2) 给仪器设备加电,并打开 S2 模块和 S3 模块的供电开关。调节 S2 模块各按键,使 P2 端口输出峰峰值为 4V 的正弦信号。

（3）调节正弦波的频率，观察输出正弦波的幅度变化情况并填写表 11.3.1。

表 11.3.1　低通滤波器的幅频响应

对低通滤波器，采用峰峰值为 4V 的正弦波作为输入，输出正弦波峰峰值下降为输出最大值的 $\sqrt{2}/2$ 时的频率（即截止频率）为_____。

在 5~40kHz 选取 10 个合适的频点，记录输入信号、输出信号的峰峰值，并计算输出峰峰值除以输入峰峰值的结果。

频率/kHz										
输入信号峰峰值/V										
输出信号峰峰值/V										
幅度比值										
根据上述计算值画出低通滤波器的幅频响应曲线										

（4）将输入改为扫频信号，扫频信号频率上限设为 50kHz，下限和分辨率采用默认值（下限 500Hz，分辨率 40Hz）。观察输入信号和输出信号的波形并填写表 11.3.2，要求截取一个完整的扫频周期，并且低频部分在前，高频部分在后。

表 11.3.2　扫频信号经过低通滤波器的输出

滤波器类型	输入、输出信号（SD 卡保存的图片）
低通滤波器	

2. 高通滤波器

（1）给仪器设备断电。连接"S2 信号源及频率计模块"的模拟输出端口 P2 与"S3 抽样定理及滤波器模块"的有源高通输入端口 P7，示波器的 CH1 连接 S2 模块的 TP2 观测点（系统输入信号），CH2 连接 S3 模块的 TP8 观测点（系统输出信号）。

（2）给仪器设备加电，并打开 S2 模块和 S3 模块的供电开关。调节 S2 模块的各按键，使 P2 端口输出峰峰值为 4V 的正弦信号。

（3）调节正弦波的频率，观察输出正弦波的幅度变化情况并填写表 11.3.3。

表 11.3.3　高通滤波器的幅频响应

对高通滤波器，采用峰峰值为 4V 的正弦波作为输入，输出正弦波峰峰值达到输出最大值的 $\sqrt{2}/2$ 时的频率（即截止频率）为_____。

在 1~45kHz 选取合适的 10 个频点，记录输入信号、输出信号的峰峰值，并计算输出峰峰值除以输入峰峰值。

频率/kHz										
输入信号峰峰值/V										
输出信号峰峰值/V										
幅度比值										
根据上述计算值画出高通滤波器的幅频响应曲线										

（4）将输入改为扫频信号，扫频信号频率上限设为 50kHz，下限和分辨率采用默认值（下限为 500Hz，分辨率为 40Hz）。观察输入信号和输出信号的波形并填写表 11.3.4，要求截取一个完整的扫频周期，并且低频部分在前，高频部分在后。

表 11.3.4　扫频信号经过高通滤波器的输出

滤波器类型	输入、输出信号（SD 卡保存的图片）
高通滤波器	

3．带通滤波器

（1）给仪器设备断电。连接"S2 信号源及频率计模块"的模拟输出端口 P2 与"S3 抽样定理及滤波器模块"的有源带通输入端口 P13，示波器的 CH1 连接 S2 模块的 TP2 观测点（系统输入信号），CH2 观测 S3 模块的 TP14 观测点（系统输出信号）。

（2）给仪器设备加电，并打开 S2 模块和 S3 模块的供电开关。调节 S2 模块各按键，使 P2 端口输出峰峰值为 4V 的正弦信号。

（3）调节正弦波的频率，观察输出正弦波的幅度变化情况并填写表 11.3.5。

表 11.3.5　带通滤波器的幅频响应

对带通滤波器，采用峰峰值为 4V 的正弦波作为输入，输出正弦波峰峰值达到最大值时的频率为_____，此时输出正弦波峰峰值为_____。输出正弦波峰峰值达到最大值的 $\sqrt{2}/2$ 时的两个频率（即截止频率）分别为_____和_____。

在 1~45kHz 选取 10 个合适的频点，记录输入信号、输出信号的峰峰值，并计算输出峰峰值除以输入峰峰值的结果。

频率/kHz										
输入信号峰峰值/V										
输出信号峰峰值/V										
幅度比值										
根据上述计算值画出带通滤波器的幅频响应曲线										

（4）将输入改为扫频信号，扫频信号频率上限设为 50kHz，下限和分辨率采用默认值（下限为 500Hz，分辨率为 40Hz）。观察输入信号和输出信号的波形并填写表 11.3.6，要求截取一个完整的扫频周期，并且低频部分在前，高频部分在后。

表 11.3.6　扫频信号经过带通滤波器的输出

滤波器类型	输入、输出信号（SD 卡保存的图片）
带通滤波器	

4．带阻滤波器

（1）给仪器设备断电。连接"S2 信号源及频率计模块"的模拟输出端口 P2 与"S3 抽样定理及滤波器模块"的有源带阻输入端口 P15,示波器的 CH1 连接 S2 模块的 TP2 观测点(系统输入信号),CH2 连接 S3 模块的 TP16 观测点(系统输出信号)。

(2) 给仪器设备加电,并打开 S2 模块和 S3 模块的供电开关。调节 S2 模块各按键,使 P2 端口输出峰峰值为 4V 的正弦信号。

(3) 调节正弦波的频率,观察输出正弦波的幅度变化情况并填写表 11.3.7。

表 11.3.7 带阻滤波器的幅频响应

对带阻滤波器,采用峰峰值为 4V 的正弦波作为输入,输出正弦波峰峰值达到最小值时的频率为_____,此时输出正弦波峰峰值为_____。输出正弦波峰峰值达到最大值的 $\sqrt{2}/2$ 时的两个频率(即截止频率)分别为_____和_____。

在 1～45kHz 选取 10 个合适的频点,记录输入信号、输出信号的峰峰值,并计算输出峰峰值除以输入峰峰值的结果。

频率/kHz										
输入信号峰峰值/V										
输出信号峰峰值/V										
幅度比值										

根据上述计算值画出带阻滤波器的幅频响应曲线

(4) 将输入改为扫频信号,扫频信号频率上限设为 50kHz,下限和分辨率采用默认值(下限为 500Hz,分辨率为 40Hz)。观察输入信号和输出信号的波形并填写表 11.3.8,要求截取一个完整的扫频周期,并且低频部分在前,高频部分在后。

表 11.3.8 扫频信号经过带阻滤波器的输出

滤波器类型	输入、输出信号(SD 卡保存的图片)
带阻滤波器	

5. 信号的无失真传输

(1) 连接"S2 信号源及频率计模块"的模拟输出端口 P2 与"S3 抽样定理及滤波器模块"的有源低通输入端口 P5,示波器的 CH1 连接 S2 模块的 TP2 观测点(系统输入信号),CH2 连接 S3 模块的 TP6 观测点(系统输出信号)。

(2) 给仪器设备加电,并打开 S2 模块和 S3 模块的供电开关。调节 S2 模块各按键,使 P2 端口输出峰峰值为 4V 的周期方波信号。观察输出信号相对于输入信号的失真程度,调节方波的频率,能近似实现无失真传输的输入信号的最大频率为_____。

(3) 采用周期三角波作为低通滤波器的输入,观察输出信号相对于输入信号的失真程度,调节周期三角波的频率,能近似实现无失真传输的输入信号的最大频率为_____。

六、注意事项

1. 由于信号源不保证是恒压源,每改变一次输入信号频率,注意保持输入电压不变。

2. 点频法测量时,需注意是输出信号的峰峰值除以输入信号的峰峰值,得到的才是幅频响应在该频点的值。

3. 测量幅频响应曲线时,对于变化率大的频段,测量点应选得密一些;对于变化率小的频段,测量点应选得稀一些。在特殊频率点附近应仔细寻找幅度满足要求的频率点,如最大值、截止频率点等。

七、实验要求

1. 按要求记录各实验数据,可根据需要添加记录数据或图形。

2. 对实验结果进行一定的分析与总结,例如当输入线性调频信号时,如何根据输入、输出波形判断系统的滤波特性。

3. 回答实验思考题。

4. 撰写实验报告。

八、实验思考题

1. 扫频信号输入时,几种滤波器的输出信号有何不同? 它反映了什么信息?

2. 能否改变实验中扫频信号的上限和下限? 有何影响?

3. 如果使用本实验中的低通滤波器电路对周期三角波和周期方波进行传输,哪种波形能实现近似无失真传输的频率范围更大? 为什么?

11.4　信号的抽样与恢复

教学视频

一、实验目的

1. 理解时域抽样过程。

2. 验证时域抽样定理。

3. 深入理解信号恢复的条件。

二、实验设备

1. 信号与系统实验箱一台、S2 模块和 S3 模块。

2. 双踪示波器一台。

三、实验原理

1. 离散时间信号

为便于示波器观察,将开关信号 $P_{T_s}(t)$ 作为抽样脉冲,对连续信号 $x(t)$ 进行抽样,得到抽样信号 $x_s(t)$,如图 11.4.1 所示。抽样前后的时域波形如图 11.4.2 所示。

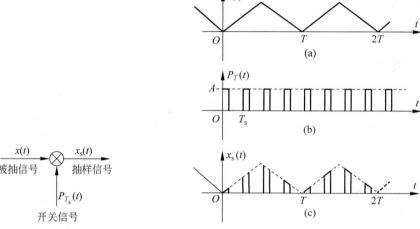

图 11.4.1　信号抽样原理图　　　　　　图 11.4.2　抽样过程的时域波形

若开关信号和被抽信号的产生时钟是同一个时钟源,则该抽样称为同步抽样;否则称为异步抽样,异步抽样更贴近实际的信号抽样过程。

2. 抽样信号的频谱

设抽样脉冲 $P_{T_s}(t)$ 是幅度为 E、脉冲宽度为 τ 的周期矩形脉冲信号,则抽样信号的频谱

$$X_s(\mathrm{j}\omega) = \frac{E\tau}{T_s} \cdot \sum_{k=-\infty}^{+\infty} \mathrm{Sa}\left(\frac{k\omega_s\tau}{2}\right) X\left[\mathrm{j}(\omega - k\omega_s)\right] \tag{10.14}$$

式中,$X(\mathrm{j}\omega)$ 是 $x(t)$ 的傅里叶变换,T_s 为抽样间隔,$\omega_s = 2\pi/T_s$。从式(10.14)可以看出,$X_s(\mathrm{j}\omega)$ 是重复周期为 ω_s、幅度按 $\dfrac{E\tau}{T_s}\mathrm{Sa}\left(\dfrac{k\omega_s\tau}{2}\right)$ 加权的被抽信号频谱的周期延拓。即抽样信号的频谱是被抽信号频谱幅度加权的周期延拓。被抽信号频谱、抽样信号频谱如图 11.4.3 所示。

将 $x(t)$ 的最高频率记作 f_m,若抽样频率 $f_s > 2f_m$,则可以保证在频谱周期延拓的时候没有混叠,进而抽样信号可以保留被抽信号的所有信息。

3. 信号的恢复

若抽样频率 $f_s > 2f_m$,理论上只要通过一截止频率为 $f_c(f_m < f_c < f_s - f_m)$ 的理想

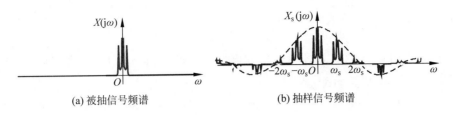

(a) 被抽信号频谱　　　　　　(b) 抽样信号频谱

图 11.4.3　抽样过程的频谱

低通滤波器就能恢复出被抽信号。如果 $f_s < 2f_m$，则抽样信号的频谱将出现混叠，此时将无法通过低通滤波器恢复被抽信号。为了防止被抽信号的频率过高而造成抽样后频谱混叠，实验中常采用前置低通滤波器滤除高频分量。

如图 11.4.4 所示，实际低通滤波器在截止频率附近的频率特性曲线不够陡峭，有一定的过渡带。若 $f_s = 2f_m$，$f_c = f_m$，则恢复出的信号难免有失真。为了减小失真，应将抽样频率 f_s 取得足够高，才能保证通过实际滤波器后能恢复出被抽信号。

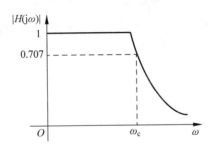

图 11.4.4　实际低通滤波器的幅频响应曲线

4. 实验设计思路

实验设计思路如图 11.4.5 所示。首先将被抽信号经过前置低通滤波器，确保 f_m 是有限值；再将带限后的信号与抽样脉冲相乘。若选择同步抽样，则需要通过 P18 端口接入抽样脉冲，抽样信号通过 P20 端口输出。

在恢复部分，抽样信号通过 P19 端口接入，再利用低通滤波器得到恢复信号。

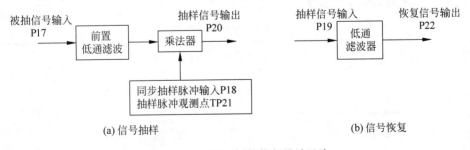

(a) 信号抽样　　　　　　　　　　　(b) 信号恢复

图 11.4.5　信号抽样、恢复设计思路

四、实验预习

1. 在同步抽样中,被抽信号和抽样信号的波形如图 11.4.6 所示,可以看出,被抽信号的频率为( ),抽样频率为( )。

    A. 500Hz   B. 1000Hz   C. 2000Hz   D. 4000Hz

彩图

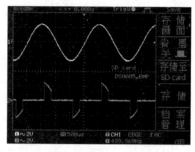

图 11.4.6   抽样前后的时域波形

2. 从理论上说,对 500Hz 的正弦信号进行抽样,抽样频率应为多少才能保证后续可以将被抽信号恢复出来?

五、实验内容与步骤

教学视频

1. 异步抽样

(1) 连接"S2 信号源及频率计模块"的模拟输出端口 P2 与"S3 抽样定理及滤波器模块"的连续信号输入端口 P17,示波器的 CH1 连接 S3 模块的 TP17 观测点(被抽信号),CH2 连接 S3 模块的 TP20 观测点(抽样信号)。

(2) 给仪器设备加电,并打开 S2 模块和 S3 模块的供电开关。调节 S2 模块的各按键,使 P2 端口输出峰峰值为 4V、频率为 500Hz 的正弦信号。

(3) 将 S3 模块的开关 S2 拨至"异步抽样",通过改变 W1 异步抽样频率调节旋钮改变抽样频率,使得抽样频率分别为 1kHz、2kHz、4kHz、8kHz(可通过 TP21 观察抽样脉冲),观察并记录被抽信号和抽样信号的波形,填写表 11.4.1。

表 11.4.1   异步抽样结果

抽样频率/kHz	被抽信号、抽样信号的波形(SD 卡保存的图片)
1	
2	
4	
8	

2. 同步抽样

（1）断电。保持其他连线不变,再连接"S2 信号源及频率计模块"的时钟输出端口 P5 与"S3 抽样定理及滤波器模块"的外部开关信号端口 P18。

（2）给仪器设备加电,并打开 S2 模块和 S3 模块的供电开关。调节 S2 模块的各按键,使 P2 端口输出峰峰值为 4V、频率为 500Hz 的正弦信号。

（3）将 S3 模块的开关 S2 拨至"同步抽样",调整 S2 模块中时钟频率设置按钮 S7,使得抽样频率分别为 1kHz、2kHz、4kHz、8kHz,观察被抽信号和抽样信号的波形并填写表 11.4.2。

表 11.4.2　同步抽样结果

抽样频率/kHz	被抽信号、抽样信号的波形(SD 卡保存的图片)
1	
2	
4	
8	

3. 同步抽样信号的恢复

（1）断电。保持其他不变,再连接"S3 抽样定理及滤波器模块"的抽样信号输出端口 P20 和抽样信号输入端口 P19。示波器 CH2 连接 S3 模块的 TP22 观测点,观察恢复信号。

（2）给仪器设备加电,并打开 S2 模块和 S3 模块的供电开关。调节 S2 模块的各按键,使 P2 端口输出峰峰值为 4V 的正弦信号。

（3）调整 S2 模块中时钟频率设置按钮 S7 和频率调节旋钮 ROL1,使得抽样频率分别为 1kHz、2kHz、4kHz、8kHz,被抽信号频率分别为 500Hz 和 1500Hz,观察被抽信号和恢复信号的波形,并填写表 11.4.3 和表 11.4.4。

表 11.4.3　频率为 500Hz 的正弦波的恢复

抽样频率/kHz	被抽信号、恢复信号的波形(SD 卡保存的图片)
1	
2	
4	
8	

表 11.4.4　频率为 1500Hz 的正弦波的恢复

抽样频率/kHz	被抽信号、恢复信号的波形(SD 卡保存的图片)
1	
2	
4	
8	

六、注意事项

1. "S3 抽样定理及滤波器模块"中,被抽信号、同步抽样脉冲、信号恢复时输入的抽样信号均需要用信号连接线接入。

2. "S3 抽样定理及滤波器模块"中,异步抽样脉冲已接入乘法器,可通过滑动变阻器 W1 调节抽样频率 f_s,但滑动变阻器的显示刻度并不是抽样频率。

七、实验要求

1. 按要求记录各实验数据,可根据需要添加记录数据或图形。

2. 对实验结果进行一定的分析与总结,比如将抽样频率的理论值和实验结果进行比较。

3. 回答实验思考题。

4. 撰写实验报告。

八、实验思考题

1. 如何根据抽样信号的时域波形判读抽样频率?

2. 对频率为 500Hz 的正弦信号进行恢复时,根据实验结果,实际抽样频率要达到多少(1kHz、2kHz、4kHz、8kHz),恢复出的信号才不失真? 为什么?

进阶实验篇

第**12**章

拓展实验

12.1　音乐合成

一、实验目的

1. 加深对时域频域关系的理解。
2. 掌握根据频谱信息产生信号的方法。

二、实验原理

1. 乐音特征

音乐是乐音随时间流动而形成的艺术，音乐家将自己的灵感写成乐谱。用电子信息专业的术语解释，音乐就是通过乐谱定义周期信号的频率以及持续时间。

电子音乐涉及计算机、电子线路、声学等多个领域，本实验仅做非常简单的入门介绍。由于人耳能听到的最低频率一般为 20Hz，因此初相对乐音的影响可以忽略不计，从而除持续时间外，乐音的基本特征可以用频率、振幅来描述。

2. 钢琴键盘知识

钢琴键盘上的每个键都对应着一个频率，如图 12.1.1 所示。可以看出，小字组 a 的频率为 220Hz，小字一组 a 的频率为 440Hz，二者为 2 倍频率的关系，也称作八度音程。从小字组 a 到小字一组 a 之间有 11 个键，包括 6 个白键、5 个黑键，将一个八度等分为 12 份，注意，这里的等分是指相邻两个音之间的频率之比相等，即相邻音频率值的等比为 $2^{\frac{1}{12}}$。由此可计算出各琴键对应的频率值，例如小字一组 d 的频率为

$$f_{d1} = 220 \times 2^{\frac{5}{12}} \approx 293.66(\text{Hz}) \tag{12.1}$$

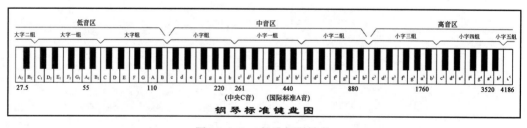

图 12.1.1　标准钢琴键盘

3. 唱名和音调

唱名指的是唱乐谱时的 do、re、mi、……，简谱常用 1、2、3、……代替。每个唱名并没有固定的频率，只有乐曲的音调确定后才能得到唱名对应的频率值。

若乐曲为 C 调,则 do 对应小字一组 c,即简谱 1 对应的频率值为 $f_{c1} = 220 \times 2^{\frac{3}{12}} \approx$ 261.63Hz;若乐曲为 D 调,则 do 对应小字一组 d,即简谱 1 对应的频率值约为 293.66Hz,re、mi 对应小字一组 d 后面的第一个白键、第二个白键,以此类推。

4. 音调持续时间

每首乐曲除了需要指定音调外,还需要指定节拍,这个参数决定了音乐产生的快慢。如 $\frac{2}{4}$ 拍表示该乐曲以四分音符为一拍,每小节二拍。每个音调的持续时间取决于它是全音、二分音符、四分音符还是八分音符,有无附点等。显然,四分音符的持续时间是八分音符的 2 倍。可以根据需要指定一拍的持续时间,如 0.5s、1s 等。

5. 乐音波形包络

除了频率、持续时间外,乐音还有一个重要的特征是振幅。可以认为不同乐音的振幅在持续时间内均为 1,但是因为上一个乐音还没衰减,下一个乐音已经产生了,这时相邻乐音之间会出现"啪"的杂声,需要进行波形包络的修正。不同类型乐器产生的乐音包络也不相同,为简化编程,可以对波形包络做指数衰减,如图 12.1.2 所示。

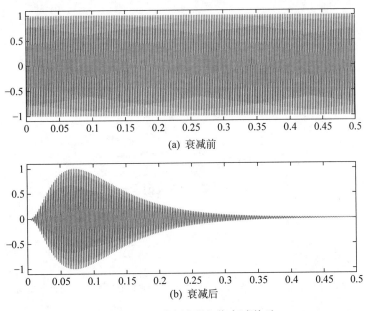

图 12.1.2　乐音波形包络衰减前后

三、实验内容

1. 读代码,写注释

图 12.1.3 所示为《东方红》开头前两句简谱,用 MATLAB 演奏该段音乐的源代码如

下（请分析程序功能，并根据提示写注释）

```
% 演奏东方红前两句,f 调
clear all; clc; close all;
fs = 8000;                              % 抽样频率
dt = 1/fs;                              % 抽样间隔
T4 = 0.5;                               % 1/4 拍持续时间,单位 s
t4 = 0:dt:T4;                           % 1/4 音符对应的时间变量
T8 = T4/2;                              % 1/8 拍持续时间,单位 s
t8 = 0:dt:T8;                           % 1/8 音符对应的时间变量
T2 = T4 * 2;                            % 1/2 拍持续时间,单位 s
t2 = 0:dt:T2;                           % 1/2 音符对应的时间变量
% 确定频率
do = 440 * 2^( - 4/12);                 % 简谱 1 对应 f,频率为 349.23Hz
re = 440 * 2^( - 2/12);                 % 简谱 2 对应 g
so = 440 * 2^(3/12);                    % 简谱 5 小字二组 c
la = 440 * 2^(5/12);                    % 简谱 6 小字二组 d
la_di = la/2;                           % 低音 6 是中音 6 降 8 度,频率降一半
%%%% 产生音乐序列
so4f = cos(2 * pi * so * t4);           %
so4f = cos(2 * pi * so * t8);           %
la8f = cos(2 * pi * la * t8);           %
re2f = cos(2 * pi * re * t2);           %
do4f = cos(2 * pi * do * t4);           %
do8f = cos(2 * pi * do * t8);           %
la_di8f = cos(2 * pi * la_di * t8);     %
re2f = cos(2 * pi * re * t2);           %
% 旋律
music = [so4f so4f la8f re2f do4f do8f la_di8f re2f];
sound(music, fs);                       % 播放
```

编程资源

1=F 2/4

5 56 | 2 — | 1 16 | 2 — |

图 12.1.3 《东方红》开头简谱

2. 修改代码

运行上面的代码，会发现相邻乐音之间有"啪啪"的杂声。请进行乐音波形包络修正，保证乐音相邻处信号幅度为 0。

3. 完成一首完整乐曲

自选其他音乐进行合成，如《最炫民族风》《雪绒花》等。

四、拓展提高

用本实验源代码产生的音乐，听上去完全没有用乐器现场演奏的动听，这是因为程

序对乐谱的"翻译"过于简单,例如:

(1) 程序中只保留了乐音的基频成分,而真实乐器发出的乐音信号有非常丰富的谐波成分;

(2) 程序简单地用余弦信号来模拟唱名波形,而真实的唱名波形不一定是简单的余弦函数,也有可能接近矩形波、锯齿波等;

(3) 程序中的唱名在时间上是完全分开的,而现场演奏的乐器在相邻唱名间会有重叠部分,也就是一个唱名还没有消失另外一个唱名就演奏出来。

这些都是有待完善的地方,有兴趣的读者可以对程序进行改进。

12.2 双音多频信号识别

一、实验目的

1. 掌握用 FFT 函数分析信号的频谱。
2. 了解幅度谱的应用。

二、实验原理

1. 电话拨号音的产生

我们拨打固定电话、选择语音菜单、输入密码时,经常会听见"嘟滴答"等按键音,这些声音听久了就有一种似曾相识的感觉。这是因为按键式电话通过双音多频(Dual Tone Multi-Frequency,DTMF)信号向交换机传递信息。常用的电话机键盘频率阵列如图 12.2.1 所示。每按一个键,电话机会发送两个正弦信号之和给交换机。该信号可以表示为

$$x(t) = A\sin(2\pi f_r t) + B\sin(2\pi f_c t) \tag{12.2}$$

其中,f_r 和 f_c 分别表示按键所在行和列对应的频率值,行上的频率值分别为 697Hz、770Hz、852Hz 和 941Hz,列上的频率值分别为 1209Hz、1336Hz 和 1477Hz。

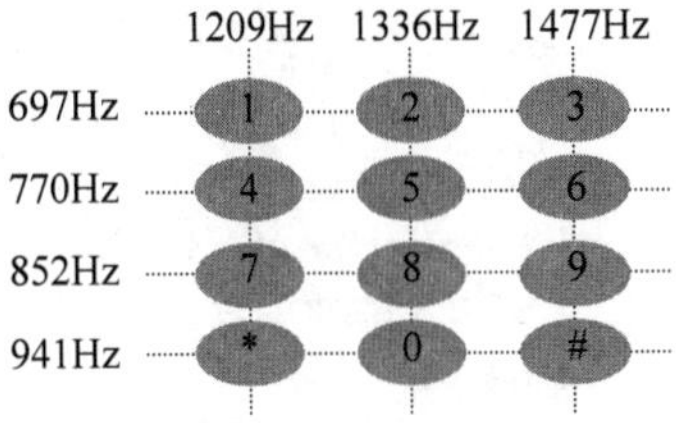

这些频率的取值是经过特别设计的:

(1) 这些频率都在人耳的可听范围内,因此按下去时能听到声音;

图 12.2.1　电话机键盘频率阵列

(2) 这些频率中没有一个频率是其他任意一个频率的倍数;

(3) 任意两个频率相加或相减都不等于其他任意一个频率。

以上这些特性降低了双音多频信号误检的概率。

2. 利用幅度谱识别双音多频信号

将双音多频信号作为拨号信号,不仅可以提供更高的拨号速率,而且容易被自动检

测和识别。计算待识别的拨号音的幅度谱，寻找幅度谱中最大的两个峰值点对应的频率，最后通过键盘频率阵列的先验信息即可反推出按键值。

三、实验内容

1. 产生双音多频信号

用 MATLAB 产生双音多频信号的部分源代码如下

```
%产生双音多频信号,播放按键音并画出波形图
clear all; clc; close all;
fs = 8000;                                         % 采用频率
tmax = 0.25;                                        % 持续时间
t = 0:1/fs:tmax;                                    % 时域自变量
fr = [697 770 852 941];                             % 行频率
fc = [1209 1336 1477];                              % 列频率
DialNum = '1';                                      % 当前按键
switch DialNum
  case '1'
    xt = sin(2*pi*fr(1)*t) + sin(2*pi*fc(1)*t);    % 令式(12.2)的 A、B 均为 1
  case '2'
    xt = sin(2*pi*fr(1)*t) + sin(2*pi*fc(2)*t);
  case '3'
    xt = sin(2*pi*fr(1)*t) + sin(2*pi*fc(3)*t);
  case '4'
    xt = sin(2*pi*fr(2)*t) + sin(2*pi*fc(1)*t);
  case '5'
    xt = sin(2*pi*fr(2)*t) + sin(2*pi*fc(2)*t);
  case '6'
    xt = sin(2*pi*fr(2)*t) + sin(2*pi*fc(3)*t);
  case '7'
    xt = sin(2*pi*fr(3)*t) + sin(2*pi*fc(1)*t);
  case '8'
    xt = sin(2*pi*fr(3)*t) + sin(2*pi*fc(2)*t);
  %%%%%%%%% 将产生 9、0、*、#将代码补充完整
  %%%%%
  %%%%%%%%%
end
%画图
plot(t,xt);xlabel('t');title(['按键',DialNum,'时域波形'])
xlim([0 0.1]);
sound(xt,fs)                                        % 播放按键音
save('DialNum.mat','xt','fs')                       % 将按键信号存储到文件中,用以识别
```

编程资源

程序运行结果如图 12.2.2 所示。请根据提示将代码补充完整。

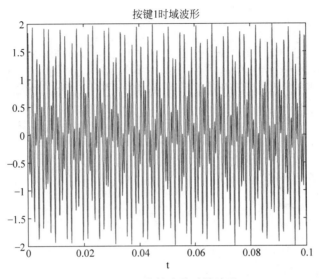

图 12.2.2　按键音的时域波形

2. 利用幅度谱的最大值识别双音多频信号

利用 MATLAB 中的 fft 函数可以得到按键音的幅度谱,找到两个最大值对应的频率,源代码如下

```
% 利用幅度谱识别按键音
clear all; clc; close all;
load('DialNum.mat')
N = length(xt);                         % 信号的点数
A = 0.1;                                % 噪声幅度
noise = A * randn(1,N);                 % 产生白噪声
xt = xt + noise;                        % 对按键信号加入传输噪声
Xf = fft(xt);                           % 做 N 点 fft
df = fs/N;                              % 频率分辨率
f = 0:df:fs - df;                       % 频率自变量
Xf_abs = abs(Xf(1:ceil(N/2)));          % 取双边幅度谱的右半边
f = f(1:ceil(N/2));                     % 双边幅度谱右半边的横坐标
%%% 画幅度谱
plot(f,Xf_abs); xlabel('f'); title('按键音幅度谱')
xlim([600 1600])
%% 取最大值对应的频率
[Y,I] = sort(Xf_abs,'descend');         % 找到最大的两个峰值
f1 = f(I(1));                           % 横坐标
f2 = f(I(2));
if f1 > f2                              % 确保 f1 < f2
   tmp = f2;
   f2 = f1;
   f1 = tmp;
end
disp(['两个最大值对应的频率分别为',num2str([f1,f2])])
```

编程资源

```
%%%根据频率进行识别%%%%
fr = [697 770 852 941];                    %行频率
fc = [1209 1336 1477];                     %列频率
%%%%%%由于f1、f2没有精确对应fr、fc,程序需要具备一定的容差性
[Y_r,idx_r] = min(abs(f1 - fr));           %峰值点的低频与行频的差
[Y_c,idx_c] = min(abs(f2 - fc));           %峰值点的低频与行频的差
if Y_r > 10 | Y_c > 10
    disp('误差较大,无法判断按键')
else
    switch idx_r
      case 1
        if idx_c == 1
            keyNum = '1';
        elseif idx_c == 2
            keyNum = '2';
        elseif idx_c == 3
            keyNum = '3'
        end
      case 2
        if idx_c == 1
            keyNum = '4';
        elseif idx_c == 2
            keyNum = '5';
        elseif idx_c == 3
            keyNum = '6'
        end
      case 3
        if idx_c == 1
            keyNum = '7';
        elseif idx_c == 2
            keyNum = '8';
        elseif idx_c == 3
            keyNum = '9'
        end
      case 4
        if idx_c == 1
            keyNum = '*';
        elseif idx_c == 2
            keyNum = '0';
        elseif idx_c == 3
            keyNum = '#'
        end
    end
end
disp(['按键识别结果为',keyNum])
```

命令窗口运行结果为

```
两个最大值对应的频率分别为695.65217      1207.3963
按键识别结果为1
```

可以看出,识别结果正确。

程序运行结果如图 12.2.3 所示。运行该程序,并不断增大噪声幅度,分析程序的抗噪性。

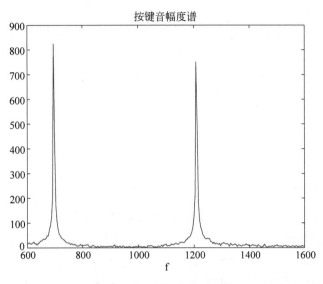

图 12.2.3 按键音的幅度谱

3. 提高双音多频信号识别抗噪性的能力

当噪声增加到一定幅度后,最大值方法失效。试尝试采用多种手段提高识别抗噪性的能力。

4. 编写 GUI 界面

请利用 MATLAB 的 GUI 功能完成双音多频信号的产生及识别的界面,要求:
(1) 输入信号通过软键盘产生,传输噪声幅度可调;
(2) 播放按键音;
(3) 显示按键音的时域波形、幅度谱、输入的按键及识别结果。

四、拓展提高

理论上,双音多频信号只会在固定的频率点上出现能量,如何准确、高效地估计这两个频率是识别拨号音的关键所在。幅度谱方法得到的是 $[0, fs/2]$ 区间内所有频率点的估计结果,而对于双音多频信号,我们只关心 7 个固定频率点上的估计结果。Goertzel 算法是估计双音多频信号功率谱最经典、最实用的方法,该算法只估计特定频率点上的功率谱。试利用 Goertzel 算法完成双音多频信号的识别,并分析其抗噪性。

12.3 信号的短时傅里叶变换

一、实验目的

1. 了解傅里叶变换的局限性。
2. 实现拨号音的短时傅里叶变换。

二、实验原理

1. 傅里叶变换的局限性

傅里叶变换在整个时域范围进行积分,傅里叶系数不随时间变化,是一种全局的变换。如果信号的频率特性在任何时间都不发生改变(即该信号是平稳信号),那么使用傅里叶变换是没有问题的。然而如果该信号是非平稳信号,那么利用傅里叶变换分析信号就不太合适了。举个例子,图 12.3.1 显示了两个不同的信号,但通过图 12.3.2 观察它们的幅度谱却是相同的。

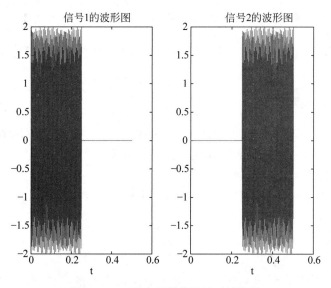

图 12.3.1　两个不同信号的时域波形

2. 短时傅里叶变换

实际系统中的非平稳信号往往在一定的时间区间内是保持平稳的。如果能通过一定的手段,将非平稳信号划分成若干平稳信号,则可以用傅里叶变换处理每个平稳信号。分段过程可以数学建模为信号乘以窗函数。如果信号保持平稳的时间较短,那么时间窗

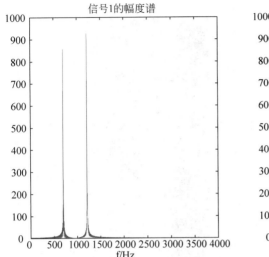

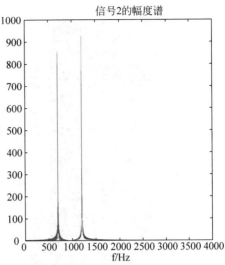

图 12.3.2　两个不同信号的幅度谱

应当很窄。

信号 $x(t)$ 的短时傅里叶变换（Short Time Fourier Transform，STFT）定义为

$$X(\tau,\omega) = \int_{-\infty}^{\infty} x(t)W(t-\tau)\mathrm{e}^{-\mathrm{j}\omega t}\,\mathrm{d}t \tag{12.3}$$

式中，$W(t-\tau)$ 是中心位于 τ 的时间窗。注意，一般而言 τ 是离散的几个点而不像 t 一样连续。

STFT 是将信号乘以窗函数以后做傅里叶变换，窗函数的宽度应选择合适，保证乘以窗后的每个信号片段都是平稳信号。短时傅里叶变换也称为加窗傅里叶变换。

3. 短时傅里叶变换的 MATLAB 实现

MATLAB 提供了 spectrogram 函数实现短时傅里叶变换，调用格式为

```
[S,F,T,P] = spectrogram(x,window,noverlap,nfft,fs)
```

其中 x 为输入信号，若后续没有输入参数，则 x 将被分成 8 段分别做变换；window 为时间窗，默认是 nfft 长度的海明窗；noverlap 是时域分段时每一段的重叠样本数，默认值是在各段之间产生 50% 的重叠；nfft 是 FFT 变换的长度，默认为 256 和大于每段长度的最小 2 次幂之间的最大值；fs 是抽样频率。

若无输出参数，则 spectrogram 函数会自动绘制时频图；若有输出参数，则会返回输入信号的短时傅里叶变换。当然也可以利用函数的返回值 S、F、T、P 绘制频谱图。

利用短时傅里叶变换，对如图 12.3.1 所示的两个不同信号进行短时傅里叶变换，结果如图 12.3.3 所示，从图中可以清晰区分这两个信号。

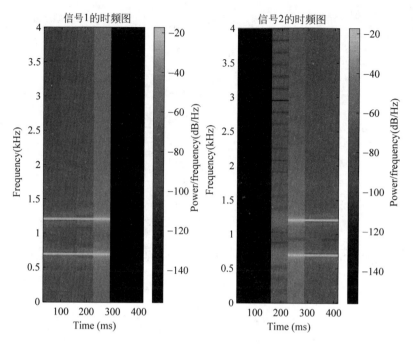

图 12.3.3　两个不同信号的时频图

三、实验内容

1. 生成一组电话按键音

根据 12.2 节产生"12315"的按键信号,每个按键信号持续时间 0.25s,间隔 0.125s。该组按键信号的幅度谱如图 12.3.4 所示。直接通过幅度谱无法识别出每个按键信号。

2. 对按键信号进行短时傅里叶变换

直接采用默认参数,对实验内容 1 得到的一组按键信号进行短时傅里叶变换,程序运行结果如图 12.3.5 所示。显然不同时间对应的频率值与真实情况不同。修改输入参数后的源代码如下

```
nfft = 0.125 * fs;
spectrogram(DialNum,nfft,0,nfft,fs,'yaxis')
xticks([0:14] * 0.125);
ylim([0.6 1.5]);
```

程序运行结果如图 12.3.6 所示,此时时频图中的信息与真实情况相同。试分析结果改善的原因。

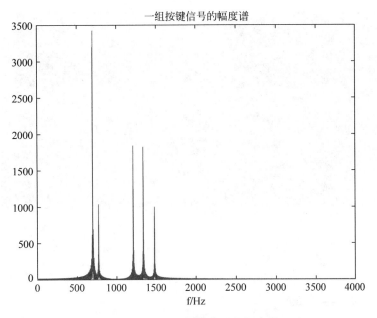

图 12.3.4　一组按键信号的幅度谱

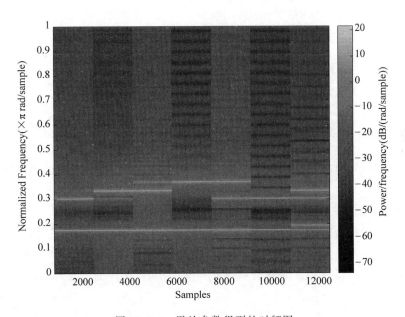

图 12.3.5　默认参数得到的时频图

四、拓展提高

对按键信号进行小波变换，比较其与短时傅里叶变换的区别。

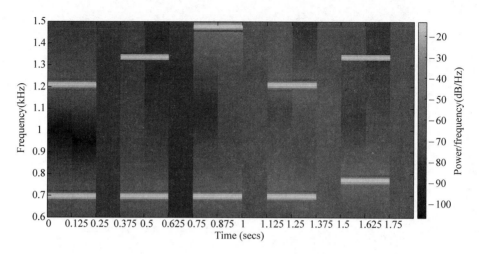

图 12.3.6　修改参数后得到的时频图

12.4　语音信号降噪

一、实验目的

1. 熟悉滤波器设计工具箱。
2. 实现信号的滤波。
3. 掌握音频文件的读写。

二、实验原理

对于含有噪声的音频信号,可以采用滤波器对其进行处理,去除噪声,提高信号质量。

整个设计框图如图 12.4.1 所示。在满足时域抽样定理的前提下,对语音信号进行抽样,得到计算机能处理的信号 $x(n)$;为演示滤波器的设计,对语音信号加入噪声,得到含噪信号 $y(n)$;计算含噪信号 $y(n)$ 的幅度谱,分析噪声的频谱范围,根据语音信号、含噪信号的频谱范围,设计合适的滤波器;将 $y(n)$ 通过设计好的滤波器,得到降噪后的信号 $z(n)$。

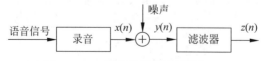

图 12.4.1　语音信号降噪设计框图

三、实验内容

1. 语音信号的采集

打开计算机自带的录音机，录取一段语音信号，保存在 MATLAB 程序所在的文件夹，文件名记作 voice. m4a。

2. 对语音信号加入噪声

在 MATLAB 中，读取音频文件，得到语音信号。对语音信号加入频率为 5000 Hz 的正弦噪声，源代码如下

```
clc;clear;close all;
[xt,fs] = audioread('voice.m4a');          % 读取语音信号和抽样频率
t = (0:length(xt)-1)/fs;                   % 时域自变量
noise = sin(2 * pi * 5000 * t);            % 产生噪声
xt = transpose(xt(:));                     % 将语音信号变成行向量
yt = xt + noise;                           % 含噪信号
audiowrite('voice_noise.wav',yt,fs)        % 存储含噪信号
```

播放加噪前后的语音信号，感受噪声对语音信号的影响。

3. 分析语音信号的幅度谱

绘制含噪信号的幅度谱，并找到语音信号的频率范围。

4. 使用滤波器去除噪声

可利用 MATLAB 自带的滤波器设计工具实现滤波。具体操作如下：
（1）在命令行窗口输入 filterDesigner 命令，弹出界面如图 12.4.2 所示。
（2）根据实验内容 3 的分析结果，选择合适的滤波器。输入低通滤波器参数，单击 Design Filter 按钮，完成滤波器设计（这里使用基于窗函数的 FIR 滤波器）。
（3）单击 File→Export 命令，导出滤波器分子多项式系数，保存在工作区中，便于后续调用，界面如图 12.4.3 所示。
（4）利用得到的滤波器分子、分母多项式系数，实现信号滤波，源代码如下

```
% 设置分子和分母多项式参数
a = 1;                                     % FIR 滤波器分母多项式系数为 1
zt = filter(b,a,yt);                       % 滤波,b 采用滤波器系数导出结果
Zf = fft(zt);                              % 做 N 点 fft
Zf_abs = abs(Zf(1:ceil(N/2)));             % 取双边幅度谱的右半边
% % % 画幅度谱
figure; plot(f,Zf_abs); xlabel('f'); title('降噪信号幅度谱')
audiowrite('voice_denoise.wav',zt,fs)      % 存储降噪信号
```

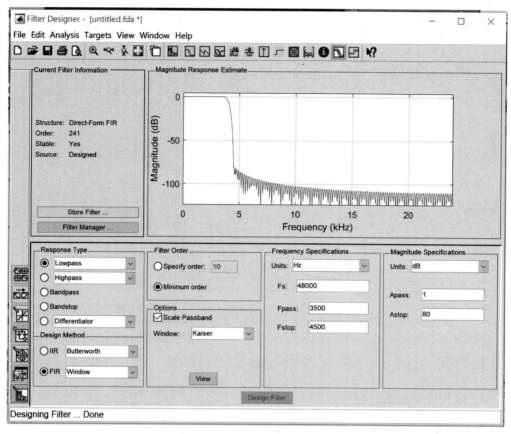

图 12.4.2　设计低通滤波器的 FDA 界面

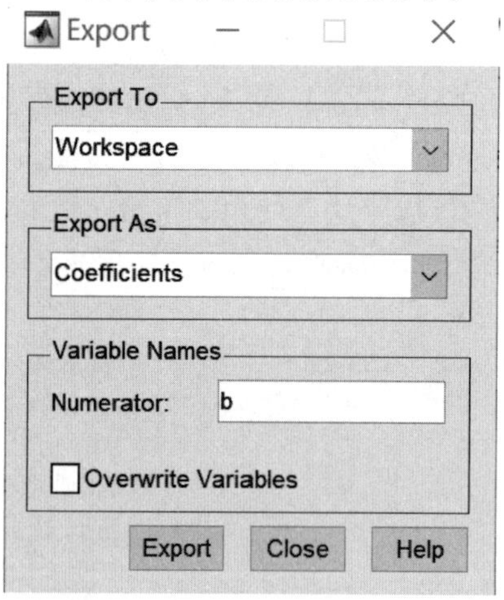

图 12.4.3　导出滤波器参数的界面

播放滤波后的语音信号,感受滤波效果。

四、扩展提高

由于加入的是单频噪声,尝试用零陷滤波器实现音频信号降噪。

12.5 回声消除

一、实验目的

1. 熟悉回声消除的原理。
2. 设计系统实现回声消除。

二、实验原理

1. 回声模型

音频信号中的回声现象,本质上就是在某一段原始音频信号中叠加了一串时间延迟且幅度衰减的原声脉冲。假设原始音频信号为 $x(t)$,回声信号相对原始音频信号的延时分别为 t_1、t_2,幅度衰减系数分别为 α_1、α_2,则混有回声的信号 $y(t)$ 可表示为

$$y(t) = x(t) + \alpha_1 x(t - t_1) + \alpha_2 x(t - t_2) \tag{12.4}$$

假设通过数字处理器实现回声消除,记 $x(t)$、$y(t)$ 的抽样结果为 $x(n)$、$y(n)$,若抽样频率为 f_s,则

$$y(n) = x(n) + \alpha_1 x(n - f_s t_1) + \alpha_2 x(n - f_s t_2) \tag{12.5}$$

2. 回声抑制

音频信号的回声消除就是从序列 $y(n)$ 中去掉序列 $\alpha_1 x(n - f_s t_1) + \alpha_2 x(n - f_s t_2)$,从而实现消除回声,得到原始音频信号序列 $x(n)$。实验过程如图 12.5.1 所示。

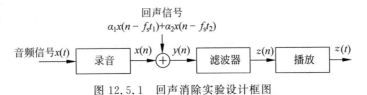

图 12.5.1　回声消除实验设计框图

为了从混有回声的序列 $y(n)$ 中还原原始音频序列,滤波器的单位样值响应 $g(n)$ 应满足

$$z(n) = y(n) * g(n) = x(n) \tag{12.6}$$

由式(12.5)可知

$$y(n) = x(n) + \alpha_1 x(n - f_s t_1) + \alpha_2 x(n - f_s t_2)$$
$$= x(n) * [\delta(n) + \alpha_1 \delta(n - f_s t_1) + \alpha_2 \delta(n - f_s t_2)] \tag{12.7}$$

也就是说,混有回声的序列可以看成是原始音频序列经过了一个离散时间线性时不变系统,该系统的单位样值响应

$$h(n) = \delta(n) + \alpha_1 \delta(n - f_s t_1) + \alpha_2 \delta(n - f_s t_2) \tag{12.8}$$

将式(12.7)、式(12.8)代入式(12.6),可得

$$x(n) = [x(n) * h(n)] * g(n) \tag{12.9}$$
$$\delta(n) = h(n) * g(n) \tag{12.10}$$

在时域很难实现解卷积运算,可以将式(12.10)变换到 z 域,得出

$$G(z) = \frac{1}{H(z)} = \frac{1}{1 + \alpha_1 z^{-f_s t_1} + \alpha_2 z^{-f_s t_2}} \tag{12.11}$$

调用 MATLAB 中的 filter 函数即可实现滤波,filter 函数的调用格式为

```
z = filter(b,a,y)
```

其中,b 和 a 为滤波器系数,对应到式(12.10),b=1,a 与 α_1、$f_s t_1$、α_2、$f_s t_2$ 有关;y 为混有回声的序列,z 为滤波器的输出。

三、实验内容

1. 音频信号的采集和读入

音频

打开计算机自带的录音机,录取一段语音信号,保存在 MATLAB 程序所在的文件夹,文件名记作"原始音频.wav";或者扫描二维码读取音频文件"最初的梦想.wav"。

将音频文件读入 MATLAB 内存中,并利用 sound 函数播放读入的音频文件。

```
[x,Fs] = audioread('最初的梦想.wav');      % 读入音乐文件:最初的梦想.wav
sound(x,Fs);                              % 播放读入的音频信号
```

2. 产生混有回声的序列

假设 $\alpha_1 = 0.32$,$t_1 = 1$,$\alpha_2 = 0.2$,$t_2 = 3$,利用式(12.5)产生有回声的信号 $y(n)$。将产生的回声序列与原始音频序列相加,得到混有回声的音频信号,该过程的源代码如下

```
%% 产生叠加了回声的音频信号
N = length(x);                           % 数据长度
x(N+1:N+3*Fs) = 0;                       % 首先对原始音频信号进行末端补零(补3秒钟对应的长度)
x_echo = 0.32 * circshift(x,1*Fs) + 0.2 * circshift(x,1*Fs);  % 回声信号
y = x + x_echo;                          % 叠加了回声信号的音频信号
sound(y,Fs);                             % 播放叠加了回声的音频信号
```

播放混有回声的音频信号,感受该信号相对原始音频信号的区别。

3. 利用滤波器进行回声消除

根据已知的 $\alpha_1, t_1, \alpha_2, t_2$，设计 filter 函数的参数向量 b 和 a，并利用 filter 函数对混有回声的音频信号进行滤波。播放滤波后的音频信号，感受回声消除效果，并将该音频信号存储到"回声消除后的音频.wav"文件中。

```
%% 对混有回声的音频信号进行回声消除
b = 1;                                              % 滤波器系数
a = [1,zeros(1,1*Fs-1),0.32, zeros(1,2*Fs-1),0.2]; % 滤波器系数
z = filter(b,a,y);                                 % 对混有回声的音频信号进行滤波
sound(z,Fs);                                       % 播放回声消除后的音频信号
audiowrite('回声消除后的音频.wav');
```

若不希望通过时域插 0 的方式得到 a，可以利用如下代码。

```
syms z
Gz = 1+ 0.32*z^(-Fs)+0.2*z^(-3*Fs);
gn = iztrans(Hz);                                  % z 反变换得到 gn 的解析表达式
g = matlabFunction(gn);
n = 0:3*Fs;
a = g(n);                                          % 滤波器系数
```

4. 修改回声参数并重新进行滤波

试改变回声信号的延迟时间和衰减幅度，思考这两个参数对滤波器参数有何影响，并利用滤波器对修改后的混有回声的信号进行滤波。

四、拓展提高

尝试在回声模型未知的条件下进行自适应回声消除。

12.6　幅度调制与解调

一、实验目的

1. 了解用 MATLAB 实现幅度调制与解调。
2. 加深对傅里叶变换频移性质的理解。

二、实验原理

对语音、音乐和图像等进行转换得到的电信号，其频率往往较低，如语音信号的频率一般为 $300\sim3400\,\mathrm{Hz}$，通常称这类信号为基带信号。模拟基带信号可以通过架空明线、

电缆等有线信道传输,但不能直接在无线信道中传输。另外,即使可以在有线信道传输,一条线路上也只能传输一路信号,其信道利用率非常低,而且很不经济。这时需要对基带信号进行调制以适应信道传输。

所谓调制,就是在发送端将所要传送的信号附加在高频振荡波上,再由天线发射出去。这里的高频振荡波就是携带信号的运载工具,也叫载波,常用的模拟调制方式是以正弦波作为载波的幅度调制。幅度调制一般包括振幅调制、抑制载波双边带调制、单边带调制等。本节以抑制载波双边带调制为例,介绍调制解调过程。

抑制载波双边带调制解调过程如图 12.6.1 所示。将要传输的信号 $x(t)$ 乘以载波 $\cos(\omega_0 t)$ 后得到 $y(t)$,这一过程称为调制,通过天线将调制后的信号发射出去;在接收端,将接收到的 $y(t)$ 再次乘以 $\cos(\omega_0 t)$ 后得到 $z(t)$,再将其通过低通滤波器还原成 $x(t)$,这一过程称为解调。

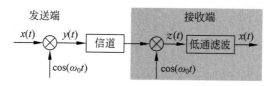

图 12.6.1　信号调制解调过程

调制与解调的实质一样,均是频谱搬移。调制是把低频信号的频谱搬移到频载位置,解调则是把在频载位置的信号频谱搬回到原始低频以及 2 倍载频的位置,通过低通滤波去除 2 倍载频位置的频谱,得到低频信号的频谱。

$$y(t) = x(t)\cos\omega_0 t \xleftrightarrow{\mathcal{F}} \frac{X[\mathrm{j}(\omega+\omega_0)] + X[\mathrm{j}(\omega-\omega_0)]}{2} \tag{12.12}$$

$$z(t) = y(t)\cos\omega_0 t \xleftrightarrow{\mathcal{F}} \frac{Y[\mathrm{j}(\omega+\omega_0)] + Y[\mathrm{j}(\omega-\omega_0)]}{2}$$

$$= \frac{X[\mathrm{j}(\omega+2\omega_0)] + X[\mathrm{j}(\omega-2\omega_0)]}{4} + \frac{X(\mathrm{j}\omega)}{2} \tag{12.13}$$

三、实验内容

1. 产生调制信号

假设调制信号 $x(t) = \dfrac{\sin\pi t}{t}$,该信号的产生、频谱分析代码如下,试根据时域抽样定理确定代码里的抽样间隔 dt 的范围。

编程资源

```
close all; clc; clear all;
dt =   0.01;                              % 抽样间隔,目前选
t = - 2 * pi:dt:2 * pi;                   % 时域自变量
xt = pi * sinc(t);                        % sin(πt)/t
%%%%%%%%计算频谱
```

```
Xf = fft(xt);                                    % 做 fft
fs = 1/dt;                                        % 抽样频率
N = length(Xf);                                   % fft 点数
df = fs/length(Xf);
f = -fs/2:df:fs/2-df;                             % 频域自变量
Xf_abs = abs(fftshift(Xf))/N;                     % 双边幅度谱
%%%画图
figure;
subplot(1,2,1);plot(t,xt);title('x(t)')
subplot(1,2,2);plot(f,Xf_abs);title('|X(f)|')
```

程序运行结果如图 12.6.2 所示。

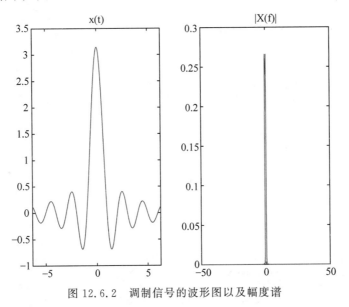

图 12.6.2　调制信号的波形图以及幅度谱

2. 利用 modulate 函数实现调制

在 MATLAB 中,用函数 y＝modulate(x,fc,fs,'s')来实现信号调制。其中 fc 为载波频率,fs 为抽样频率,'s'默认状态下是双边带调幅。

试利用 modulate 函数完成信号调制,画出 $y(t)$ 的波形图和幅度谱,并将该结果与实验内容 1 进行对比。

3. 利用 demod 函数实现解调

在 MATLAB 中,用函数 x＝demod(y,fc,fs,'s')实现信号解调。解调包括两部分内容:先将信号 $y(t)$ 再次乘以载波,然后将乘积经过五阶巴特沃斯低通滤波器。

试利用 demod 函数完成信号解调,画出解调信号的波形图和幅度谱,并将其与 $x(t)$ 进行对比。

4. 编写调制解调程序

根据图 12.6.1 编写相乘、滤波等代码实现调制解调过程,并与利用 MATLAB 自带函数实现调制解调过程的结果进行对比。

四、拓展提高

1. 用 Simulink 实现抑制载波双边带调制解调过程,并画出必要的时域波形图和幅度谱。
2. 实现其他方式的调制解调,如振幅调制。

12.7　雷达信号的发射与接收

一、实验目的

1. 了解雷达发射、接收信号的产生过程。
2. 加深对常用信号工程应用的理解。
3. 分析雷达发射、接收信号的频谱。

二、实验原理

1. 发射信号

雷达属于无线传感器,其通过发射电磁信号,接收目标及环境对电磁信号的散射回波,从回波中提取目标及环境的信息。

雷达发射信号通常可以表示为周期脉冲,单个脉冲可以表示为

$$x(t) = a(t)\cos(2\pi f_0 t + \theta(t))[u(t) - u(t-\tau)] \tag{12.14}$$

式中,$a(t)$ 为幅度调制,雷达通常不采用幅度调制,即 $a(t)$ 恒等于 A,为一个常数;f_0 为雷达的工作频率(也称载频);$\theta(t)$ 为频率调制或相位编码部分,雷达通过频率调制或相位编码获得大时宽带宽积(时宽带宽积指的是时域上的脉冲宽度乘以频域上的带宽);τ 为脉冲宽度。

雷达常用的发射信号主要包括线性调频(Linear Frequency Modulation,LFM)、相位编码(Phase Coding,PC)等信号。以 LFM 信号为例,其瞬时频率随时间线性变化,数学表达式为

$$x(t) = \cos\left[2\pi\left(f_0 t + \frac{k}{2}t^2\right)\right][u(t) - u(t-\tau)] \tag{12.15}$$

式中,k 为调频斜率。该信号覆盖的频率区间的宽度(带宽)为 $B = k\tau$。

2. 接收信号

静止点目标的回波可以建模为

$$y(t) = \sigma x(t - t_r) \tag{12.16}$$

式中, σ 为目标散射系数, t_r 为时延。假设目标与雷达的距离为 R, 则有

$$t_r = \frac{2R}{c} \tag{12.17}$$

式中, c 表示光速。

雷达在接收到信号后, 一般会通过混频去除载波的影响(解调), 通常的做法如图 12.7.1 所示。首先用载波信号 $\cos(2\pi f_0 t)$ 与接收回波相乘, 经过低通滤波器保留较低频率成分, 得到 I 通道解调回波; 与此同时, 用另一路信号 $\sin(2\pi f_0 t)$ 得到 Q 通道解调回波。

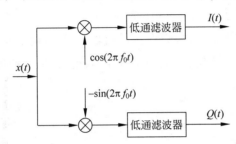

图 12.7.1 I、Q 通道正交解调示意图

以 LFM 信号的解调为例, 解调回波为

$$\begin{aligned}
y_I(t) &= \sigma \cos\left[2\pi\left(f_0(t - t_r) + \frac{k}{2}(t - t_r)^2\right)\right]\cos(2\pi f_0 t)[u(t - t_r) - u(t - t_r - \tau)] \\
&= \sigma \frac{\cos[4\pi f_0 t + k\pi(t - t_r)^2 - 2\pi f_0 t_r] + \cos[k\pi(t - t_r)^2 - 2\pi f_0 t_r]}{2} \\
&\quad [u(t - t_r) - u(t - t_r - \tau)]
\end{aligned} \tag{12.18}$$

$$\begin{aligned}
y_Q(t) &= -\sigma \cos\left[2\pi\left(f_0(t - t_r) + \frac{k}{2}(t - t_r)^2\right)\right]\sin(2\pi f_0 t)[u(t - t_r) - u(t - t_r - \tau)] \\
&= \sigma \frac{-\sin[4\pi f_0 t + k\pi(t - t_r)^2 - 2\pi f_0 t_r] + \sin[k\pi(t - t_r)^2 - 2\pi f_0 t_r]}{2} \\
&\quad [u(t - t_r) - u(t - t_r - \tau)]
\end{aligned} \tag{12.19}$$

由于雷达信号的工作频率 f_0 通常远大于信号带宽, $y_I(t)$ 中 $\cos[k\pi(t - t_r)^2 - 2\pi f_0 t_r]$ 的频率远低于 $\cos[4\pi f_0 t + k\pi(t - t_r)^2 - 2\pi f_0 t_r]$, 通过低通滤波处理可以去除 $\cos[4\pi f_0 t + k\pi(t - t_r)^2 - 2\pi f_0 t_r]$; 同理, $y_Q(t)$ 通过低通滤波处理可以去除 $-\sin[4\pi f_0 t + k\pi(t - t_r)^2 - 2\pi f_0 t_r]$。

为便于表示, 将 I、Q 两通道解调回波记作复信号

$$\begin{aligned}
y_s(t) &= y_I(t) + jy_Q(t) = \\
&= \frac{\sigma}{2}\{\cos[k\pi(t - t_r)^2 - 2\pi f_0 t_r] + j\sin[k\pi(t - t_r)^2 - 2\pi f_0 t_r]\} \\
&\quad [u(t - t_r) - u(t - t_r - \tau)] \\
&= \frac{\sigma}{2}e^{j[k\pi(t - t_r)^2 - 2\pi f_0 t_r]} = \sigma' e^{jk\pi(t - t_r)^2}
\end{aligned} \tag{12.20}$$

通过以上描述可知,雷达发射的是实信号,但经过两路解调后实际构造了一个复回波信号,后续信号处理器直接对复信号进行处理。为了表示方便,通常也将发射信号用复数表示。从而可以用复数改写信号发射、回波产生、解调和回波信号处理过程。需注意的是,复信号是构造出来的,在实际中并不存在。

三、实验内容

1. 产生雷达发射信号

为方便观察 LFM 信号,这里假设在雷达调制前,起始频率 $f_0=0$,脉冲宽度 $\tau=5\mu s$,带宽 $B=20\text{MHz}$,脉冲重复周期为 1s。LFM 信号产生的源代码如下

```
% 参数设置
f0 = 0;                                    % 起始频率
fs = 100;                                  % 抽样频率,满足时域抽样定理
%%%%%补充下列参数%%%%%%%%
tao =    ;                                 % 脉冲宽度
T =     ;                                  % 脉冲重复周期
B =     ;                                  % 带宽
k =     ;                                  % 调频斜率
%%%%%%%%%%时域波形%%%%%%%%%%%%%%%%%%%
t = 0:1/fs:T-1/fs;                         % 一个周期的时域自变量
xt = exp(j*2*pi*(f0*t+k/2*t.^2)).*(t<=tao); % 产生发射信号
plot(t,real(xt));  xlabel('t');  title('LFM信号的实部') % 画图
```

上面的代码产生的是一个脉冲重复周期的雷达发射信号。试根据提示将代码补充完整。代码补充完整后的程序运行结果如图 12.7.2 所示。可以看出,信号频率逐渐增

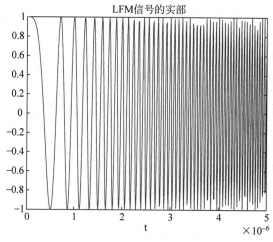

图 12.7.2　LFM 信号的时域波形

高,但高频部分振幅并不恒为 1,这是由于高频部分周期较小,导致有时不能抽样到峰值点。

2. 编写程序,画出发射信号的幅度谱

注:这部分工作留给读者完成。

3. 分析 spectrogram 函数的作用

为更好地观察频率随时间的变化,可借助 spectrogram 函数实现短时傅里叶变换。源代码如下

```
figure;
idx = find(t <= tao);                        % 对非 0 部分做时频分析
spectrogram(xt(idx),128,120,128,fs,'yaxis')
```

程序运行结果如图 12.7.3 所示。试将该结果与实验内容 2 的结果进行对比,分析短时傅里叶变换的优点。

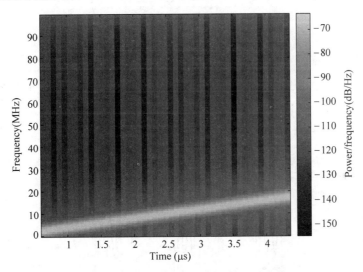

图 12.7.3　LFM 信号的短时傅里叶变换

4. 产生雷达回波

(1) 假设静止目标距雷达 5Km,试仿真雷达回波。
(2) 假设目标匀速运动,试分析速度对回波的影响。

四、拓展提高

若雷达发射信号采用相位编码形式,试画出这种信号的时域波形图和幅度谱。

12.8 雷达测距

一、实验目的

1. 加深对傅里叶变换性质的理解。
2. 了解匹配滤波。

二、实验原理

1. 测距原理

雷达测距通过计算雷达回波信号与发射信号的延时 t_r，得到目标与发射器的距离

$$R = \frac{ct_r}{2} \tag{12.21}$$

其中，c 表示光速。

2. 发射信号

脉冲测距法原理简单、成本较低，因而被广泛应用于近距离雷达测距系统中。该方法的发射信号如图 12.8.1 所示，其中 τ 为脉冲宽度。为便于说明原理，脉冲宽度内采用单频复信号。在一个周期内，发射信号可表示为

$$x(t) = e^{j2\pi f_0 t} \left[u(t) - u(t - \tau) \right] \tag{12.22}$$

式中，f_0 表示发射信号的频率。

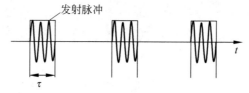

图 12.8.1　雷达测距的发射脉冲

3. 接收信号

如不考虑信号衰减和噪声，回波信号可表示为

$$r(t) = x(t - t_r) \tag{12.23}$$

4. 匹配滤波

匹配滤波(matched filtering)是最佳滤波的一种，广泛应用于通信、雷达等系统中。当输入信号是某种特殊波形时，其输出信噪比将达到最大。在形式上，匹配滤波器的单

位冲激响应是输入信号翻转后取共轭

$$h(t) = x^*(-t) \tag{12.24}$$

将回波信号经过匹配滤波器,输出信号为

$$z(t) = r(t) * x^*(-t) \tag{12.25}$$

在频域可表示为

$$Z(j\omega) = R(j\omega) \cdot \mathcal{F}[x^*(-t)] \tag{12.26}$$

式中,$R(j\omega)$、$Z(j\omega)$分别是$r(t)$、$z(t)$的傅里叶变换。

假设$x(t)$的傅里叶变换是$X(j\omega)$。由于

$$\mathcal{F}[x(-t)] = X(-j\omega) \tag{12.27}$$

$$\mathcal{F}[x^*(t)] = X^*(-j\omega) \tag{12.28}$$

综合式(12.26)、式(12.27)、式(12.28)

$$Z(j\omega) = R(j\omega) \cdot X^*(j\omega) \tag{12.29}$$

从而

$$z(t) = \mathcal{F}^{-1}\{\mathcal{F}[r(t)] \cdot \mathcal{F}^*[x(t)]\} \tag{12.30}$$

$z(t)$峰值对应的横坐标,即为回波延时。得到延时后,再通过式(12.21),可得到发射器与目标的距离。图12.8.2给出了延时为$1.3e^{-6}$s的回波信号匹配滤波结果。

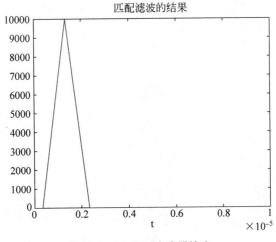

图 12.8.2　匹配滤波器输出

三、实验内容

1. 仿真回波信号

发射信号产生的源代码如下

```
close all;clear;clc;
% 参数设置
f0 = 1e9;                        %雷达频率1GHz
```

```
fs = 10e9;                          % 抽样频率,满足时域抽样定理
tao = 1e - 6;                       % 脉冲宽度
T = 1e - 5;                         % 脉冲重复周期
%%%%%%%%%%时域波形%%%%%%%%%%%%%%%%%
t = 0:1/fs:T-1/fs;                  % 一个周期的时域自变量
%%产生发射信号
xt = exp(j*2*pi*f0*t).*(t<=tao);
plot(t,real(xt)); xlabel('t');  title('发射信号')
%%%%%%%%%%仿真回波信号%%%%%%%%%
rt =
%%%%%%%%%%%%%%%%%%%%%%%%%%%
```

假设目标距发射器 200m,不考虑信号衰减,试根据发射信号仿真出回波信号。程序运行结果如图 12.8.3 所示。

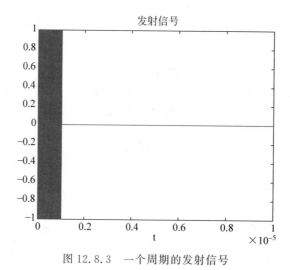

图 12.8.3　一个周期的发射信号

2. 利用回波估计距离

利用发射信号和实验内容 1 仿真得到的回波信号,根据式(12.30)编写匹配滤波代码,依据匹配滤波的结果估计目标与发射器距离。将结果与真实距离进行比较,并分析产生误差的原因。

3. 根据给定回波估计距离

发射信号参数不变,距离改变并加入噪声后的回波数据见二维码。请利用实验内容 2 中的匹配滤波算法估计距离。

四、拓展提高

对实验内容 1 中的回波加入高斯白噪声,试分析匹配滤波方法测距的抗噪性。

编程资源

12.9 雷达测速

一、实验目的

1. 了解雷达测速的原理。
2. 加深对抽样定理的理解。
3. 加深对频谱的理解。

二、实验原理

1. 多普勒效应

多普勒效应是指当波源和观察者有相对运动时,观察者接收到波的频率与波源发出的频率并不相同的现象。当雷达和待测速目标之间有相对运动时,也会出现多普勒效应。但由于雷达主动向目标发射并接收信号,雷达信号在雷达-目标-雷达之间经历了双程传播,因此雷达信号的多普勒频移比被动接收声源发出的信号的多普勒频移多了一个因子 2。

2. 单频连续波雷达的运动目标回波

所谓单频连续波雷达,是指雷达发射的是一个频率为 f_0 的信号,且雷达信号的脉冲持续时间 τ 比较长。这种雷达成本较低,广泛应用于测速领域。如不考虑信号衰减,单频连续波雷达回波信号为

$$r(t) = e^{j2\pi f_0(t-t_r)}\left[u(t-t_r)-u(t-t_r-\tau)\right] \tag{12.31}$$

其中,t_r 是雷达回波信号与发射信号的延时。

如图 12.9.1 所示,假设运动目标的投影速度(或径向速度)为 v,朝向雷达的方向为速度正方向,并且记目标在 $t=0$ 时刻距雷达 R_0,则在 t 时刻目标与雷达的距离为

$$R(t) = R_0 - vt \tag{12.32}$$

当目标速度远小于光速时,可以近似地认为 t 时刻的回波延时

$$t_r = \frac{2R}{c} = \frac{2(R_0-vt)}{c} \tag{12.33}$$

代入式(12.31)

$$
\begin{aligned}
r(t) &= e^{j2\pi f_0\left(t-t_0+\frac{2vt}{c}\right)}\left[u\left(t-t_0+\frac{2vt}{c}\right)-u\left(t-t_0-\tau+\frac{2vt}{c}\right)\right] \\
&= e^{j2\pi(f_0t+f_dt-f_0t_0)}\left[u\left(t-t_0+\frac{2vt}{c}\right)-u\left(t-t_0-\tau+\frac{2vt}{c}\right)\right] \tag{12.34}
\end{aligned}
$$

式中,$t_0=\dfrac{2R_0}{c}$,$f_d=f_0\cdot\dfrac{2v}{c}=\dfrac{2v}{\lambda}$,是目标运动造成的多普勒频移,一般情况下 $f_d\ll f_0$。

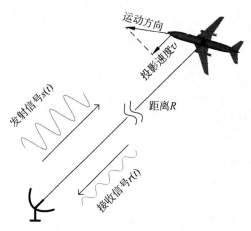

图 12.9.1　雷达测速示意图

3. 目标回波的解调

与 12.7 节类似,接收机将接收信号进行解调,得到基带信号

$$y(t) = e^{j2\pi(f_d t - f_0 t_0)} \left[u\left(t - t_0 + \frac{2vt}{c}\right) - u\left(t - t_0 - \tau + \frac{2vt}{c}\right) \right] \tag{12.35}$$

为从 $y(t)$ 中得到多普勒频移 f_d,可以对式(12.35)进行傅里叶变换,得到 $y(t)$ 的频谱 $Y(j\omega)$。

由于

$$y(t) = e^{-j2\pi f_0 t_0} e^{j2\pi f_d t} G_\tau \left(t\left(1 + \frac{2v}{c}\right) - \frac{\tau}{2} - t_0 \right) \tag{12.36}$$

$$G_\tau \left(t\left(1 + \frac{2v}{c}\right) - \frac{\tau}{2} - t_0 \right) \overset{\mathscr{F}}{\longleftrightarrow} \frac{\tau}{1 + \frac{2v}{c}} \mathrm{Sa} \frac{\omega\tau}{2\left(1 + \frac{2v}{c}\right)} e^{-j\frac{\frac{\tau}{2} + t_0}{1 + \frac{2v}{c}}\omega} \tag{12.37}$$

由傅里叶变换的频移性质可得

$$Y(j\omega) = \frac{\tau}{1 + \frac{2v}{c}} \mathrm{Sa} \frac{(\omega - 2\pi f_d)\tau}{2\left(1 + \frac{2v}{c}\right)} e^{-j\frac{\frac{\tau}{2} + t_0}{1 + \frac{2v}{c}}(\omega - 2\pi f_d)} e^{-j2\pi f_0 t_0} \tag{12.38}$$

其幅度谱

$$|Y(j\omega)| = \frac{\tau}{1 + \frac{2v}{c}} \left| \mathrm{Sa} \frac{(\omega - 2\pi f_d)\tau}{2\left(1 + \frac{2v}{c}\right)} \right| \tag{12.39}$$

由于函数 $\left| \mathrm{Sa} \dfrac{(\omega - 2\pi f_d)\tau}{2\left(1 + \frac{2v}{c}\right)} \right|$ 在 $\omega = 2\pi f_d$ 处达到最大值,因此对基带信号 $y(t)$ 做傅里叶变

换,找出其幅度谱最大值对应的频率,即为多普勒频移 f_d。从而

$$v = \frac{f_d \lambda}{2} \tag{12.40}$$

三、实验内容

1. 仿真回波信号

假设 $f_0 = 10\text{GHz}$,脉冲持续时间 $\tau = 1\text{ms}$,目标径向速度 $v = 300\text{m/s}$,目标在 0 时刻距雷达 10km。不考虑信号衰减,解调信号 $y(t)$ 的仿真源代码如下

```matlab
close all;clear;clc;
% 参数设置
f0 = 10e9;                        % 雷达频率 10GHz
R0 = 10e3;                        % 0 时刻的距离
v = 300;                          % 径向速度
c = 3e8;                          % 光速
t0 = 2 * R0/c;                    % 0 时刻延时
lamda = c/f0;                     % 波长
fd = 2 * v/lamda;                 % 多普勒频移
fs = 20 * fd;                     % 抽样频率
tao = 1e - 3;                     % 脉冲持续时间
dt = 1/fs;                        % 抽样间隔
t = 0:dt:tao - dt;                % 将回波出现时刻作为起点
yt = exp( - j * 2 * pi * f0 * t0). * exp(j * 2 * pi * fd * t);
%%%%%%%%%% 画图 %%%%%%%%%%%%%%%%%%%%
figure; plot(t, real(yt));   title('解调信号'); xlabel('t')
```

程序运行结果如图 12.9.2 所示。分析为什么抽样频率 fs 可以不大于 2 倍的 f0。

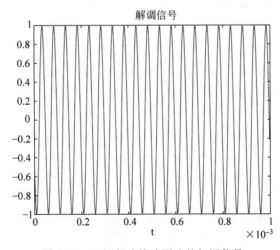

图 12.9.2 调频连续波测速的解调信号

2. 根据解调信号的幅度谱估计速度

编写程序计算解调信号的幅度谱$|Y(j\omega)|$,进而估计目标的径向速度。

3. 噪声环境下的估计

假设解调信号中包含高斯白噪声,信噪比为 10dB,试仿真这种条件下的解调信号并估计目标的径向速度。

四、拓展提高

假设场景中有 4 个目标,径向速度分别为 150m/s、168m/s、300m/s 以及 310m/s,其余参数与实验内容 1 相同。试估计目标速度并对结果进行一定的分析。

12.10 地杂波对消

一、实验目的

1. 熟悉杂波对消的原理。
2. 加深对滤波器的理解。

二、实验原理

1. 地杂波对雷达回波的影响

如果雷达波束照到了地面,地表的山、植被、建筑等都会散射雷达信号,其中一部分散射信号会被雷达接收,形成地杂波。近处的地杂波往往有较大的回波功率,从而掩盖目标回波。图 12.10.1(a)给出了一个脉冲的雷达回波,其同时含有目标和地杂波。可以看出,随着时间的增大,回波总体幅度降低,这是由于地杂波的功率随距离增大而下降,距离又与时间成正比。图 12.10.1(b)将连续 10 个脉冲的雷达回波叠画在了一起。从叠画的多个脉冲回波中,可以看到有两个位置发生了较为明显的起伏,这是两个运动目标对应的回波。但直接从图 12.10.1(a)中显示的单个脉冲中,并不能发现目标,因此从单个脉冲的雷达回波中很难直接观察到运动目标。

2. 数字杂波对消器

由于地杂波在同一距离单元的不同脉冲间慢变化,而运动目标回波在不同脉冲间快变化,因此杂波抑制是一个高通滤波器。需要注意的是,该高通滤波器的输入信号是同一距离单元上的不同脉冲值。将每个距离单元通过高通滤波器以后的结果连起来,就可

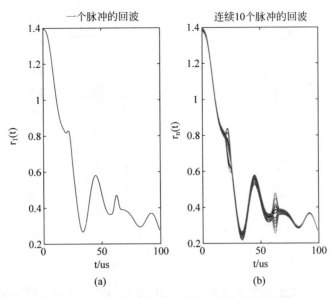

图 12.10.1 含有地杂波和动目标的脉冲雷达回波

以得到杂波抑制后的回波。这个离散时间高通滤波器也称为数字杂波对消器。

图 12.10.2 给出了两种数字杂波对消器的系统框图,它们分别称为一阶对消器和二阶对消器。

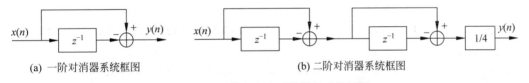

(a) 一阶对消器系统框图   (b) 二阶对消器系统框图

图 12.10.2 数字杂波对消器的系统框图

三、实验内容

1. 画出一阶对消器、二阶对消器的幅频响应曲线,并对二者的滤波性能进行一定的对比。

2. 扫描二维码获得 200 个脉冲的回波数据,用一阶对消器进行杂波对消,并将对消后的结果(后 20 个脉冲)叠画在一起。源代码如下

```
close all;clear;clc;
load clutter.mat                                    % 回波数据文件
a = 2;                                              % 滤波器分母多项式系数
b = [1 - 1];                                        % 滤波器分子多项式系数
FIR1 = filter([1, - 1],1,envelopmatrix,[],1);       % envelopmatrix 为回波数据
figure; plot(ft,FIR1(end - 19:end, :),'k');         % 将后 20 个脉冲叠画在一起
xlabel('t/us');
```

编程资源

程序运行如图 12.10.3 所示。

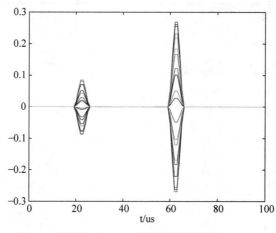

图 12.10.3　一阶对消器的输出

3. 直接对后 20 组脉冲进行杂波对消,比较结果与实验内容 2 的区别,并进行分析。

4. 对 200 组回波数据用二阶对消器进行杂波对消,并将对消后的结果(后 20 个脉冲)叠画在一起。

四、拓展提高

图 12.10.4 给出了带反馈的一阶杂波对消器的系统框图,试分析 k 的取值对滤波性能的影响。

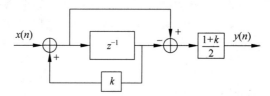

图 12.10.4　带反馈的一阶杂波对消器的系统框图

第 13 章

扩展阅读

13.1　MATLAB 的发展历程

最早的 MATLAB 并不是编程语言,而是一个简易的交互式矩阵计算器,其发展历程如图 13.1.1 所示。

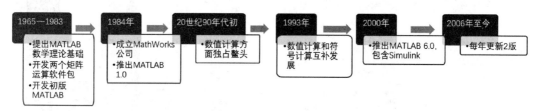

图 13.1.1　MATLAB 发展历程

MATLAB 的数学基础源自 J. H. Wilkinson 及其同事于 1965—1970 年发表的一系列研究论文,它们阐述了解决矩阵线性方程和特征值问题的算法,用 Algol 60 实现。

图 13.1.2　Cleve Moler 教授

20 世纪 70 年代,美国新墨西哥大学的 Cleve Moler 教授(见图 13.1.2)团队向美国国家科学基金会(NSF)提交了两个研究项目,旨在研究高质量数学软件开发方法和特定的数学软件包。在项目研究过程中,研究人员将原先仅用于简易矩阵计算的软件进行了功能扩展,并将该软件重新用 Fortran 语言编写,最终得到了两个软件包:EISPACK(矩阵特征系统软件包)和 LINPACK(线性方程软件包)。这两个软件包只是将已发表论文中的理论和算法做了进一步的实现,后来却成为了计算机领域十分重要的软件包。EISPACK 的使用手册被引用 1800 多次,使用十分广泛;LINPACK 更是世界超级计算机排行榜"Top500"的基准测试程序,可以说是影响了世界超级计算机的发展,为 MATLAB 后来的发展奠定了坚实的基础,成为其发展历程中的一个重要里程碑。

到了 20 世纪 70 年代后期,时任美国新墨西哥大学计算机系主任的 Cleve Moler 教授在讲授"线性代数"和"数值分析"课程的过程中,为了让学生能够更方便地使用 EISPACK 和 LINPACK 软件包,他利用课余时间自学编程相关的书籍,学习如何解析编程语言,为学生设计和编写了一组方便调用这两个软件包的接口,并将这两个软件包和相应接口整合起来,形成了一个"通俗易用"的软件,其开机界面如图 13.1.3 所示。Cleve Moler 教授给这个软件取名为 MATLAB,即 Matrix 和 Laboratory 的组合。其实编写这样的接口并最终形成一个方便易用的软件并不是他当时的授课任务,他只是因为兴趣爱好,同时也希望了解编程新领域,并且所编写的软件能够供学生学习使用,他感觉这是一件非常有意义的事。于是他便在没有任何正式的外部支持和商业计划的情况下,乐此不疲地完成了这项工作。在以后的数年里,MATLAB 在多所大学里作为教学辅助软件使用,并成为面向大众的免费软件,广为流传。

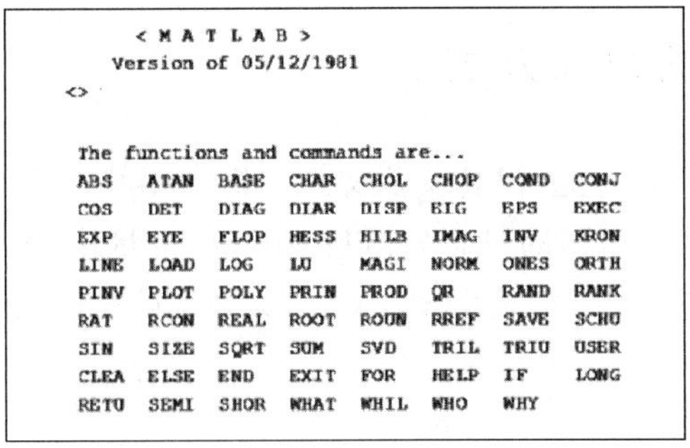

图 13.1.3　初版 MATLAB 的启动界面

1983 年春天，Cleve Moler 教授到斯坦福大学讲学，MATLAB 深深地吸引了 Jock Little。Jock Little 敏锐地觉察到 MATLAB 在工程领域的广阔前景。于是他辞掉了工作，和 Cleve Moler、Steve Bangert 一起，用 C 语言开发了第二代 MATLAB 专业版，也是 MATLAB 第一个商用版，同时赋予了它数值计算和数据可视化的功能。

1984 年，三人成立了 MathWorks 公司，并在 IEEE 决策与控制会议上首次发布了 MATLAB 的商用产品——PC-MATLAB，它的第一份订单只售出了 10 份。但在此后的数年里，MathWorks 公司又对 MATLAB 做了许多重要的修改和提高，扩展了许多重要的应用功能。短短几年，MATLAB 就凭借良好的开放性和运行的可靠性，将控制领域中的封闭式软件包纷纷淘汰。

1993 年，MathWorks 公司从加拿大滑铁卢大学购得 Maple 的使用权，以 Maple 为"引擎"开发了 Symbolic Math Toolbox 1.0，此举开启了数值计算、符号计算互补发展的新时代。

2000 年，MathWorks 公司推出 MATLAB 6.0 版本，在继承和发展其原有的数值计算和图形可视能力的同时，出现了以下几个重要变化：

（1）推出了 Simulink，它的出现使人们有可能考虑许多以前不得不做简化假设的非线性因素、随机因素，从而大大提高了对非线性、随机动态系统的认知能力；

（2）开发了与外部进行直接数据交换的组件，打通了 MATLAB 进行实时数据分析、处理和硬件开发的道路；

（3）推出了符号计算工具包。

基于矩阵数学运算的根基，MATLAB 一直在不断发展完善，以满足工程师和科学家们日益更新的需求。从 2006 年 9 月开始，MathWorks 公司每年进行两次产品发布，时间分别在 3 月和 9 月，而且每一次发布都会包含所有的产品模块。时至今日，MATLAB 的版本已进行了 50 多次更新。

MathWorks 在 1984 年成立，只有 1 名员工。第一笔收入是 1985 年向 MIT 出售了 10 份拷贝，收入 500 美元。MathWorks 公司早期很不起眼，有个玩笑称它前 7 年员工人数每年翻一番，1984 年 1 个员工，1985 年 2 个员工，1986 年 4 个员工，直到 7 年后的 1991 年才只有 128 个员工。与今天很多初创公司相比，这个成长速度就像蜗牛一样缓慢。但是他们围绕着 MATLAB 不断增加功能，不断积累，把一项技术做到极致，使 MATLAB 成为行业领先的工具软件。

13.2 MATLAB 的替代方案

MATLAB 具有强大的功能,但其安装文件动辄占用几十吉字节,可谓"成也萧何败也萧何"。对于只需要基础运算的场合,可以使用一些轻量化、开源、与 MATLAB 语法相近的软件来替代 MATLAB。目前可考虑替代 MATLAB 的软件包括 SCILAB、Octave 等。

13.2.1 SCILAB

SCILAB 是一款与 MATLAB 类似的开源软件,可以实现 MATLAB 所有的基本功能,如科学计算、数学建模、信号处理、决策优化、线性、非线性控制、绘图等。由于 SCILAB 的语法与 MATLAB 非常接近,所以熟悉 MATLAB 编程的人很快就能掌握 SCILAB 的使用。有意思的是,SCILAB 提供的语言转换函数可以自动将用 MATLAB 语言编写的程序翻译为 SCILAB 语言。

此外,SCILAB 也一个有类似 MATLAB Simulink 的工具 Xcos。Simulink 能做的 Xcos 也可以完成,并且界面和使用也很类似。目前,SCILAB 可在 Linux、Windows 和 Mac OS 平台运行。

作为开源软件,SCILAB 的源代码、用户手册及二进制的可执行文件都是免费的,公布于 INRIA 的网站上(中法实验室已建立其镜像网站),可以直接下载。下面以 Windows 64 位操作系统为例简单介绍 SCILAB 的安装及使用。

(1)安装文件下载链接 https://www.scilab.org/download/scilab-6.1.1。

(2)安装过程如下:

① 选择 accept all,进入图 13.2.1 所示的下载界面;

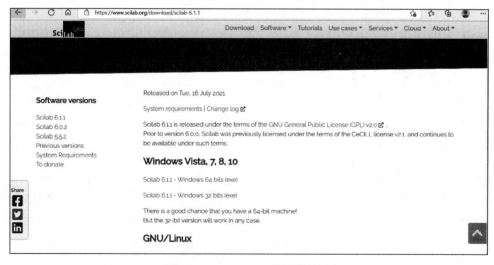

图 13.2.1　SCILAB 的下载界面

② 选择合适的安装文件,如 Scilab 6.1.1-Windows 64 bits(exe);

③ 完成安装文件下载后,双击.exe 文件,根据提示完成安装。

(3)简单使用。

SCILAB 启动后的界面如图 13.2.2 所示,与 MATLAB 相差不大,此处不再赘述。需注意的是,SCILAB 没有集成的工具箱。

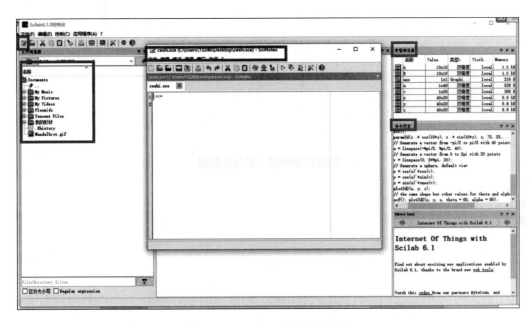

图 13.2.2　SCILAB 的启动界面

13.2.2　Octave

如果已经对 MATLAB 语言非常熟悉,暂时不想学习一门新的语言,那么也可以尝试一下 Octave。Octave 提供了与 MATLAB 语法兼容的开放源代码的科学计算及数值分析工具,也可以调用 plot 函数实现绘图,同时与 C++、QT 等接口较 MATLAB 更加方便。

Octave 安装稍显复杂,下面同样以 Windows 64 位操作系统为例,简单介绍 Octave 的安装及使用。

(1)安装文件下载链接 https://ftp.gnu.org/gnu/octave/windows/,界面如图 13.2.3 所示。

(2)安装过程如下:

① 选择下载最新版本的.exe 文件,如 octave-6.4.0-w64-installer.exe;

② 根据提示完成安装后(大概 5 分钟),桌面上会显示两个快捷方式:一个是 GUI 模式,另一个是命令行模式。推荐使用 GUI 模式,与 MATLAB 兼容性更好。

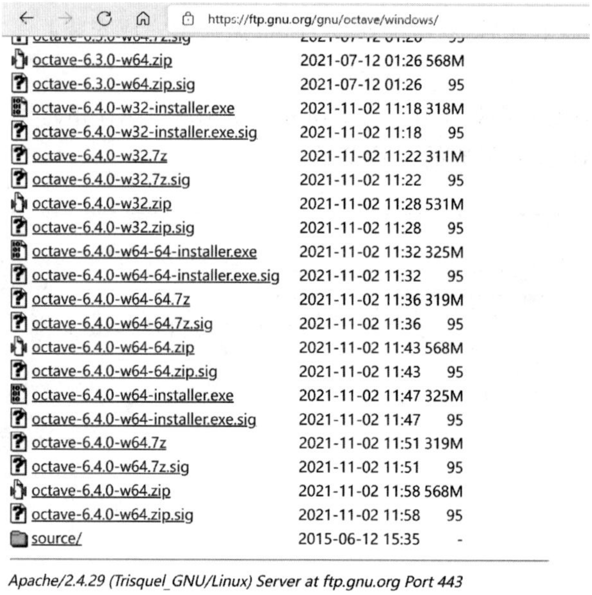

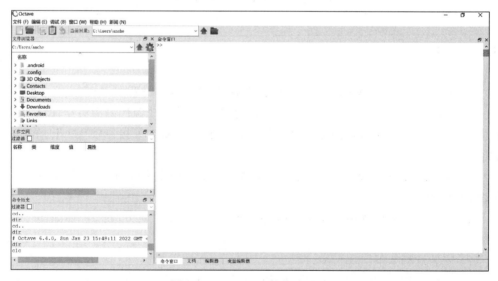

图 13.2.3　Octave 的下载界面

（3）简单使用。

双击 GNU Octave（GUI）图标，启动后的界面如图 13.2.4 所示，与 MATLAB 相差不大，此处不再赘述。新建一个.m 文件，输入"t＝0:0.01:2 * pi;x＝sin(t);figure; plot(t,x)"，可以得到如图 13.2.5 所示的画图结果，与 MATLAB 几乎一致。

图 13.2.4　Octave 的启动界面

（4）工具箱。

在命令窗口输入 pkg list，可以看到 Octave 自带了很多工具箱，如图 13.2.6 所示。

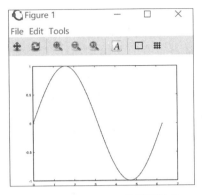

图 13.2.5　Octave 的画图结果

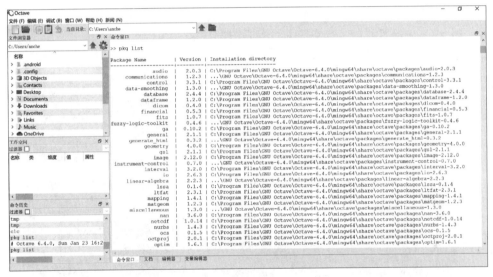

图 13.2.6　Octave 的工具箱

13.3　冲激信号背后的故事

"信号与系统"课程中一个重要的信号是"冲激信号",其一般定义式是狄拉克(Dirac)提出的,因此冲激信号也称狄拉克 δ 函数。

13.3.1　狄拉克生平

保罗·狄拉克(Paul Adrien Maurice Dirac,见图 13.3.1)于 1902 年 8 月 8 日出生在英格兰西南部的布里斯托。他的父亲从瑞士移民到英国,是一名法文老师,他的母亲曾担任图书管理员。

狄拉克中学就读于布里斯托尔大学合办的 Merchant Venturers 男子技术学校,之后在布里斯托尔大学工学院电子工程及应用数学专业以优异成绩毕业,然后于 1926 年在剑桥大学圣约翰学院取得物理学博士学位。狄拉克之所以常常具有惊人思路,是因为他的求学经历造就了他这个"混血儿"——一部分是数学家,一部分是工程师,还有一部分是理论物理学家。他声称工程教育对他影响深远"原先,我只对完全正确的方程感兴趣。然而我所接受的工程训练教导我要容许近似,有时候我能够从这些理论中发现惊人的美,即使它是以近似为基础……如果没有这些来自工程学的训练,我或许无法在后来的研究中作出任何成果……我持续在之后的工作中运用这些不完全严谨的工程数学……那些要求所有计算推导完全精确的数学家很难在物理上走得很远。"

图 13.3.1　狄拉克
(1902—1984)

　　1927 年,年仅 25 岁的狄拉克参加了第五届索尔维会议,如图 13.3.2 所示。这是一幅被称为"世界上最具睿智的大脑群集"的世纪照片。

图 13.3.2　第五次索尔维会议参与者(摄于比利时索尔维国际物理研究所)

　　有两件事足以表明狄拉克在学术界的地位:英国剑桥大学有一个荣耀无比的卢卡斯数学荣誉讲座教授职位——大名鼎鼎的牛顿和霍金曾经荣膺该职位——1932 年,30 岁的狄拉克便荣膺该职位;翌年,狄拉克在 31 岁时和薛定谔分享了当年的诺贝尔物理学奖。

　　在获得诺贝尔奖时,狄拉克曾私下对前辈卢瑟福(1908 年诺贝尔化学奖得主)说,他不想成为新闻人物,讨厌公众媒体大肆议论和宣传,打算拒绝这个荣誉。卢瑟福对他说:"如果你这样做,你会更出名,人家更要来麻烦你了。"于是狄拉克才同意去领奖。英国皇室曾册封狄拉克为骑士,可是狄拉克拒绝了,只因为他不想让自己名字加上一个前缀。难怪玻尔后来评论说:"在物理学家中,狄拉克具有最纯洁的灵魂。"

13.3.2 狄拉克 δ 函数的诞生

几乎所有的科学发现和技术发明都有历史可循,基本相同或相似的思想火花在漫长的过去常有浮现甚至多次闪烁。数学家和物理学家共同探讨问题的现象在 19 世纪初就已经很普遍,那时许多科学家同时是数学家和物理学家,狄拉克 δ 函数也是众多科学家思想火花不断碰撞的成果。

狄拉克 δ 函数的基本思想可以追溯到泊松(Poisson)在 1815 年关于复平面上线积分的研究,以及傅里叶(Fourier)在 1822 年《关于热的解析理论》一书。特别是柯西(Cauchy)在 1815 年写成、1827 年发表的一篇关于无穷小分析的论文里,实际上已经使用了无限高和无限窄的单位脉冲当作积分核,因此后人也称柯西 δ 函数,或柯西-狄拉克 δ 函数。后来,基尔霍夫(Kirchhoff)在 1882 年关于积分方程的研究和赫维赛德(Heaviside)在 1883 年关于奇异函数的求导中,都间接隐晦地使用了实质上的 δ 函数。

我们今天使用的 δ 函数一般归功于狄拉克,主要是因为他自然又合理地在量子力学中引进了 δ 函数,将克罗内克(Kronecker)提出的离散 δ 函数(也称单位样值序列)推广到连续 δ 函数,解决了粒子的量子态描述问题。狄拉克在 1930 年出版的著作《量子力学原理》是物理学历史上重要的里程碑,至今仍是量子力学的经典教材,书中首次详细介绍了 δ 函数。

严格来说,δ 函数不能算是一个函数,因为满足其条件的函数是不存在的。但在广义函数论里,δ 函数的确切意义可以在积分意义下来理解,因此在实际应用中,δ 函数总是伴随着积分一起出现。δ 函数在偏微分方程、数学物理方法、傅里叶分析和概率论里都有很重要的应用,如可以用它来描述质点、点电荷、瞬时力等抽象模型的密度。数学家们还专门为了补正 δ 函数发展了分布理论。

13.4 拉普拉斯变换的前世今生

拉普拉斯变换的名称来源于法国数学家和理论天文学家皮埃尔·西蒙·拉普拉斯(Pierre-Simon Laplace),然而拉普拉斯提出来的并不是拉普拉斯变换,而是 z 变换。英国工程师奥利弗·赫维赛德(Oliver Heaviside,见图 13.4.1)发现微分算子可以视为代数变量,逐步形成了拉普拉斯变换。

奥利弗·赫维赛德于 1850 年生于伦敦卡姆登镇。他出身于极度贫穷的家庭,听力部分残疾,还得过猩红热,从未上过大学,完全靠自学和兴趣掌握了高等科学和数学。这位 7 次被提名诺贝尔物理学奖的英国怪才,并没有得到教科书和科普节目的过多青睐,而往往被冠以"一个自学成才的电气工程师"之类的小人物设定。

很多人熟悉赫维赛德是因为 MATLAB 中有一个赫维赛德（Heaviside）函数，它的波形如图 13.4.2 所示，可以近似看成一个阶跃序列。但赫维赛德最伟大的成就是简化了麦克斯韦的原始方程组。麦克斯韦早在 1873 年便出版了跨时代巨著《电磁通论》，可惜的是，由于他英年早逝，再加上最初的电磁理论公式包含了 20 个方程，复杂得令人吃惊，导致了该理论在发表后的 10 多年内无人问津。赫维赛德通过天才般的洞察力，挖掘出了蕴含在麦克斯韦方程内部的深刻意义，将 20 个方程简化为现在常见的 4 个方程，使简化后的麦克斯韦方程组呈现出无与伦比的对称性，成为历史上最漂亮的方程式。而且它们的含义也很清晰：变化的电场产生磁场，变化的磁场产生电场，电磁波就是电场和磁场此消彼长、相互转化、向前传播的形式。可以毫不夸张地说：宇宙间的电磁现象，皆可由麦克斯韦方程组解释。

图 13.4.1　赫维赛德(1850—1925)

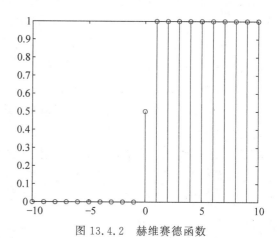

图 13.4.2　赫维赛德函数

赫维赛德第二重要的贡献就是提出了拉普拉斯变换的前身，即把微分、积分运算用一个简单的算子来代替，称为赫维赛德算子。1880—1887 年，赫维赛德在从事电磁场研究的同时，为求解微积分方程，在分析计算中引入了微分算子的概念，这个方法巧妙之处在哪呢？它可以将常微分方程转换为普通代数方程。微分算子用 p 来表示，$p = \dfrac{\mathrm{d}}{\mathrm{d}t}(\cdot)$；

高阶微分算子为 $p^{n} \triangleq \dfrac{\mathrm{d}^{n}}{\mathrm{d}t^{n}}(\cdot)$；积分算子为 $\dfrac{1}{p} = \displaystyle\int_{-\infty}^{t}(\,)\mathrm{d}t$。

然而，他当时只是根据直觉提出上述理论，并没有进行严格的证明。这种相对不严谨的做法在当时遭到了大量传统数学家的批评。赫维赛德算子虽然缺乏严密的数学基础，但往往能给出重要且正确的结果。赫维赛德算子由于非常便利的实用性，受到物理学家和工程师的欢迎，并广泛应用到各个工程领域。在 19 世纪末期—20 世纪初期，数学家们开始尝试对算子理论进行严格化证明。后来，人们在拉普拉斯 1812 年所著的的一本有关概率论的著作中找到了该算子的依据，但是该书提出的并不是拉普拉斯变换，而是著名的 z 变换。

事实上，拉普拉斯在早于赫维赛德半个多世纪就已经对拉普拉斯变换的原理进行了证明,但是当时他执着于解决离散变量的场景,因此其提出的内容更类似于 z 变换,而非现在熟知的基于连续变量的拉普拉斯变换。而半个多世纪以后,赫维赛德凭借惊人的数学天赋与物理直觉,不加证明地提出了拉普拉斯变换的模型。因此,拉普拉斯变换其实并不是由拉普拉斯最终提出的,也不是由赫维赛德最终提出的,而是由后世的数学家们对两位科学家的学术成果进行统一归纳所提出的。仅有赫维赛德而没有拉普拉斯,会导致拉普拉斯变换方法缺乏严谨的证明,难以形成体系;仅有拉普拉斯而没有赫维赛德,拉普拉斯变换也很难在人类科学发展的历史长河中产生影响、绽放光彩。因此,两位科学家都为拉普拉斯变换作出了重要贡献。

13.5 雷达发展简史

13.5.1 雷达起源与发展

1. 起步阶段(20世纪初—20世纪30年代)

雷达是 Radar(Radio Detection And Ranging)的音译,意思为"无线电探测和测距"。具体来说,通过发射电磁波对目标进行照射并接收回波,由此获得目标与电磁波发射点的距离、距离向变化率(径向速度)、方位、高度等信息。

早在20世纪初,德国人克里斯琴·赫尔斯迈耶(Christian Hülsmeyer)就发明了电动镜,该装置可利用无线电波回声探测防止海上船舶相撞。1925年,美国开始研制能测距的脉冲调制雷达,伯瑞特(Gregory Breit)与杜威(Merle Antony Tuve)合作,第一次成功使用雷达把从电离层反射回来的无线电短脉冲显示在阴极射线管上。1935年英国罗伯特·沃特森·瓦特(Robert Watson-Watt)发明了第一台实用雷达。次年,他在索夫克海岸架起了英国第一个雷达站,后面又增设了5个,它们在第二次世界大战中发挥了重要作用。至此,人们才真正开始意识到雷达在军事探测方面的巨大潜力。

2. 发展阶段(1937年—20世纪60年代)

第二次世界大战期间,由于作战需要,雷达技术发展极为迅速。就使用的频段而言,战前的器件和技术只能达到几十 MHz。大战初期,德国把频率提高到 500MHz 以上。这不仅提高了雷达搜索和引导飞机的精度,而且提高了高射炮控制雷达的性能,使高炮有了更高的命中率。1939年,英国发明了工作在 3000MHz 的功率磁控管并装备在雷达上,使盟军在空中作战和空海作战方面获得优势。第二次世界大战后期,美国进一步把磁控管的频率提高到10GHz,实现了机载雷达小型化并提高了测量精度。在高炮火控方面,美国研制的精密自动跟踪雷达 SCR-584,使高炮命中率从战争初期的数千发炮弹击落一架飞机,提高到数十发炮弹击中一架飞机。

20世纪40年代后期出现了动目标显示技术,以便在地杂波和云雨等杂波背景中发现目标。20世纪60年代又出现了低空突防飞机和中远程导弹以及军用卫星,促进了雷达性能的迅速提高。

3．成熟阶段(20世纪60年代—20世纪90年代)

在雷达新体制、新技术方面，随着电子计算机、微处理器、大规模数字集成电路等应用到雷达上，特别是超大规模集成的可编程逻辑器件和数字信号处理器具有大容量、可编程、高运算速度、兼容性等优势，使得数字信号处理在雷达系统中被广泛应用并迅速发展，使雷达性能大大提高，同时减小了体积和重量，提高了可靠性。

由于航空航天技术的飞速发展，飞机、导弹、人造卫星和宇宙飞船等空间飞行器均开始采用雷达作为探测和制导设备。此外，随着雷达应用领域的不断扩大，为了使雷达与工作环境相匹配，最大限度地发挥其效能，各种体制的雷达系统相继出现，它们中比较有代表性的是连续波雷达、双/多基地雷达、相控阵雷达、合成孔径雷达、毫米波雷达等。

总之，经过几十年的发展，雷达的各项功能、战术、技术性能，工艺结构等均达到了相当成熟的水准，在现代战争和空间科学研究及目标防撞、气象资料收集、资料勘探、生命探测与救护等方面发挥着越来越重要的作用。

13.5.2　中国雷达发展历程

1．修配阶段(1949—1953)

这一阶段以开创基业和修配美日旧雷达为主要标志。1949年5月，解放军接管了国民党的雷达研究所，标志着新中国雷达工业的发展从此揭开了序幕。

2．仿制阶段(1953年底—20世纪60年代初)

这一阶段以建立雷达生产基地和仿制苏式雷达产品为主要标志。新中国诞生后，苏联援助我国的100多个项目中雷达占了7项，后续又与苏联签订了有关协定，并开始仿制苏式雷达产品。

3．自主研制阶段(20世纪60年代初—70年代中期)

1960年，苏联单方面撕毁合同并撤走全部专家，形势迫使我国更加坚定地走自力更生这条路，提出了"两弹为主，导弹第一，努力发展电子技术"的方针，为雷达工业明确了主攻方向。这个阶段自主研制了我国第一部440双频段多波束引导雷达、第一部860双频段炮瞄雷达、第一部204机载火控雷达等。

4．跟进追赶阶段(20世纪70年代中期以后—20世纪末)

这阶段以雷达新技术不断被突破，品种增多，"军民结合"和产品进入国际市场为主要标志。这个阶段，雷达本身融合了单脉冲跟踪、脉冲压缩、多普勒、相控阵和成像等体制于一体，具备了作用距离远、抗干扰性能好、分辨率高等性能。

5. 比肩超越阶段(21 世纪以来)

这个阶段,我国自主研制了世界上首部实用化米波稀疏阵列反隐身雷达、我国首部机动式米波反隐身骨干雷达等雷达系统。我国雷达技术从落后到先进,历经 60 余年的发展,经过众多"雷达人"的努力,当前中国雷达技术已经与世界先进水平接轨,并在局部领域处于领先地位。近期,我国多型先进水平的新雷达亮相第十三届珠海航展,也充分彰显了我国的"雷达人"从"跟跑"到"并跑"再到"赶超"的卓越贡献。

13.6 我国著名雷达专家

13.6.1 申仲义:我国雷达事业创始人之一

申仲义(见图 13.6.1),1922 年生于河北宛平。其父申伯纯 1934 年参加革命;其兄申仲仁 1935 年参加革命,1940 年在延安牺牲。申仲义受父兄的影响,从小就具有强烈的爱国情怀,15 岁即赴延安军委三局通信学校学习无线电。由于敌人的经济封锁,陕甘宁边区部队的物资极端匮乏,申仲义刻苦钻研,终于用手摇发电机代替了电池,解决了收信机能源的难题。

图 13.6.1 申仲义
(1922—1988)

1950 年,申仲义被任命为军委通信部第一电信技术研究所所长。在国家政策扶持下,申仲义将该所由一个只能搞修配的小型雷达工厂建设成为能研制新型的、各种复杂技术的、国内一流的雷达研究所,在跟踪国际先进雷达水平方面作出了卓越的贡献。1993 年,中国电子学会雷达分会五届一次会议研究决定设立"申仲义奖"。"申仲义奖"是中国雷达行业的最高荣誉。

13.6.2 保铮:"雷达裁判长"

保铮(见图 13.6.2),1927 年出生于江苏南通。1937 年抗日战争爆发时,10 岁的保铮正在上小学五年级,日本人的暴行在他幼小的心灵中留下了深深的印象,使他萌发了科学救国的想法,他认识到中国被侵占是由于科学技术落后,只有掌握了先进的科学技术,才能救国于危难之中。保铮 1953 年毕业于解放军通信工程学院(现西安电子科技大学)雷达系,成为中国第一届雷达毕业生。

图 13.6.2 保铮
(1927—2020)

1958 年,作为技术骨干,保铮与其他几位教师共同研制出我国第一台气象雷达,经测试证明其主要技术性能与当时国外同类产品相当。20 世纪 70 年代初期部队雷达偶尔出现故障,打电话找到保铮要求帮助解决故障问题,他往往只需对方讲述设备的运行情况,就能在电话中告诉指战员问题出在哪里,该如何解决。

保铮于 1991 年当选为中国科学院学部委员(院士),他在雷达研究领域取得的开拓性研究成果广泛应用于中国大量雷达武器装备中,为中国雷达技术的进步和发展作出了历史性的杰出贡献。作为中国雷达界的专家,他参与了大量重要雷达装备的技术咨询、方案论证和技术把关工作,始终秉持实事求是、求真务实和对国家高度负责的精神,不回避问题,对国家雷达研究和装备领域提出了大量宝贵的意见和建议,得到了雷达界同行的高度赞誉,被称为最值得尊敬和信赖的"裁判长"。

13.6.3 刘永坦:"海防长城"铸造者

刘永坦(见图 13.6.3),1936 年出生于江苏南京,1953—1958 年先后就读于哈尔滨工业大学电机系、清华大学无线电系,现为中国科学院院士、中国工程院院士,哈尔滨工业大学教授、博士生导师。

20 世纪 80 年代初,刘永坦面向国家海防战略重大需求,开创了我国对海新体制探测技术研究领域。经过四十年的刻苦攻关,成功实现了对海新体制雷达理论、技术和工程应用的全面自主创新。他在祖国北疆凝聚了一支专注海防科技创新的"雷达铁军",培养了多名两院院士、大学校长、项目总师和一大批国防科技英才。他为人师表,耄耋之年仍奔波在教学、科研一线,继续为发展对海探测技术、筑起我国"海防长城"贡献力量。

2019 年 1 月,刘永坦荣膺"2018 年度国家最高科学技术奖"。面对这份中国科学家的至高荣誉,他淡然说道:"这份殊荣不仅仅属于我个人,更属于我们的团队,属于这个伟大时代所有爱国奉献的知识分子。"

图 13.6.3　刘永坦院士在指导科研工作

13.6.4 郭桂蓉:精确制导武器自动目标识别领域的著名专家

郭桂蓉(见图 13.6.4),1937 年出生于四川成都。1959 年毕业于解放军通信工程学院(现西安电子科技大学)雷达系。1960 年受国家选派留学苏联莫斯科茹科夫斯基空军工程学院,1965 年以优异的成绩获苏联技术科学副博士学位,先后担任国防科学技术大学(现国防科技大学)副校长、校长,中国人民解放军总装备部科学技术委员会主任。

1992 年创建精确制导自动目标识别（ATR）国防科技重点实验室，1995 年当选中国工程院院士。他长期从事基础性研究和探索性强的应用研究，带领团队开创了自动目标识别研究方向，为我国精确制导武器装备的发展提供了技术支撑；首次提出了目标特征三态划分和多种变换域特征提取的新概念、新方法，建立了动态目标模式识别理论框架；主持并成功研制了舰船雷达目标自动识别系统、空中目标电磁特征提取与识别系统等。

图 13.6.4　郭桂蓉在国防科技大学指导工作

1985 年春节前夕，本该与亲人团聚的他，仍然与课题组成员一起在某海岛进行科研试验。然而天公不作美，大雪封山，看着山下大堆试验设备，年近半百的他毅然扛起一只大箱子说："走，咱们今天爬也要爬到山上去！"正是凭着"敢问路在何方，路在脚下"的科学胆略和奋斗精神，郭桂蓉和团队一次次登上目标识别技术的高峰。

如今，八十多岁的郭桂蓉仍然奋战在一线，常常回到国防科技大学指导教学科研工作，带领学生探索战场环境下各类军事目标自动识别的新概念、新思想及新原理，为科技强军持续做出更高的贡献。

附

录

本书用到的主要MATLAB函数

附录 本书用到的主要 MATLAB 函数

函 数 名	函 数 用 途	章 节 介 绍
abs	绝对值或复数模	1.6.2
acos	反余弦函数	1.6.2
acosd	反余弦函数（返回度）	1.6.2
angle	复数幅角	1.6.2,9.7
asin	反正弦函数	1.6.2
asind	反正弦函数（返回度）	1.6.2
atan	反正切函数	1.6.2
atand	反正切函数（返回度）	1.6.2
atan2	四个象限内反正切	1.6.2
audiorecorder	创建用于录音对象	9.8
audiowrite	写音频文件	9.8
axis	坐标轴控制	2.5.2
bar	绘制条形图	2.5.1
beep	计算机发出"嘟嘟"声	2.2.3
binornd	m 行 n 列二项分布随机数	1.7
break	跳出循环	2.2.3
cart2pol	直角坐标系转换为极坐标系	7.1.3
cat	数组连接	1.5.1
ceil	取整	1.6.2
clc	清除命令窗口内容	1.4
clear	清除工作空间中的变量	1.4
close	关闭图形窗	1.4
conj	复数共轭	1.6.2
continue	中断本次循环	2.2.3
conv	卷积和	1.8.3,4.5.5,9.3
corrcoef	相关系数	1.7
cos	余弦	1.6.2
cosd	余弦（输入度）	1.6.2
cov	协方差矩阵	1.7
cumprod	累计积	1.7
cumsum	累计和	1.7,4.3.3,4.3.4,9.2
cumtrapz	累计梯形积分	1.7,4.3.4
deconv	解卷积	1.8.3, 4.6.5, 9.3
det	求行列式	1.6.2
diag	对角矩阵	1.5.1,1.6.2
diff	求相邻元素差值	1.7,1.9.2,4.3.3,4.3.4,9.2
disp	显示字符串	2.2.3
dsolve	零输入响应的解析解	4.5.3,9.4
eig	求特征值和特征向量	1.6.2
exp	自然指数	1.6.2

函　数　名	函　数　用　途	章　节　介　绍
eye	单位数组	1.5.1
fft	快速傅里叶变换	6.1.2,9.9
fftshift	频谱中心快速傅里叶变换	6.1.2,9.9
fill	填充图	2.5.1
filter	滤波器	4.6.1,9.5
filtic	零输入响应初始条件	4.6.2,9.5
fix	向最接近0取整	1.6.2
flipdim	多维数组翻转	1.5.1
fliplr	左右翻转数组	1.5.1,9.2
flipud	上下翻转数组	1.5.1
floor	向负无穷取整	1.6.2
format	命令窗口显示格式	1.3
fourier	傅里叶变换	5.2.1,9.7
fplot	符号表达式绘图	1.9.2,5.2.1,9.4
frac	取小数	1.6.2
freqs	连续系统频率响应	5.4,9.8
freqz	离散系统频率响应	6.4.1,9.9
grid	网格线控制	2.5.2
heaviside	单位阶跃信号	4.1.2
hist	绘制直方图	2.5.1
hold	保持模式切换	2.5.3
ifft	快速傅里叶反变换	6.1.2,9.9
ifourier	傅里叶反变换	5.2.1,9.7
ilaplace	拉普拉斯反变换	7.1.2,9.10
imag	取复数虚部	1.6.2
impuls	单位冲激响应	4.5.4,9.4
impz	单位样值响应	4.6.4,9.5
input	键盘输入	2.2.3
int	定积分	1.9.2
integral	数值积分	9.7
inv	方阵的逆	1.6.2
keyboard	键盘控制	2.2.3
laplace	拉普拉斯变换	7.1.1,9.10
legend	生成图例	2.5.2
length	获取长度	1.5.2
limit	求极限	1.9.2
linspace	生成等差数组	1.5.1
load	读入 mat 文件	1.4
log	自然对数	1.6.2
logspace	生成等比数组	1.5.1

续表

函 数 名	函 数 用 途	章 节 介 绍
log10	以 10 为底的对数	1.6.2
lsim	连续时间系统的数值求解	4.5.2,9.4
lu	对矩阵进行 LU 分解	1.6.2
magic	生成魔方数组	1.5.1
max	求矩阵各列的最大值	1.7
mean	求矩阵各列的平均值	1.7
median	求矩阵各列的中值	1.7
mesh	绘制三维网格图	2.6.2
min	求最小值	1.7
mod	求余数	1.6.2
ndims	获取数组的维数	1.5.2
norm	求矩阵的范数	1.6.2
normrnd	正态分布随机数	1.7
numden	提取分子和分母	1.9.2
numel	获取数组所含元素个数	1.5.2
ones	生成全 1 数组	1.5.1
pause	暂停	2.2.3
permute	重组数组的维度次序	1.5.1
pie	绘制饼图	2.5.1
plot	二维绘图	2.5.1
plot3	三维绘图	2.6.1
polar	绘制极坐标图形	2.5.1
poly	求方阵的特征多项式	1.6.2
polyder	求多项式的微分	1.8.1
polyfit	实现多项式拟合	1.8.4
polyint	求多项式的积分	1.8.1
polyval	计算多项式的值	1.8.1
prod	求矩阵各列中元素的积	1.7
pzmap	系统零极点图	7.2.1,8.2.1
qr	对矩阵进行 QR 分解	1.6.2
quad	Simpson 法求积分	4.3.4,5.2.2
quadl	Lobatto 法求积分	4.3.4,5.2.2
rand	均匀分布随机数	1.7
randi	均匀分布随机整数	1.7
randn	正态分布随机数	1.7
rank	矩阵的秩	1.6.2
real	取复数实部	1.6.2
rectpuls	门信号	4.1.5
repmat	复制数组	1.5.1
reshape	改变数组行和列	1.5.1

续表

函 数 名	函 数 用 途	章 节 介 绍
residue	部分分式展开(正幂)	7.1.3,9.10
residuez	部分分式展开(负幂)	8.1.3,9.11
roots	求多项式的根	1.8.2,7.2.1
rot90	逆时针旋转数组90°	1.5.1
round	四舍五入到整数	1.6.2
save	保存数据到 mat 文件	1.4
sawtooth	周期三角信号	4.1.9
scatter	散点图	2.5.1
simplify/simple	简化符号表达式	1.9.1
sin	正弦	1.6.2
sinc	抽样信号	4.1.7,9.1
sind	正弦(输入度)	1.6.2
size	数组 A 的规模	1.5.2
solve	指定求解代数方程	1.9.2
sort	排序	1.7
sortrows	对每行按升序或降序排序	1.7
sound	播放音乐	9.8
spectrogram	短时傅里叶变换	12.3
sqrt	平方根	1.6.2
square	周期矩形信号	4.1.8,9.1
ss	状态方程描述系统	7.4.2
stairs	绘制阶梯图	2.5.1
std	求矩阵各列的标准差	1.7
stem	绘制杆图	2.5.1
step	单位阶跃响应	4.5.4,9.4
stepfun	阶跃信号	4.1.2,9.1
stepz	离散系统单位阶跃响应	4.6.4,9.5
subplot	多子图	2.5.3
subs	表达式转换	1.9.2
sum	求矩阵各列中元素的和	1.7
surf	绘制三维表面图	2.6.2
svd	对矩阵进行奇异值分解	1.6.2
syms	创建符号表达式	1.9.1,9.7
tan	正切	1.6.2
tand	正切(输入度)	1.6.2
text	写文本	2.5.2
tf	建立连续时间系统	4.5.1,9.4
tf2sos	系统函数转换为二阶基本结	7.3.1
tf2ss	系统函数转化为状态方程	7.4.2
tf2zp	系统函数求零极点	8.2.1

函 数 名	函 数 用 途	章 节 介 绍
title	图名	2.5.2
trace	求方阵的迹	1.6.2
trapz	梯形法求定积分	4.3.4
tril	提取矩阵的左下三角部分	1.5.1
tripuls	三角信号	4.1.6
triu	提取矩阵的右上三角部分	1.5.1
var	求矩阵各列的方差	1.7
xlabel	x 坐标轴名	2.5.2
xlim	x 坐标轴范围	2.5.2
xticklabels	x 轴分度的标识	2.5.2
xticks	x 轴坐标分度位置	2.5.2
ylabel	y 坐标轴名	2.5.2
ylim	y 坐标轴范围	2.5.2
yticklabels	y 轴分度的标识	2.5.2
yticks	y 轴坐标分度位置	2.5.2
zeros	生成全 0 数组	1.5.1
zp2tf	零极点转换到系统函数	7.2.2
zplane	离散系统零极点图	8.2.1,9.11
ztrans	z 变换	8.1.1,9.11

参 考 文 献

[1] 吴京,安成锦,周剑雄,等.信号与系统分析[M].3 版.北京:清华大学出版社,2021.

[2] 胡钋,司马莉萍,秦亮.信号与系统——MATLAB 实验综合教程[M].武汉:武汉大学出版社,2017.

[3] 胡永生,陈巩.信号与系统实验教程(MATLAB 版)[M].北京:科学出版社,2016.

[4] 张昱,周绮敏,史笑兴.信号与系统实验教程[M].2 版.北京:人民邮电出版社,2011.

[5] 龚晶,许凤慧,卢娟,等.信号与系统实验[M].北京:机械工业出版社,2017.

[6] 谷源涛,应启珩,郑君星.信号与系统——MATLAB 综合实验[M].北京:高等教育出版社,2008.

[7] 胡君良.信号与系统实验[M].西安:西北工业大学出版社,2016.

[8] 许可,万建伟,王玲.信号处理仿真实验[M].2 版.北京:清华大学出版社,2020.

[9] 郭宝龙,闫允一,吴宪祥.工程信号与系统[M].北京:高等教育出版社,2014.

[10] 张志涌,杨祖缨.MATLAB 教程(R2018a)[M].北京:北京航空航天大学出版社,2018.

[11] 马东堂.通信原理[M].北京:高等教育出版社,2018.

[12] 03A 信号与系统综合实验指导书[R].武汉凌特电子技术有限公司,2011.

[13] MATLAB 发展简史[EB/OL].https://ww2.mathworks.cn/company/newsletters/articles/a-brief-history-of-matlab.html.

[14] 百度百科.科学计算软件 MATLAB 的诞生与发展:打造基础平台才能赢得未来[EB/OL]. https://baijiahao.baidu.com/s?id=1669758964052007181&wfr=spider&for=pc.

[15] 知乎.关于 MATLAB 被禁事件的一些思考[EB/OL].https://zhuanlan.zhihu.com/p/149919636.

[16] 百度文库.MATLAB 发展历程及其发展趋势[EB/OL].https://wenku.baidu.com/view/51e7b7738e9951e79b89279c.html.

[17] 关于 MathWorks[EB/OL].https://ww2.mathworks.cn/company.html?s_tid=hp_ff_a_company.

[18] CSDN 博客.octave 的安装与使用[EB/OL].https://blog.csdn.net/m0_37809075/article/details/83816837.

[19] CSDN 博客.几种替代 MATLAB 的工具,一种堪称完美![EB/OL].https://blog.csdn.net/ybhuangfugui/article/details/106754556.

[20] 百度百科.狄拉克 δ 函数[EB/OL].https://baike.baidu.com/item/%E7%8B%84%E6%8B%89%E5%85%8B%CE%B4%E5%87%BD%E6%95%B0/5760582?fr=aladdin.

[21] 百度百科.保罗·狄拉克[EB/OL].https://baike.baidu.com/item/%E4%BF%9D%7%BD%97%C2%B7%%8B%84%E6%8B%89%E5%85%8B/2149969?fromtitle=%E7%8B%84%E6%8B%89%E5%85%8B&fromid=308724&fr=Aladdin.

[22] 陈光荣.狄拉克和他的 δ 函数[J].数学文化,2015,6(1).

[23] 知乎.从另一个角度看拉普拉斯变换[EB/OL].https://zhuanlan.zhihu.com/p/40783304.

[24] 方塔 X 空间.赫维赛德(HEAVISIDE):被遗忘的伟大物理学家[EB/OL].http://www.fangtax.com/archives/694.

[25] 百度百科.雷达[EB/OL].https://baike.baidu.com/item/%E9%9B%B7%E8%BE%BE/10485?fr=aladdin.

[26] 百度文库.雷达技术发展现状[EB/OL].https://wenku.baidu.com/view/b49df936bec0975f465e2e3.html.

[27] 搜狐网.雷达在哪里?中国雷达发展的艰辛历程[EB/OL].https://www.sohu.com/a/276205403_695278.

［28］ 百度百科.申仲义［EB/OL］.https：//baike.baidu.com/item/％E7％94％B3％E4％BB％B2％E4％B9％89/5690363?fr＝aladdin.

［29］ 申晓亭.申仲义与中国雷达［J］.中华魂,2021,（10）：57-63.

［30］ 百度百科.保铮［EB/OL］.https：//baike.baidu.com/item/％E4％BF％9D％E9％93％AE/1352533?fr＝aladdin.

［31］ 科学网新闻.保铮：求真务实的"雷达裁判长"院士［EB/OL］.https：//news.sciencenet.cn/htmlnews/2018/1/399722.shtm.

［32］ 西安电子科技大学.教育教学-西电英才-保铮教授［EB/OL］.https：//www.xidian.edu.cn/info/1020/3363.htm.

［33］ 百度百科.刘永坦［EB/OL］.https：//baike.baidu.com/item/％E5％88％98％E6％B0％B8％E5％9D％A6/1609117?fr＝aladdin.

［34］ 中国工程院院士馆.刘永坦［EB/OL］.https：//ysg.ckcest.cn/html/details/621/index.html.

［35］ 中国教育网.2018最高科学技术奖获奖人：刘永坦［EB/OL］.https：//www.eol.cn/chengguo/keji/202008/t20200828_2001384.html.

［36］ 百度百科.郭桂蓉［EB/OL］.https：//baike.baidu.com/item/％E9％83％AD％E6％A1％82％E8％93％89.

［37］ 中国工程院院士馆.郭桂蓉［EB/OL］.https：//ysg.ckcest.cn/html/details/90/index.html.

［38］ 中国工程院院士活动：周济院长祝贺郭桂蓉院士八十寿辰贺信［EB/OL］.https：//www.cae.cn/cae/html/main/col43/2017-10/23/20171023111200153174989_1.html.

图 书 资 源 支 持

感谢您一直以来对清华大学出版社图书的支持和爱护。为了配合本书的使用，本书提供配套的资源，有需求的读者请扫描下方的"书圈"微信公众号二维码，在图书专区下载，也可以拨打电话或发送电子邮件咨询。

如果您在使用本书的过程中遇到了什么问题，或者有相关图书出版计划，也请您发邮件告诉我们，以便我们更好地为您服务。

我们的联系方式：

教学资源 · 教学样书 · 新书信息

地　　址：北京市海淀区双清路学研大厦 A 座 714

邮　　编：100084

电　　话：010-83470236　010-83470237

资源下载：http://www.tup.com.cn

客服邮箱：tupjsj@vip.163.com

QQ：2301891038（请写明您的单位和姓名）

人工智能科学与技术
人工智能|电子通信|自动控制

资料下载 · 样书申请

书圈

用微信扫一扫右边的二维码，即可关注清华大学出版社公众号。